2-1 黄花菜

2-2 玉竹

2-3 牛尾菜

2-4 薤白

2-5 苎麻

2-6藿香

2-7薄荷

2-8留兰香

2-10 连钱草

2-9 紫苏

2-14 大野豌豆

2-18 益母草

2-11 铁苋菜

2-12 叶下珠

2-13 甘草

2-15 皂荚

2-16 草木犀

2-17 苜蓿

2-19 沙棘

2-20 板蓝根

2-21 紫花地丁

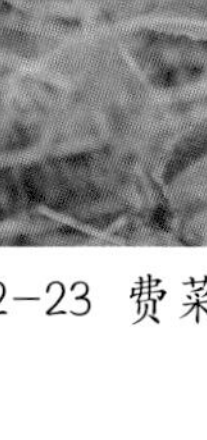

2-22 蜀葵

2-23 费菜

2-24 沙参

2-25 桔梗　2-26 轮叶党参　2-27 关苍术

2-29 柳叶蒿　2-30 牛蒡　2-31 菊三七

2-33 茼蒿　2-34 苣荬菜　2-35 小苦荬

2-38 苦苣菜　2-39 山莴苣　2-40 茵陈蒿

2-28 东风菜

2-32 马兰头

2-36 蒲公英

2-41 旋覆花

2-37 大蓟

2-42 地肤

2-43 藜

2-47 落葵

2-51 泽泻

2-55 地榆

2-44 巴天酸模

2-45 菱

2-46 地梢瓜

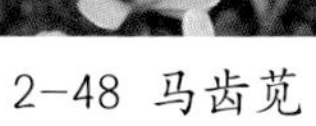

2-48 马齿苋

2-49 展枝唐松草

2-50 兴安升麻

2-52 平车前

2-53 地锦

2-54 千屈菜

2-56 枸杞

2-57 龙葵

2-58 金银花

2-59 鸭儿芹

2-60 防风

2-61 白花菜

2-62 商陆

2-63 诸葛菜

2-64 败酱草

2-66 独行菜

2-65 荠

# 66种山野菜

## 栽培与食用药用大全

吴伟刚　沈凤英　主编

化学工业出版社

·北京·

本书系统阐述了山野菜定义与分类、对野菜的认识历史、北方地区山野菜资源特点、资源开发利用现状、开发利用的发展对策、野菜的采集处理、食用方法、中毒防治。同时选择北方地区有代表性的66种野菜，结合《中国植物志》从学名、科属分类、别名、植物学形态特征、生长习性、生境、花果期、采集时间等方面进行基本情况介绍，同时从营养水平、食用方式、药用价值等与生活息息相关的方面详细讲解，重点对栽培品种选择、栽培季节时间、栽培技术、田间管理措施、繁殖方式、种子收集、病虫害防治、采收加工等栽培方式方面进行了详细的讲解。

编者多年从事北方地区山野菜研究与利用工作，在高校任教同时承担河北省科技厅项目，本书将研究成果与实践相结合，力求通俗易懂，以助读者学有所得，充分了解和利用各种山野菜的价值，提高生产效益和生活质量。

本书适合高等农业院校师生、对野菜感兴趣的读者、农业技术研究和推广人员、野菜种植者阅读。

**图书在版编目（CIP）数据**

66种山野菜栽培与食用药用大全/吴伟刚，沈凤英主编.—北京：化学工业出版社，2019.10
ISBN 978-7-122-34818-0

Ⅰ.①6… Ⅱ.①吴…②沈… Ⅲ.①野生植物-蔬菜-蔬菜园艺 Ⅳ.①S647

中国版本图书馆CIP数据核字（2019）第136911号

---

责任编辑：张林爽　　装帧设计：李子姮
责任校对：宋　玮

---

出版发行：化学工业出版社（北京市东城区青年湖南街13号　邮政编码100011）
印　　刷：北京京华铭诚工贸有限公司
装　　订：三河市振勇印装有限公司
850mm×1168mm　1/32　印张$10\frac{1}{2}$　彩插4　字数283千字
2019年10月北京第1版第1次印刷

---

购书咨询：010-64518888　　售后服务：010-64518899
网　　址：http://www.cip.com.cn
凡购买本书，如有缺损质量问题，本社销售中心负责调换。

---

**定　　价：49.80元**　

# 本书编写人员名单

**主　编**　吴伟刚　沈凤英

**副主编**　张明柱　李迎春

**参　编**　高连珍　张全乐　胡家帅　靳雪珂

张佳瑶　马全伟　高运青　侯　勇

岳　斌　班瑞皎

# 前言

野菜，在人们的记忆中，多在灾荒之年才被人们所重视，起到至关重要的充饥作用，平时很少出现在餐桌上。直到近些年，随着人民生活水平的提高，人们更加关注健康，注重饮食质量，野菜才以其独特魅力登上了大雅之堂，成为人们争相追捧的食物。

山野菜的定义比较广泛，界限有些模糊，综合多种观点，山野菜是指野外自然生长未经人工驯化栽培，其根、茎、叶、花或果实等器官可作蔬菜食用的野生或半野生植物。山野菜具有不同于其他栽培蔬菜的特点，富含营养，其药用价值和保健功能独特，在北方特殊的土壤环境和气候条件下，山野菜种类繁多，生长更具特色。

本书通过实地大量调研，选择北方地区有代表性的66种野菜做为研究对象，从植物学地位、营养水平、药理学作用到栽培方式均有详细的介绍，可以使对野菜感兴趣的读者有正确的认识，同时也可以做为农业科技培训的教材，为农民增收发挥重要作用。

本书做为河北省科技计划项目山区绿色蔬菜高效模式及配套技术研究与应用子课题：冀北高原山野菜野生资源筛选及优势品种开发利用（16236901D-4），张家口市科学技术研究与发展计划农业领域项目冀北山区苣荬菜野生资源调查及其再生体系建立研究（1221003C）部分研究的结果。同时，本书编写也是笔者作为河北北方学院生态建设与产业发展研究中心课题组成员的研究成果。

本书参考了大量科技文献资料，在此对各文献资料原作者深表感谢。

由于编者水平有限，书中疏漏或有不妥之处在所难免，恳请同行和读者批评指正。

编者

**2019 年 1 月**

# 目 录

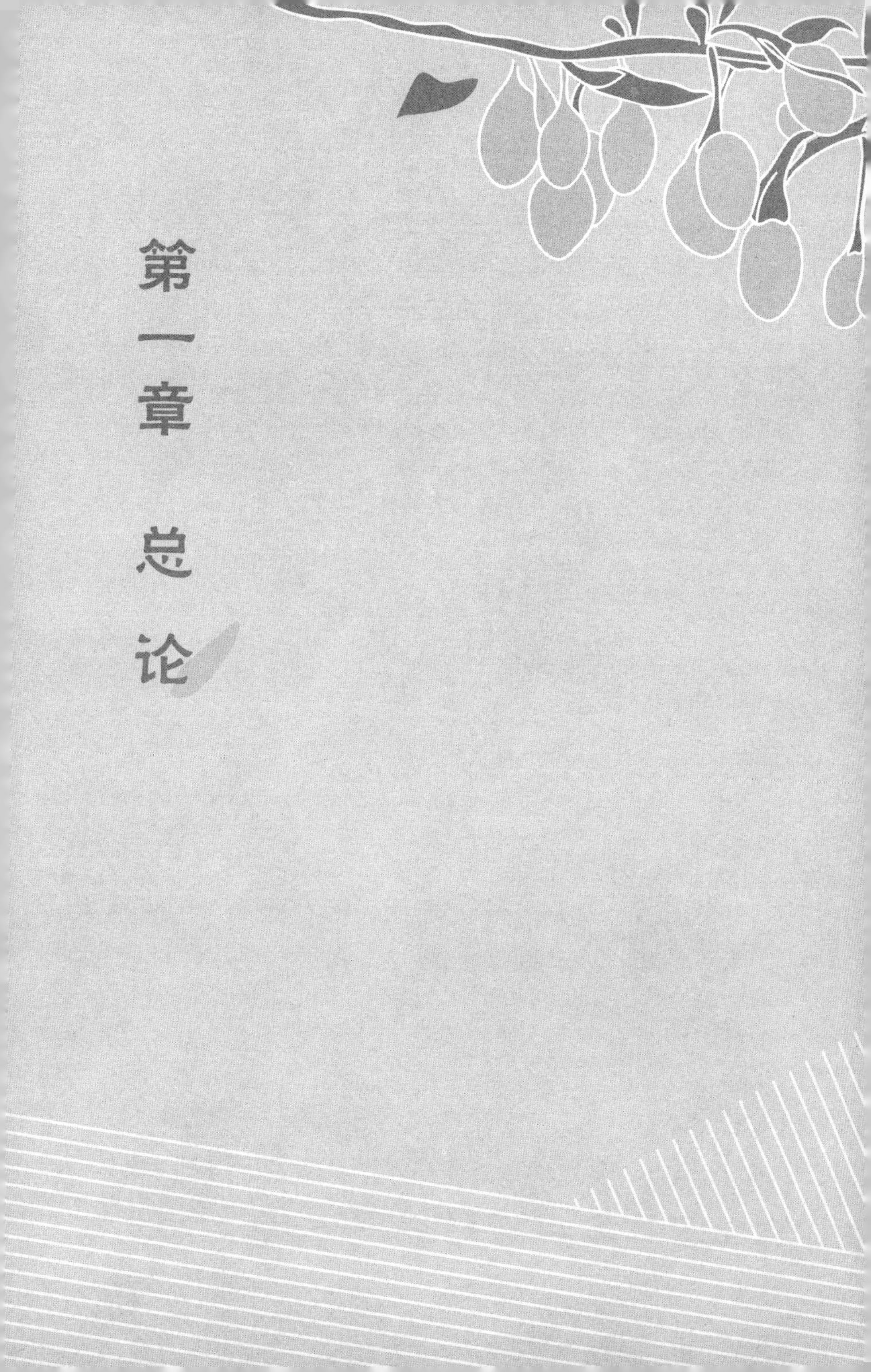

# 第一章 总论

## 第一节　山野菜定义与分类

### 一、山野菜的概念

山野菜是指野外自然生长未经人工驯化栽培，其根、茎、叶、花或果实等器官可作蔬菜食用的野生或半野生植物。山野菜具有不同于其他栽培蔬菜的特点，富含营养，其药用价值和保健功能独特。

属于下列情况之一者，界定为野菜。

(1) 尚处于野生状态供蔬食之用的草本植物，如“薇”“藜”“蕨”等。

**薇**：豆科植物大巢菜，俗称野观豆（Vicia sepium L.）。薇菜作蔬菜始见于《诗经·小雅·采薇》：“采薇采薇，薇亦作止……薇亦柔止……薇亦刚止。”从薇发出的幼芽（作止），到柔嫩的茎叶（柔止），直到茁壮的植株（刚止），都可采食。至今仍广泛分布于我国大部分省区，保持野生状态。

**藜**：藜科植物小藜，俗名灰灰菜（Chenopodium serotinum L.）。早在春秋战国时期，藜已成为重要蔬食，《韩非子》曰：“尧之天下，粝梁之食，藜藿（即豆类）之羹。”但处于野生状态，与杂草为伍。《诗经·九叹》有“掘荃蕙与射干，耘藜藿与襄荷”的诗句，藜属于“耘”除之类。唐杜甫《无家别》：“寂寞天宝后，园庐但蒿藜。我里百余家，世乱各东西。存者无消息，死者为尘泥。贱子因陈败，归来寻旧蹊。”诗中藜与蒿则为荒草的别称。可见，尽管藜作为蔬食之用已有5000多年的历史，却始终未改变野生的地位。

**蕨**：凤尾蕨科植物，俗称蕨菜［*Pteridum aguilinum*（L.）Kuhn.］。《诗经·召南·草虫》有“陟彼南山，言采其蕨”的诗句，唐代陈藏器《本草拾遗》（公元713—741）曰：“蕨叶似老蕨，根如紫草……生山间，人作蔬菜。”蕨菜是我国传统野菜，享誉世界，2000年出口创汇额达1509万美元，在中国出口蔬菜品种创汇排序中位列16，排在栽培蔬菜蒜薹、蒜苗、胡萝卜、萝卜以及小黄瓜之前。

（2）曾为栽培但久已退出菜圃者，如蓼、堇、葵等。

**蓼**：包括蓼科植物的水蓼（*Polygonum hydropiper* L.）、红蓼（*Polygonum orientale* L.）、山蓼［*Oxyria digyna*（Linn.）Hin］等多种蓼属植物。后魏《齐民要术》（公元533—544）即有栽培蓼的记载：“三月可种荏、蓼……蓼尤宜水畦种。”可是到了明代，李时珍《本草纲目》曰：“古人种蓼为蔬，而和羹脍。”种蓼已成“古人”的行为。鲍山《野菜博录》则将红蓼、山蓼、水蓼以及各种可食之蓼的嫩芽“蓼芽”均列入了野菜。

**堇**：堇菜科堇菜属植物，我国多达百余种，最常见的野菜有紫花地丁（*Viola philippica* Car.）等。《诗经·大雅·绵》赞美它“周原膴膴，堇荼如饴”。意思是周围山野肥美，堇菜味道甜美如饴糖。北魏时尚有人工栽培，《齐民要术》记载：“子熟时收子，冬初畦种之。开春早得，美于野生。”但到宋朝时，唐慎微、艾晟《大观本草》（公元1108）已明确记述“此菜野生，非人所种”，表明堇在此前早已退出栽培。

**葵**：锦葵科植物冬葵（*Malva crispa* L.），《尔雅翼》云：“葵为百菜之王，味尤甘滑”，是古代蔬食上品。唐代储光羲

《田家杂兴》有“满园植葵藿，绕屋树桑榆”，宋代范浚《课畦丁灌园》有“拔薤自须还种白，刈葵辄莫苦伤根”之句，可见唐宋时代葵尚为重要栽培蔬菜，然而明代之后，葵已如李时珍《本草纲目》所言“今人不复食之，也无种者”。明代朱橚《救荒本草》、王西楼《野菜赞》、鲍山《野菜博录》均将葵菜列为野菜。此后虽在局部地区有零星种植但总体上葵已成为野菜。

**(3) 虽然在某些国家已有栽培品种，但在中国自古至今均为野生者，如马齿苋。**

马齿苋科 (Portulacaceae) 植物起源于印度，后传播至世界各地，现世界各地温带和热带广泛分布有野生种。马齿苋一名在中国始见于隋代《名医别录》，称“马苋”。作者陶弘景曰：“马苋与苋别是一种，布地生，实至微细，俗呼马齿苋，亦可食，小酸。”唐代也将马齿苋作蔬食之用，有时在菜园中采到，即同栽培蔬菜一并收获。杜甫《园官送菜》一诗有云：“苦苣刺如针，马齿叶亦繁。青青嘉蔬色，埋没在中园。”明代高濂《遵生八笺·饮膳服食笺》（中卷）在“野蔬菜类九十一种”中对马齿苋有详尽记述；朱橚《救荒本草》对马齿苋介绍说：“采茎叶煮食之，味鲜美。”鲍山《野菜博录》也将马齿苋收录于中卷“叶可食”类别之中，可见马齿苋在我国历来为野生。虽近年欧美已培育出栽培品种，但非人工栽培的在我国仍占主导地位。

**(4) 栽培种虽占主导地位，但与野生种遗传变异大，在形态、风味等方面差异显著，野生种仍应界定为野菜。**

栽培蔬菜源于野生。作为生物，必然存在着巨大的遗传异质性 (genetic heterogeneity)。许多蔬菜品种经过数千年的定向选育而与其祖先出现了很大的变异，从而使栽培种与野生种出现了外形、口感、风味等诸方面的品质差异。如浙江丽水山区的野生紫苏［Perilla frutescens (L.) Britt var. argute Benth Hand Mazz.］比杭州市郊的紫苏栽培种叶片小、气味浓烈。野生薄荷（Mentha arvensis L.）的风味与栽培的品种也差别显著。因此，尽管野生种与栽培品种在植物学上科、属、甚至种均相同，但还是应该正视遗传差异。建议在野生改家种后只要这种差异明显，野生种的蔬菜名称前仍可冠以“野生”二字。同时，科学工作者应该努力在分子生物学等方面提供依据，并制定相应的质量标准。尤为重要的是，在野生改良种的开发中，必须加倍重视野生种质资源的保护，方能保证源远流长。

除上述情况，下列植物及菌类亦应归入野菜范围。

（1）以其他用途为主的野生栽培植物，根、茎、叶、花、果等部位可作蔬食之用者。

例如，作为中药材的有蒲公英（Taraxacum mongolicum Hand.-Mazz.）、鱼腥草（蕺菜）（Houttuynia cordata Thunb）、车前草（Plantago asiatica L.）、桔梗（Platycodon grandiflorus）、黄精（Polygonatum sibiricum）、玉竹（Polygonatum odoratum）等；作为花卉的则有二月兰［Orychophragmus violaceus (L.) O. E. Schulz］、青葙（野鸡冠花，种子可入药）（Celosia argentea）、野菊花（Denoranthema indicum）等。

（2）狭义的野菜主要指可供蔬食之用的草本植物，但木本植物根、茎、叶、花、果等植物组织可供蔬食之用者，也应归入野菜。

常见的食用部位为嫩芽、嫩茎。如木本芽菜有：枸杞（Lycium chinense）属茄科植物，其嫩芽、叶片和果实皆可作蔬食之用；香椿（Toonaa sinensis），楝科，嫩芽是我国传统蔬食野菜，《庄子》云“上古有大椿，以八千岁为春秋。”《救荒本草》也有记述“采嫩芽烧熟，水浸淘净，油盐调食。”；榆(Ulmu spumila L.)，春可采嫩叶做菜，春末夏初又可采榆树果实（榆钱）蔬食之用，榆钱味似豌豆荚，南北朝陶弘景曰“初生榆荚仁，以作糜羹，令人多睡。”说明除味美之外，榆果实尚有安眠作用。

（3）野生食用菌。

虽然按现代生物学分类食用菌属菌物界，但从古至今均将其归入蔬菜或药用植物范畴，野生食用菌已成为野菜的重要组成部分。

我国采食野生食用菌历史悠久，宋代陈仁王《菌谱》收录了浙江台州的11种食用菌，明代潘之恒《广菌谱》记述了食用菌15种，清代吴林《吴蕈谱》记载了生长在苏州附近的食用菌8种。除了上述食用菌专著外，在中医药典籍中的记述也十分丰富，元代李杲原著、明代姚可成补辑的《食物本草》在“菜部芝栭类”中记述了野生食用菌14种、野生地衣2种。我国目前已知野生食用菌种类多达360余种，其中最著名的为松茸和干巴菌。

松茸［*Ticholoma matsutarke* (S. lto. etImai) Sing］，别名松口蘑。松茸菇体肥大，肉质细嫩，香味浓郁，别具风味，具有很高的营养价值和保健作用，是菇中珍品，在日本、欧洲也享有极高的声誉。目前，尚未人工培植。

干巴菌是云南著名食用菌，该菌香气浓郁，嚼味无穷，是招待嘉宾的上品。该菌也与松茸一样，与特定树种形成共生，难以人工栽培，仍处野生状态。

## 二、山野菜分类

按照生物类别划分，山野菜种类包括木本植物、草本植物、真菌、蕨类。例如，苣荬菜、刺儿菜属于多年生草本植物，羊蹄甲属于木本植物中的乔木，山蘑菇属于真菌类，蕨属于蕨类。

根据山野菜采食的器官与部位的差异，并兼顾分类学名称，将山野菜分为6类（见表1-1）。

－表 1-1　山野菜分类－

| 分类 | 采食部位 | 科数目 | 比重/% | 代表山野菜 |
| --- | --- | --- | --- | --- |
| 茎菜类 | 木本植物或草本植物的幼茎、根茎和嫩枝和芽 | 27 | 10.8 | 菊科的柳叶蒿 |
| 叶菜类 | 嫩叶和幼菜 | 29 | 8.1 | 十字花科的荠菜 |
| 花菜类 | 花、花蕾、花序、花苞 | 14 | 3.5 | 榆科的榆树钱 |
| 果菜类 | 果实、种子及幼嫩荚果 | 6 | 2.9 | 胡桃科的山核桃 |
| 根菜类 | 根、块根、根茎、鳞茎 | 6 | 2.6 | 天南星科的魔芋 |
| 菌、藻类 | 食用真菌类的子实体和地衣 | 40 | 72.1 | 口蘑科的香菇 |

## 第二节　对野菜的认识历史

### 一、公元前 3000 年至秦汉时期

**关键词：草。**

东汉许慎《说文解字》曰："菜，草之可食者""药，治病草也"。《神农本草经》以草为本，总结了汉代以前人类对植物的认识。

### 二、魏晋南北朝至唐宋时期

**关键词：菜。**

梁代陶弘景《本草经集注》首次将"菜"从"草"中分离了出来。陶弘景一改《神农本草经》上、中、下三品的分类方法，而是根据实际用途分为玉石、草木、虫善、果、菜、米食、有名无用七类。将韭、葱、芥、苋、鸡肠草、荠菜等三十余种植物归入菜类，从而使蔬菜成为与草木药品平行的一个独立大类。自此以后，这种分类方法为历代所沿用，对蔬菜学的发展发挥了重要作用。有世界第一农书之称的《齐民要术》(北魏，贾思勰撰) 也采用粮食、油料、纤维、染料作物、蔬菜、果树、桑树、禽畜、鱼类的分类方法。

### 三、明清时期

**关键词：家蔬，野蔬。**

关于野菜专著，虽有言宋代就有，但未见传本。明代朱橚《救荒

本草》，首次系统介绍了 414 种野菜的形态、产地、性味、毒性、食用古法。徐光启《农政金书》收载了《救荒本草》和王磐《野菜谱》，对野菜的发展起到了巨大的促进作用。商濂《养生八笺》将蔬菜分为了“家蔬”(55 种) 和“野蔬”(91 种)。明代大量野菜专著的问世，为中国野菜学的形成、发展奠定了坚实的基础。

## 第三节　北方地区山野菜资源特点

### 一、种类繁多、地域分布广泛、蕴藏丰富

冀北高原地域辽阔，地形结构复杂，故山野菜资源的种类多样。

山野菜生长在复杂多样的自然条件下，长期的进化过程中形成了广泛的适应性，在土壤瘠薄、干旱、高温、冻害的条件下均可以正常生长，分布范围很广。

在冀北高原地区，山野菜繁殖能力强，蕴藏量大。

### 二、天然绿色食品、污染小

由于山野菜多生长在森林、野地、草原中，在自然状态下，取之山野，生长很少受到人为的污染，具有诱人香味、鲜明色泽、特别形态，吃起来给人以口味一新、风味独特的感觉，是一种天然绿色食品。

### 三、营养价值高

山野菜主要是由水、纤维素、氨基酸、蛋白质、维生素、矿质元素、脂肪、糖构成，其均为人体所必需的营养。野菜的采食主要是为了得到维生素和矿物元素的补充，野菜中含有丰富的胡萝卜素、维生素 $B_1$、维生素 $B_2$、维生素 C 以及多种矿质元素，其含量一般高于或者远超过栽培蔬菜（见表 1-2）。因此，山野菜是开发保健食品的

资源库。

－表 1-2 山野菜与大白菜的维生素和矿质元素含量比较－

| 名称 | 胡萝卜素/(mg/100g)(鲜重样品) | 维生素 $B_2$/(mg/100g)(鲜重样品) | 维生素 C/(mg/100g)(鲜重样品) | K/(mg/g)(干重样品) | Ca/(mg/g)(干重样品) | Mg/(mg/g)(干重样品) |
| --- | --- | --- | --- | --- | --- | --- |
| 大白菜 | 0.10～0.16 | 0.06～0.08 | 31～45 | 2.34 | 0.79 | 0.12 |
| 蕨菜 | 1.04 | 0.13 | 27 | 31.8 | 1.9 | 3.39 |
| 马齿苋 | 3.94 | 0.16 | 65 | 44.8 | 10.7 | 14.57 |
| 荠菜 | 3.63 | 0.14 | 80 | 29.5 | 24.7 | 12.25 |
| 苣荬菜 | 3.22 | 0.53 | 88 | 37.6 | 17.2 | 4.6 |
| 苦苣菜 | 7.66 | 0.25 | 52 | 40 | 14.9 | 2.14 |
| 名称 | P/(mg/g)(干重样品) | Na/(mg/g)(干重样品) | Fe/(μg/g)(干重样品) | Mn/(μg/g)(干重样品) | Zn/(μg/g)(干重样品) | Cu/(μg/g)(干重样品) |
| 大白菜 | 0.21 | 0.40 | 2.3 | 0.8 | 1.8 | 0.3 |
| 蕨菜 | 5.16 | 0.54 | 171 | 35 | 61 | 25 |
| 马齿苋 | 4.43 | 21.77 | 584 | 40 | 72 | 21 |
| 荠菜 | 2.96 | 0.77 | 288 | 56 | 52 | 7 |
| 苣荬菜 | 2.6 | 0.81 | 124 | 63 | 34 | 10 |
| 苦苣菜 | 4.83 | 3.18 | 111 | 69 | 32 | 15 |

山野菜中含有各种矿物盐类，其含量符合人体需要。同时山野菜中含有大量的植物纤维，纤维素具有吸水性，促进消化腺分泌，有助于消化，可以分解一部分有害物质，对预防糖尿病、冠心病、胆结石有一定的好处。

## 四、药用价值高，保健作用明显

许多山野菜本身就是药用植物，在含有丰富的营养物质之外，有的还含有生物碱、黄酮、糖苷、萜类等有效成分，治疗疾病和保健作用明显。例如马齿苋（*Portulaca oleracea* L.）含有去甲肾上腺素、二羟基苯二胺、二羟基苯丙胺、香豆精、黄酮、强心苷等药物成分。全株入药具有解毒、抑菌消炎、利尿、润肠、去虫、明目等功效。现代医学研究结论：去甲肾上腺素可以促进胰岛素的分泌，从而调节人体的糖代谢过程，降低血糖浓度，对糖尿病有一定的功效。因此，山野菜的开发与利用，除可扩大采食蔬菜的范围之外，还可开发其滋补和防病治病保健作用，作为研制新型药品的原料。

## 五、商品价值高

山野菜因其自身的生长特点，很少受到化肥农药的影响，是一种天然的绿色食品，消费前景很好，市场上供不应求。山野菜的开发可获得较高的经济收益，是农民致富的一条好途径。

## 第四节　北方地区山野菜资源开发利用现状

我国北方地区在山野菜资源研究、开发利用方面，有着悠久的历史，起步较早，发展迅速，主要表现在种类的不断增加，开发利用方式的多样化，如由原来的农民自采自食，转向工厂化发展，河北省已有少量的野菜种植基地和野菜加工企业，香椿、马齿苋和苜蓿等有一定的种植面积。但随着山野菜资源开发利用的深入发展，依然暴露了很多问题。

### 一、山野菜研究薄弱

在基础研究方面，目前对山野菜的整体资源未进行过系统调查，缺乏对其形态结构、维生素和矿质元素组成、药理活性物质等方面的研究，尤其是对很多山野菜未进行毒性鉴定以及误食用后解毒方法的研究，如误食毒芹后可引起口咽部烧灼感、四肢无力、吞咽说话困难等。

在开发利用研究上，山野菜开发研究始终未能形成规模，许多珍稀的山野菜被过度采挖，导致某些种类濒临灭绝，自然资源枯竭。珍稀山野菜的引种驯化栽培模式需要进一步探索，人工种植面积需要加大。同时，从事山野菜基础和开发利用研究的科技人员匮乏，财力物力投入不足。

## 二、山野菜利用率低，开发面狭窄，缺乏精深加工

虽然山野菜资源丰富，蕴藏量大，但整体上开发和利用率很低，多数是群众自采自食，主要有生吃、凉拌、做馅或汤、炒食、做干菜、腌制等食用方法。

山野菜的保鲜储藏和深加工技术开发不足，现有山野菜加工厂多属于乡镇企业，甚至有相当一部分属于家庭作坊式加工，设备落后，工艺水平低，生产能力差，规模小，科技含量不高，未形成系列产品，缺乏品牌意识，产品多数还仅局限于干制、盐渍、罐制，种类单调，致使山野菜的许多食用、药用和保健价值得不到实现；产品卫生标准达不到高水平，包装档次低，故难以满足市场需要，产品的市场占有率也较低。最终大多数山野菜的新鲜产品和加工产品在市场上销售量不大，在国际市场上缺乏竞争力。

## 三、自然资源利用不平衡，可持续发展意识淡漠

山野菜大部分蕴藏在边远山区，资源虽然丰富但与当地经济发展水平不匹配，大量山野菜处于自采自食阶段或者任其自生自灭，资源利用不充分。另一方面，对于一些市场需求量大的名贵山野菜，采收过度、方法不当，导致某些种类濒临灭绝。蕨菜多为天然生长，幼叶可食用，一些地区在经济利益的驱使下，采挖过度，致使天然蕴藏量逐年减少，制约了对蕨菜的长期利用，破坏了生态平衡，造成当前和长远、保护和利用失调。

## 第五节　北方地区山野菜开发利用的发展对策

### 一、加强对山野菜的基础研究和开发利用研究的资助

主管部门进行科研立项，投入资金组织力量对山野菜资源进行全面认真的调查研究，系统查清楚种类、蕴藏量、消长规律，然后从实际出发，从中选取储量多且有开发潜力的野菜进行重点开发，建立适应生产规模的产业体系，编制相对应的技术标准手册，内容包括山野菜的特点、营养药用价值、采集方法与要求、食用方法、人工栽培体系、生产加工以及野生资源的保护等。

特别要加强对山野菜食用安全性的研究，对于有毒山野菜的危害性要予以重视，明确其具体部位有何毒性及毒性强弱。在对常见山野菜推广的基础上，进一步对一些特殊种类、潜在优势种类进行相应的研究，如营养价值极高的豆科植物腊肠树、铁刀木、鸡眼草，葫芦科植物木鳖等。

加强对于有开发潜力的山野菜营养成分、药用成分和生理活性物质以及生长习性、栽培特点等的研究，对产量高、营养药用价值高、口感好、被市场广泛认可、需求量大、经济效益显著的山野菜，要变分散为集中，建立原料基地，适当引种和规范化人工种植。这样既有利于采收、贮藏、运输和加工利用，又有利于对山野菜资源的保护。

山野菜多数肉质多汁，不耐贮藏和运输，应该加大对于采后贮藏保鲜的研究，根据山野菜不同的特点，研究出与之适应的清洗、分级、包装、运输等各环节技术措施，以减少腐烂损失，保持自然品质。

同时重视深加工技术研究，除去涩味和异味，保持原有营养成分不降低，使之更适口，充分发挥多用性原则，从中提取多种化学成分加以利用。

## 二、可持续开发，保护资源

山野菜的开发和利用要做到保护和发展并举，在生产上加强管理，坚持在经济、社会和生态效益统一的前提下，实行有限度、有计划、有步骤地采收开发利用，使野菜资源能够休养生息，永续发展。

## 三、推广人工栽培技术

随着对山野菜的营养成分和保健功能认识的不断深入，市场需求量与日俱增，多种山野菜的自然采收产量已经远远满足不了市场需求，因此要变野生为家养，建立栽培基地，要积极进行人工集约化栽培，实现基地良种化、区域化、规模化，使之由野外采收为主逐步转向引种栽培为主。

## 四、开发精深加工，提高附加值

综合利用山野菜的果实、根、茎、叶、花，做到物尽其用，避免浪费，实现山野菜的食用、药用多方面的综合开发利用。

以市场需求为导向，选择蕴藏量大、经济效益好、有特色的山野菜，充分发挥多用性的优势，进行综合利用和深加工，力求开发的产品类别多、质量优。例如大力发展速冻菜、菜粉、野菜汁饮料、罐头、干制品，使之经济效益最大化。在深加工的同时要攻克技术难关，做到保持野菜原有的气味、色泽、矿质元素等营养成分。在商品的包装上面做到新颖别致，提升产品等级，增加在市场上的竞争力，力争出口。

深化工艺革新，传统的提取方式诸如溶剂浸提法、煎煮法、水蒸馏法提取效率低、成本高，采用超声波辅助提取的方法极大地提高了提取效率，例如从苦菜中提取单宁，超声波辅助提取效率显著高于其他方法。

## 第六节　野菜的采集处理

### 一、野菜的采集

野菜的营养及有效成分，受到野菜的采收季节和时间的影响，在适宜的季节和时间内采集野菜，是保证其质量的重要环节。

**1. 幼苗类**

一般在幼苗出土长出数片基叶后连根采挖，如车前草、蒲公英、白蒿等。有的也可在植株开花前采挖，如面条菜、沙参苗等。

**2. 芽叶类**

木本植物芽叶，多在嫩芽刚吐出时采摘，如木蜡芽、楤木芽等。草本植物芽叶，多在幼嫩叶刚长出时，采摘幼嫩的叶柄或卷卷的幼叶，如蕨菜、薇菜等。

**3. 嫩茎叶类**

多在植株充分生长、枝叶茂盛时，从用手指能掐断处采摘嫩茎叶，如灰灰菜、扫帚苗等。

**4. 全草类**

多在植株充分生长，枝叶茂盛的花前期或刚开花时采集，如马齿苋、垂盆草等。

**5. 花类**

多在花蕾刚开放或含苞待放时采摘，如刺槐花、蜡梅花、柿花、葛花等。

**6. 果实及种子类**

多数在果实成熟或将近成熟时采摘，如酸枣、越橘、山葡萄等。有的则在果实幼嫩时采摘，如榆钱等。

**7. 根及根茎类**

多在早春或深秋采挖，如牛蒡根、桔梗、地笋、野山药等。有的也可在春末至秋采挖，如玉竹、黄精等。

**8. 树皮及根皮类**

多在春夏采剥，此时植株生长旺盛，树皮易剥离，如榆树皮等。

## 二、野菜预处理

野菜在食用或药用前必须进行适当的加工处理，否则不便食用或药用。

(1) 纯净野菜，保证质量　大多数野菜是从荒山野地采来，难免带有泥土、杂质及非食用药用部分，使质量受到影响。所以，使用前应先除去泥土、杂质及非食用药用部分，以保证质量。

(2) 去除毒性，保证安全　有些野菜对人体有一定毒性，使用前需采用沸水浸烫或清水漂洗等方法，减轻或除去毒性，以保证使用安全，如龙葵等。

(3) 改变形状，便于保存　新鲜野菜易于腐烂变质，将其晒干或作其他处理后便于保存，如芽叶类野菜等。

(4) 去掉异味，便于食用　有些野菜具有苦味等不良异味，给食用带来困难，采用沸水浸烫或清水漂洗等方法加工后，即可使不良异味大减或消除，宜于食用，如小蓟等。

## 第七节　野菜的食用方法及保健作用

### 一、野菜的食用方式

野菜的吃法与栽培蔬菜相仿，在民间食用方法大致有以下几种。

**1. 生食**

一些无毒、味好或带有酸甜味的野菜都可以生食，将切制的干净鲜野菜洗净后，搓揉，可生食或加咸、甜、酸、辣味调料拌匀食用。此种吃法，维生素损失很少。如苣荬菜、酸模叶蓼、华北大黄和小根蒜等。

**2. 蒸**

即将切制的干净鲜野菜，或用开水浸烫、清水漂洗后的熟干野菜，拌面粉蒸后食用。

**3. 炒**

即将切制的干净鲜野菜，或用开水浸烫、清水漂洗后的熟干野菜，加油、盐、酱油、瘦肉等配料炒后食用。

**4. 做汤**

即将切制的干净鲜野菜，或用开水浸烫、清水漂洗后的熟干野菜，加入荤、素汤或面条汤中煮食。

### 5. 做馅

即将切制的干净鲜野菜，或用开水浸烫、清水漂洗后的熟干野菜，剁碎，调成荤、素馅，包成水饺或包子等食用。

### 6. 凉拌

有些无毒味美的野菜，将其洗净、并用冷水漂洗浸泡至无异味后，切碎，用开水烫过，加调料拌匀食用。这种吃法可去掉一些野菜的苦涩味，营养成分损失也不大，如马齿苋、海乳草、水芹菜和马兰头等。

### 7. 煮、浸、去汁后炒食

某些有苦涩味的野菜，如龙牙草、鹅绒委陵菜、苦凉菜、黄花龙牙和蒌蒿等，将其可食部分洗净后，先用开水烫过或煮沸，再用清水浸泡。除去苦涩味后挤去汁水，炒食，这种吃法营养损失较多。

### 8. 做干菜或腌渍

大部分野菜都可先经开水烫煮后晒成干菜或盐腌，以备缺菜时食用。此法主要适宜一些季节性强、采摘期较短而又易于大量采集的种类，如白鹃梅、东方唐松草、黄花菜、蕨菜等。

## 二、野菜的保健作用

“药食同源”，野菜与中药之间并无明确界线，许多野菜本身就是常用中药，如蒲公英、黄精、玉竹等。

### 1. 野菜的性

所谓野菜的性，是指野菜与中药一样，也具有寒、凉、温、热等不同的性，也可称作“气”。它是在中医药理论指导下，通过实践而总结出的，反映了野菜影响人体阴阳盛衰和寒热变化的作用趋向，是说明野菜效用性质的理论之一。另有平性，是指野菜寒热偏性不明显者，但这只是相对而言，实际上仍有偏温、偏凉之差别。此外，在具体表述时，还有大寒、大热、微寒、微温等，表示这些野菜的寒热温凉有程度上的差异。

野菜虽有寒、热、湿、凉、平等多种性，但从本质而言，只有寒凉与温热两大类，其对人体的效用也可概括为两个方面。凡标以寒凉性者，即表示此类野菜分别具有清热、泻火、凉血、解热毒等作用，适用于外感热病、阳盛火生所致阳盛体质类人群的保健。凡标以温热性者，即表示此类野菜分别具有温里散寒、补火助阳、温经通络和回阳救逆等作用，适用于外感寒邪、阳衰寒生所致阴盛体质类人群的保健。

上述是指正确食用野菜时，其性对人体的保健作用。倘若使用不当，对人体也可产生不良效应。寒凉性野菜常有伤阳助寒之弊，而温热性野菜则常有伤阴助火之害。

**2. 野菜的味**

中医认为，野菜与中药一样，也具有辛、甘、酸、苦、咸等不同的味。野菜的这种味最初是由健康人口尝野菜的真实滋味而得知，如黄精味甘、苦菜味苦等。继而人们发现野菜的滋味与其疗效之间有着密切的联系和对应性，如能发表行散的药多辛味，能补虚缓急的多甘味，能敛肺涩肠的多酸味，能降泄燥湿的多苦味，能软坚散结的多咸味等。于是，在遇到口尝滋味不能解释野菜的效用时，便依据上述规律反推其味，所推出的野菜功能味与口尝味相差很大。经过无数次推理比较，中医药家逐步认识到这种以治疗作用确定野菜味的方法，要比口尝法更接近于临床实际，野菜的味可以与其口尝滋味相同，也可以与口尝滋味相异。野菜味既是其滋味，又超出其滋味。

野菜的味是野菜对人体不同效用的概括，既包括治疗作用，又包括不良作用，具体如下。

(1) 辛　能散、能行，有发表、散邪、行气、活血作用，多用于外感表邪及气滞血瘀等症的治疗。如紫苏味辛，能发表理气，治见寒表症及脾胃气滞等，其不良作用是能耗气伤阴，气虚阴伤者慎用。

(2) 甘　能补、能缓、能和，有补虚、和中、缓急、调和药性及解毒等作用，多用于各种虚症及挛急作痛、药食中毒等症的治疗。如黄精甘，能平补气阴，治气虚、阴虚或气阴两虚症；土茯苓味甘，能解毒。其不良作用是能腻膈碍胃，令人中满。凡湿阻、食积、气滞中满者忌食。

(3) 酸　能收、能涩、能敛、能固，有敛汗、敛肺、涩肠、固精、缩尿、止带及止血等作用，多用于正虚无邪之自汗、盗汗、久咳、虚喘、久泻、久痢、遗精、遗尿、带下及出血不止等症的治疗。还能生津、开胃、安蛔，多用于津伤口渴或消化不良、蛔厥腹痛等症的治疗。如蓬桑味酸，能缩尿止遗，治遗精、遗尿、尿频等；乌梅味酸，能敛肺、涩肠、安蛔、生津、止血，治久咳、久泻、久痢、蛔蕨腹痛、津伤口渴及崩漏便血等症。其不良作用是能收敛邪气，凡邪未尽之症慎食用。

(4) 苦　能泄、能燥、能坚。能泄的含义有三：①通泄，能泄热通肠，治热结便秘，如羊蹄等；②降泄，能降泄肺气，治肺气上逆，如苦杏仁等；③清泄，能清热泻火，如夏枯草等。能燥，即指有燥湿作用，治湿浊内停诸症，如苍术等。能坚，主要指有的苦味野菜少量服用有健胃作用，可治消化不良。其不良作用能伤津、败胃，津大伤及脾胃虚弱者不宜大量食用。

(5) 咸　能软、能下，有软坚散结、泻下通肠作用，多用于治瘰疬、瘿瘤等。其不良作用是多食含氯化钠的咸味野菜，能促使血管硬化。高血压、血管硬化者慎食。

(6) 涩　能收、能敛，有敛汗、敛肺、涩肠、固精、缩尿、止带及止血等作用，多用于正虚无邪引发的各种滑脱不禁症。如芡实味涩，能固精止遗、涩肠止泻，治肾虚遗精及脾肾两虚之带下等。其不良作用是能敛邪气，邪气未尽者慎食。

(7) 淡　能渗、能利，有渗湿利尿作用，多用于水肿、小便不利等症的治疗，如茯苓、薏苡仁等。其不良作用是能伤津，阴虚津亏者慎食。

此外，还有芳香之味，能散、能行、能开、能芳化，有化湿、辟秽、开窍、健脾等作用，多用于湿浊内阻及中恶、中气所致的神昏闭症等的治疗。如藿香芳香，能化湿，治湿阻中焦等症。中医习惯将芳香味归为五臭之列，有时也标上辛味，称为辛香之气。芳香与辛味一样，亦能耗气伤津，气虚津亏者慎食。

## 第八节　食用野菜中毒的防治

### 一、食用野菜中毒的原因

食用野菜健体，只要合理使用，一般不会引发中毒。引发中毒的原因很多，主要有以下几类。

**1. 误食毒物**

有些有毒植物特别是蘑菇等菌类植物，与可食类植物形态相似，导致食用者误将有毒植物当作野菜食用，从而引发中毒。据报道有人误把有毒的苍耳子幼芽当做刚出土的黄豆芽食用，引起数十人中毒，至于误食毒蘑菇中毒的报道更是屡见不鲜。

**2. 环境污染**

有些野菜本无毒，但因生长在被严重污染的环境中，致使野菜植株内所含的重金属元素或农药残留量等严重超标。人若长期或大量食用这种被严重污染的野菜，将会引发中毒。

**3. 腐败变质**

有些野菜在新鲜时本无毒，存放不当发生霉变腐烂等质变后即能产生毒素。人若食用，毒害旋至。如甘蔗无毒，霉变后即可产生对人体神经有极强毒性的嗜神经毒素，人食后即可中毒。

**4. 用量过大**

虽野菜大多无毒，但也不能无节制地大量食用。某些野菜倘若大量食用，轻则伤脾胃，重则累及肝肾及全身，如苦杏仁等。

**5. 用法不当**

食用野菜必须依法炮制或烹制，特别是因偏性突出而有小毒的野菜更应如此。如误用则难免中毒。如龙葵有小毒，其毒性成分为溶于水的龙葵碱，若将其作野菜大量食用，就必须先用沸水浸烫，再用清水漂洗多次，以减少或去除龙葵碱；若直接以鲜品大量食用，即可中毒，引起头痛、腹痛、呕吐、泄泻、瞳孔散大、心跳先快后慢等不良反应。

**6. 辨症不准**

每味野菜均有其适应症，特别是作药用时尤其如此。临床应用野菜特别是偏性突出的野菜理当按中医辨症论治原则施用，有些因食用野菜而引发的毒副反应，就是因辨症不准所致。如常见误将寒凉性野菜用于脾胃虚寒患者，致使患者脾胃再度被伤，病情加重，引起腹痛、泄泻等不良反应。

**7. 个体差异**

由于个体差异，每个人对野菜的耐受性相差很大，甚或出现高度敏感，引发各种过敏症状，对肌体造成损害。如灰灰菜本无毒，大多数人食后不会出现过敏反应，而有的人则高度敏感，食用后即引发蔬菜日光性皮炎。

## 二、防治中毒的方法

**1. 严格采选**

不采挖辨认不准的野菜和生长在污染严重地区的野菜，不食用发霉变质的野菜。

**2. 人工去毒**

有些有毒的野菜，在食用前须先用人工去毒，以保万无一失。常用的去毒法有沸水浸烫法和凉水浸漂法；也可将二者合用，即先用沸水浸烫数分钟后，再用干净凉水浸漂数小时或数日。此法可有效地将野菜中有毒而易溶于水的成分如苷类、生物碱、亚硝酸盐等除去。如萝藦科红柳叶（习称羊奶子叶）虽为美味野菜，但有毒，毒性成分为溶于水的强心苷等。

**3. 用量适当**

不论何种野菜，食用时用量都要适中，切忌无节制地随意增加用量。初食野菜，应先少量尝试，此后再增加用量。

**4. 准确辩证**

使用野菜疗法前，必须先辨清患者的病症或使用者的体质，而后再选择相应的野菜，绝不能盲目使用。

**5. 谨防过敏**

要善于识别过敏体质，及早予以预防。凡食用野菜前要弄清食用者对所用野菜是否过敏，若过敏就要停用。

**6. 及时抢救**

误采误食有毒植物，或用后引发过敏，出现头晕、头痛、恶心、腹痛、泄泻及皮疹等不良反应时，应立即停用，严重者应马上送医院予以急救，进行催吐、导泻、洗胃等对症治疗。

在对山野菜进行研究的过程中，要综合运用植物分类学、生态学、植物病理学、栽培学、食品加工学、植物营养学、经营管理学等多门植物生产类和经济管理类科学，重视基础理论与实践相结合，将研究成果社会化，有利开发产地资源，振兴地方经济。

山野菜是蔬菜植物新的种质资源，种类丰富，蕴藏量高。随着人民生活水平日益提高和身体健康意识的增强，越来越多的人意识到食用山野菜可以起到很好的保健作用，因此市场对山野菜的需求正在由数量向品质方面转变，山野菜的开发利用进入了一个崭新的时代。基于此，通过山野菜的开发，旨在开创新的农民致富途径，提高农民收入。

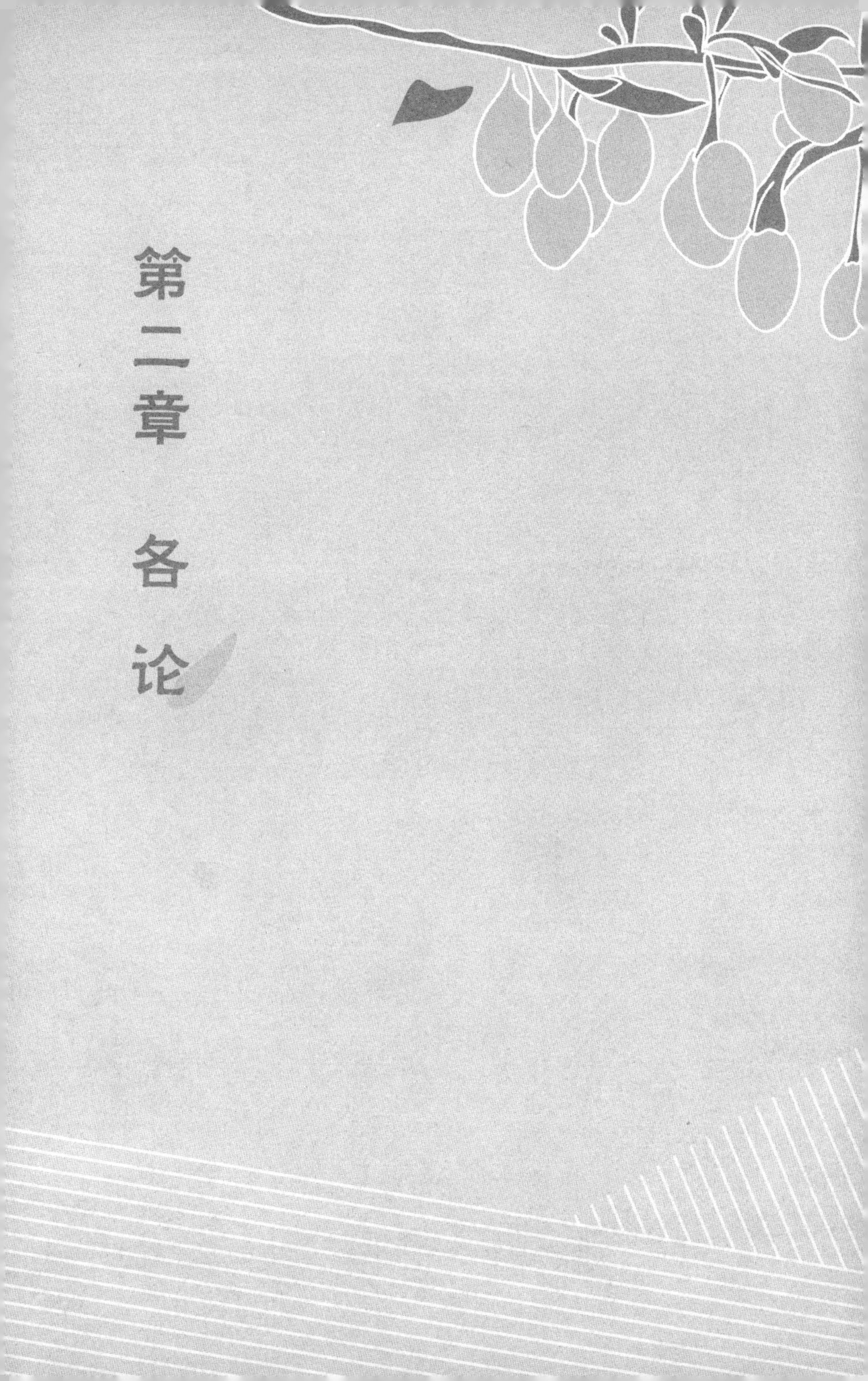

# 第二章 各论

## 第一节 黄花菜

### 一、拉丁文学名：*Hemerocallis citrina* Baroni

### 二、科属分类：百合科萱草属

### 三、别名：金针菜、柠檬萱草

### 四、植物学形态特征

植株一般较高大；根近肉质，中下部常有纺锤状膨大。叶 7～20 枚，长 50～130cm，宽 6～25mm。花茎（或称花薹）长短不一，一般稍长于叶，基部三棱形，上部多为圆柱形，有分枝；苞片披针形，下面的长可达 3～10cm，自下向上渐短，宽 3～6mm；花梗较短，通常长不到 1cm；花多朵，最多可达 100 朵以上；花被淡黄色，有时在花蕾的顶端带黑紫色；花被管长 3～5cm，花被裂片长（6）7～12cm，内三片宽 2～3cm。蒴果钝三棱状椭圆形、长 3～5cm，种子约 20 个，黑色、有棱，从开花到种子成熟需 40～60 天。

### 五、生长习性

#### 1. 顶芽与母根状茎的生长习性

新栽黄花菜种苗的根状茎叫“母根状茎”，种苗的地上部分叫顶芽苗。在新苗的短缩茎顶部着生有一个芽，叫顶芽，花芽就是从这个生长成熟的顶芽分化来的，在抽生花薹的同时，紧靠花薹下面的第一个腋芽迅速发育，向上生长成新株。同年8月底，一个新的根状茎段就完全形成。这样一年一段根状茎逐年向上延伸，形成一条根状茎，这就是母根状茎。花薹在花采摘后很快枯黄，并产生离层与根状茎脱落。

**2. 侧芽与分蘖根状茎生长习性**

黄花菜在抽生花薹的同时，除紧靠花薹下面的第一个叶腋芽迅速发育向上生长成新株外，与第一个叶腋芽互生的第二个叶腋芽则迅速生长成侧芽，一般在第二年水肥条件好，并有空间的条件下，才能萌发生长成分蘖新株，第三年开花。侧芽苗到7月份就完全形成一段新的分蘖根状茎，与母根状茎相连在一起，其生长习性与母根状茎相同。随着分蘖新株的“顶芽”不断分化成花芽，到来年5月花薹下面的第一个叶腋芽继续向上生长，形成分蘖根状茎。分蘖根状茎上的侧芽在有条件时又萌发成新的分蘖苗株，这第一个分蘖根状茎又变成第二个分蘖根状茎的“母根状茎”。随着侧芽的不断萌发，分蘖逐年增多，从而形成了株丛。

**3. 叶腋芽与老根状茎生长情况**

黄花菜的叶腋芽都着生在短缩茎上每一片叶的叶茎中央，着生位置与叶片的着生位置相同，也是互生。一般情况下，花薹下面从第三个叶腋芽起是不能萌发的，而以隐芽状态生存，并随茎节在土中自然枯朽。

## 六、生境

黄花菜在我国大部分地区有分布。它生长在山坡、草地、林缘、草甸、林间湿地，散生或成片生长。

## 七、花果期

花果期5～9月。

## 八、采集时间

在每年的6～8月。过早花蕾未充分长大，影响产量，同时加工出来的黄花菜色泽差；过迟则花蕾开放，质量差，商品价值低。适宜时的花蕾呈黄绿色，花体饱满，含苞未放，花瓣上纵沟明显，花蕾尖端略裂为三瓣，接缝为淡黄色。一般在每天中午11点到下午5点采集为宜，阴雨天花蕾开放早，可适当提前采集。

## 九、营养水平

含有大量的维生素和矿物质，每千克干菜中含有胡萝卜素34.4mg、维生素B 5mg、钙4630mg、磷1730mg、铁165mg、蛋白质141g、脂肪4g。

## 十、食用方式

食用中常拌凉菜、炒菜、做火锅料、做汤，也可挂面糊油炸。鲜花一般用水煮过，炒食或做汤。鲜花含毒，不宜多用，经过加工的干品无毒。干品食用前用凉水泡半天即可复原，急用也可稍煮一煮。

嫩苗也含有多种营养成分，但含量有所不同，食用方法除了与花相同外，还可腌咸菜。做各种炖菜。经过盐渍的，食用前要脱盐：清洗后放锅里加3倍水，文火煮至79～80℃，轻翻2～3次，盖上，自然放凉，经30～40分钟，复原后即可漂洗至咸淡适宜。

## 十一、药用价值

根味甘性凉，有利水、清热、消肿、凉血、止血等功能。可治小便不通，水肿，大便出血，衄血，膀胱结石，乳腺炎等疾病。

幼苗嫩叶和花蕾亦可药用，皆属味甘、性凉的中药。有利湿热、宽胸隔、安神、消食等功能，对神经衰弱、烦热失眠有疗效。

## 十二、栽培方式

### 1. 品种选择

黄花菜品种很多，适应大棚种植的多为早熟品种。简阳市大棚黄花菜栽培品种为“大乌嘴猛子花”。该品种上市时间早，5月即可上市，叶片深绿色，株形紧凑，适应性强，耐旱、抗湿、抗病能力强。花茎粗壮，高80～90cm，花蕾长9～12cm，花蕾富硒，花六叶七蕊，花蕊内花粉黄色，萌蕾整齐，蕾嘴乌黑色，上有褐色斑点，肉质厚、品质优、口感好，是适宜大棚栽培的优良品种。

**2. 栽培季节时间**

黄花菜虽然在东北地区可春夏秋三季栽植，但以春栽效果为最佳。

**3. 栽培技术**

(1) 选地与整地　黄花菜应选择在向阳背风，水肥条件较好的缓坡地或平地栽培。先深翻 20cm，耙细起垄或作床，垄宽 70cm，床宽 100cm。

(2) 栽植　垄作时，株距为 50cm；床作时双行栽植，株行距为 70cm×50cm。一般采取挖穴的办法，每穴三角形栽 3～5 株，覆土 5cm 左右。

(3) 施肥　定植前每亩（1 亩≈667$m^2$）施农家肥 3000kg 左右，结合整地时施入。进入盛花期后，要勤浇水，并配合追施少量速效氮、磷肥，但初蕾时不宜多施氮肥，以免造成落蕾徒长。8 月中旬进入营养生长旺盛时期，可再追施一次氮肥。根据黄花菜根状茎有逐年向上抬高的生长特点，入冬前应进行培土，并覆盖一层土粪，有利于安全越冬。

(4) 中耕除草　春苗出土前进行一次浅松土，出苗后再适时浅锄 3～4 次，可达到除草防旱的双重目的。

(5) 更新复壮　黄花菜栽后一般可采摘 10 年以上，培育管理好的可连续采摘 30～50 年，但由于株丛大、分蘖多，就开始“老化”。花茎变矮，分枝少，花蕾减少，花蕾变小，产品参差不齐，产量大大降低；同时老株抗逆性弱。因此，只有及时更新复壮，才能保持高产。更新复壮的方法有两种：一是将老株丛全部挖掉，重新深翻土地，选苗移栽；二是在老株丛的一边挖掉 1/3 的分蘖，这样第一年可保持一定产量，2～3 年后产量显著上升。

**4. 田间管理措施**

(1) 施肥　黄花菜整个生长期施肥可分 3 次进行，指导原则是“施足基肥、早施苗肥、适施薹肥、补施蕾肥”。第 1 次施催苗肥，结合中耕除草，每667m² 施尿素8～10kg，以速效肥为主，促进春苗早生快发。第2次施抽薹肥，在抽薹前结合中耕除草，每667m² 施复合肥25～30kg，促使抽薹粗壮、分枝多、早现蕾和花蕾饱满。第3次在采摘前期，选择下雨天，每667m² 施复合肥20～25kg进行补肥，保证后花蕾用肥需求，延长采摘期。

（2）水分管理　黄花菜比较耐旱，但为了提高产量，应保证水分供给，特别是在花蕾期需水量较大，遇干旱时要及时浇水。黄花菜忌湿或积水，闽南地区台风雨天多，要及时做好田间的排水工作，防止内涝。

**5. 繁殖方式**

（1）自然蘖繁殖　每年春秋雨季挖取需要更新的老株丛，除去老残枯根，用手掰取自然蘖为一株进行丛栽。由于是无性繁殖，母株的优良性状遗传比较稳定，经济性状比较一致。

（2）种子繁殖采种育苗　一是生产周期长，第三年才能开花；二是容易引起良种后代发生分离退化、品质变劣，除进行有性杂交培育良种采用外，生产中极少采用。

（3）根状茎芽块繁殖　在需要更新的黄花菜地块，选取无病虫害的老株丛，挖取整个根株，抖落根上泥，掰取一个一个的自然蘖，剥除老枯残叶；然后用利刀把顶端一年生尚未老化的白色嫩根状茎段，与其上的顶芽，侧芽和二年生根状茎段与其侧芽，分别切成三个芽块。以下的老根状茎段，照二列隐芽连线的中间垂直方向切开，分成两半条后再按1cm长逐个切开。在切取芽块时，每个芽块上至少要有2～3条肉质根，以促使新株发育健壮。

**6. 种子收集**

黄花菜留种时要选择生长健壮、无病虫、栽植5～8年的植株，初花期每个花薹上留5～6个粗壮花蕾不采摘，让其结果，留作种子。其余花蕾继续采摘，作为商品出售。采种用的黄花初花期每隔7～10天喷1次氨基酸2000倍液，共喷2～3次，待蒴果成熟、顶端稍裂口时，摘下脱粒。种子要放在通风干燥处，妥善保管。

**7. 病虫害防治**

黄花菜主要病害有叶斑病、叶枯病、锈病和根腐病等。叶斑病可用75%百菌清可湿性粉剂600倍液喷雾防治；叶枯病可用50%多菌灵可湿性粉剂1000倍液喷雾防治；锈病可用25%粉锈宁可湿性粉剂600倍液喷雾防治；根腐病可用硫酸铜100倍液进行灌根。黄花菜主要虫害有红蜘蛛和蚜虫。红蜘蛛可用15%扫螨净可湿性粉剂1500倍液喷雾防治；蚜虫可用25%抗蚜威3000倍液喷雾防治。

**8. 采收加工**

（1）采收　黄花菜的采收时间一般在花茎抽出约半个月，花没有开放时进行，可连续采收40天。初期与后期产量较少，中期20天为采收盛期。取收时间以花蕾含苞待放为宜，采收过早产量低，过晚容易开花而影响品质，采摘要按顺序，不能遗漏。采摘的方法是由下而上，用手向外折，避免折断幼蕾，要做到“轻、巧、细、快”。

（2）加工　采摘下来的黄花菜，应当天用蒸笼蒸熟。一般是先将水烧开，再把盛有花蕾的蒸笼放上，花蕾放在蒸笼内要保持疏松，不宜压得过紧。约10分钟就可蒸透，取出摊开晾晒，一般在太阳下晒干，这样不但成本低，质量也比较好，如遇雨天，可用火炕烘干，但这样成本高，质量也不好。

## 第二节　玉竹

**一、拉丁文学名：** *Polygonatum odoratum*

**二、科属分类：** 百合科黄精属

**三、别名：** 铃铛菜、尾参、地管子、山苞米

### 四、植物学形态特征

根状茎圆柱形，直径 5～14mm。茎高 20～50cm。叶互生，椭圆形至卵状矩圆形，长 5～12cm，宽 3～16cm，先端尖，下面带灰白色，下面脉上平滑至呈乳头状粗糙。花序具 1～4 朵花（在栽培情况下，可多至 8 朵花），总花梗（单花时为花梗）长 1～1.5cm，无苞片或有条状披针形苞片；花被黄绿色至白色，全长 13～20mm，花被筒较直，裂片长 3～4mm；花丝丝状，近平滑至具乳头状突起，花药长约 4mm；子房长 3～4mm，花柱长 10～14mm。浆果蓝黑色，直径 7～10mm，具 7～9 颗种子。

## 五、生长习性

玉竹耐寒、耐阴湿，忌强光直射与多风。野生玉竹生于凉爽、湿润、无积水的山野疏林或灌丛中。生长地土层深厚，富含砂质和腐殖质。

## 六、生境

产黑龙江、吉林、辽宁、河北、山西、内蒙古、甘肃、青海、山东、河南、湖北、湖南、安徽、江西、江苏、台湾。生林下或山野阴坡，分布海拔 500～3000m。欧亚大陆温带地区广布。

## 七、花果期

花期 5～6 月，果期 7～9 月。

## 八、采集时间

食用幼苗，每年 4～5 月间采集其茎叶包卷呈锥状的嫩苗；食用根状茎于 3～5 月份或 9～10 月份采挖。

## 九、营养水平

每 100g 鲜品中含有胡萝卜素 5.4mg、维生素 $B_2$ 0.43mg、维生素 C 232mg。每 100g 干品中含钾 2300mg、钙 660mg、镁 261mg、磷 393mg、钠 34mg、铁 10.8mg、锰 8.7mg、锌 3.8mg、铜 0.7mg。

## 十、食用方式

玉竹具有食用功能，在市场上已经出现了许多以玉竹为原料的保健食品和保健饮料，如玉竹茶、玉竹挂面、玉竹饮料、玉竹果脯等。玉竹根茎可以鲜食，用开水焯熟凉拌，可与肉丝、鸡蛋炒食，可与排骨、生鱼、猪肝等煮食，可与猪肉炖食，可与百合、香米、铃儿草煲汤。

## 十一、药用价值

玉竹性味甘、平，具有养阴、润燥、除烦、止渴等功效，可以治热病阴伤、咳嗽烦渴、虚劳发热、消谷易饥、小便频数等病症。首先，由于玉竹补而不腻，不寒不燥，故有补益五脏、滋养气血、平补而润、兼除风热之功，有滋养镇静神经和强心的作用，《神农本草经》

将它列为上品之药。其次，玉竹味甘、多脂、柔润可食，长于养阴，主要作用于脾胃，故久服不伤脾胃，主治肺阴虚所致的干咳少痰，咽干舌燥和温热病后期，或因高烧耗伤津液而出现的津少口渴，食欲不振，胃部不适等症。

## 十二、栽培方式

### 1. 品种选择

品种以大玉竹为好，选择芽头大、色泽新鲜、无虫伤、无病害、无机械损伤的根状茎作种。每亩地需种茎200kg左右。

### 2. 栽培季节时间

秋季栽培，9月下旬～10月上旬。

### 3. 播种技术

（1）选地 玉竹耐寒，耐阴湿，忌强光直射与多风，喜阴湿、凉爽气候，种植地宜选背风向阳、排水良好、土质肥沃疏松、土层深厚的沙质壤土。忌在土质黏重、瘠薄、地势低洼、易积水的地段栽培。忌连作，以防止病虫害发生，前茬最好是豆科植物。

（2）做畦 无论繁殖方式方法如何，都应做成宽1.1m，高25cm，长可根据现场条件而定，一般为20m的畦，两畦之间相距60cm。

（3）播种 在畦上按行距10cm开2cm深的沟，将种子均匀地撒入沟中，覆土2cm，镇压后覆盖树叶、稻草等物，浇水保持土壤湿润，出苗后撤掉覆盖物。

### 4. 田间管理

（1）除草 人工除草：玉竹出苗后第一次除草可以手拔或浅锄，避免伤苗。2～3年生玉竹在出苗前先用手耙子将畦上的杂草搂净，后期畦面草少可用手拔出。化学除草：春季在玉竹出土之前每亩使用50%的乙草胺乳油100～120mL，加水40～50L均匀喷施土表，可减轻草害。

（2）施肥 当苗高5cm时应浇人畜粪肥水。每亩2000kg，施后要浇水，并要培土3～5cm。每年秋季在玉竹苗倒后，在栽培行间开沟，可加施腐熟的有机肥或者复合肥，并且在畦面上覆盖稻草或落叶，可预防来年春季的“缓阳冻”，也能促使土壤疏松。

（3）抗旱排涝　在春季如遇持续干旱，有灌溉条件的可进行浇水。夏季连雨天应及时排水以防止积水烂根造成损失。

**5. 繁殖方式**

分为根茎繁殖和种子繁殖。在生产上多用根茎繁殖。种子繁殖出苗率低，生产上很少应用。

**6. 种子收集**

种子的寿命为2～3年。3年以后发芽率为0.7%，有胚后熟及上胚轴休眠特性。采种后即播或第二年春播均于第二年夏季生根，第三年5月中、下旬出苗。玉竹种子成熟前后，易被鸟和花鼠取食。因此，当种子颜色变成紫黑色、果肉变软时，应及时采集，种子成熟不一致，应边成熟边采集。

**7. 病虫害防治**

合理轮作，忌连作，防止积水。选用无病虫种茎是防治病害的关键。发病后及时清除病株、病叶，注意田园清洁。

（1）灰斑病　主要为害叶片，严重时叶片枯萎，植株死亡。防治方法：用1∶2倍量式波尔多液300倍液喷施。也可用75%达科宁可湿性粉剂每次每亩110～140g，对水40～50L喷雾，以后每隔5～7天喷药1次。

（2）褐斑病　主要为害叶片，发病时叶片会产生褐色的病斑，病斑受叶脉的限制呈条形，中心部色浅，发展到后期病斑上生出灰黑色霉状物，造成叶片早枯。在5月上旬开始发病，7～8月发病最严重，直至地上叶片枯萎前均可感染。发病时可用70%代森锰锌800倍液喷雾防治，也可用75%百菌清800倍液叶面喷施防治。

（3）锈病　发病时叶片出现锈黄色或黄色病斑，于6月上旬开始发病，夏季连雨天时发病最为严重。发病时可用20%粉锈宁2000倍液或0.1～0.2波美度石硫合剂或20%三唑酮1000倍液喷雾防治。

（4）虫害　主要有小地老虎和蛴螬两种。于每年4～5月份发生，幼虫期用50%辛硫磷1500倍液浇灌或用新鲜青草撒于田畦边诱杀。

**8. 采收**

玉竹栽培2～3年收获。将收获的根茎去叶、去土，去掉须根洗净晾晒，每晒半天搓揉一次，反复几次至茎内无水硬心为止。最后晒干包装。

## 第三节　牛尾菜

**一、拉丁文学名：** *Smilax riparia*

**二、科属分类：** 百合科菝葜属

**三、别名：** 鞭鞘子菜、草菝葜、鞭杆菜、千层塔

**四、植物学形态特征**

为多年生草质藤本。茎长1～2m，中空，有少量髓，干后凹瘪并具槽。叶比较厚，形状变化较大，长7～15cm，宽2.5～11cm，下面绿色，无毛；叶柄长7～20mm，通常在中部以下有卷须。伞形花序总花梗较纤细，长3～5（10）cm；小苞片长1～2mm，在花期一般不落；雌花比雄花略小，不具或具钻形退化雄蕊。浆果直径7～9mm。

**五、生长习性**

牛尾菜主要生于林下、阴湿谷地和平原，常在油松、山里红、蒙古栎、辽东栎等树木周围或灌丛中，与铁线莲、山葡萄、穿龙薯蓣等混生，一般呈片状分布，在林间空地、草丛也偶有生长。

**六、生境**

我国除内蒙古、新疆、西藏、青海、宁夏以及四川、云南高山地区外，全国都有分布；也分布于朝鲜、日本和菲律宾。生于海拔1600m以下的林下、灌丛、山沟或山坡草丛中。

## 七、花果期

花期 6～7 月，果期 10 月。

## 八、采集时间

在每年 9～10 月份采集牛尾菜的果实。

## 九、营养水平

经测定其嫩茎叶中氨基酸总量为 215.95mg/g，大量元素磷为 6600μg/g，钙 5930μg/g，微量元素铁和锌含量远远高于其他山野菜。每 100g 干样品测得蛋白质为 19.27g，维生素 $B_1$、维生素 $B_2$、维生素 C 均较高。

## 十、食用方式

牛尾菜可做馅、炒食。

## 十一、药用价值

根茎可供药用，有活血化瘀、祛痰止咳等功效，主治风湿性关节炎、筋骨作痛、腰肌劳损，也是东北地区多种植物资源中值得进一步筛选的抗癌植物种类之一。

## 十二、栽培方式

### 1. 播种、育苗、移栽技术

(1) 种子采集与处理　每年 9～10 月采集果实，果实阴干后搓掉果皮，得到红色、成熟而饱满的大粒种子。由于牛尾菜属深休眠种子，休眠期较长，用赤霉素处理后低温层积沙藏，可以打破休眠以促进萌发，翌年 3～4 月种子即可发芽。不经过处理的种子也可以出苗，只是育苗时间长，种子播到地里需要 2 年时间才能得到苗，第一年不出苗，仅生长根部，第二年春将覆盖物搂掉便开始出苗。

(2) 育苗　做床，顺坡做床利于排水，床宽 1.3m，床高 10～15cm，床长可根据地况确定。春播和秋播均可，种子均匀撒播于床面，覆土厚 2cm，播种量 50kg/亩，覆盖玉米秸秆，床边可种植玉米等遮阳，适时进行浇水、除草，产苗量一般 20 万～30 万株/亩，可供 10 亩地移栽量。

(3) 选地与整地　移栽地选择土质肥沃，土层厚度 50cm 以上，向东坡向为好，坡度10～20度，利于排水、防旱、耕地。整地前将500kg玉米秸秆粉碎混拌腐熟牛粪3000kg，按比例拌入杀虫剂，再将粪肥撒扬于地表，深翻地后做床，做床规格与育苗床相同。

（4）移栽　采取秋栽或春栽。秋栽宜晚不宜早，土壤上冻前完成栽植即可；春栽宜早不宜晚，土壤解冻后即可栽植，栽植晚菜芽发育过大影响成活。牛尾菜根多数向下生长，栽植可以适当密一点，穴距10～15cm，行距35cm，刨坑植苗每穴2～3棵，植苗后覆土厚度3cm，轻镇压即可。移栽时要防止苗根脱水影响成活，最好随起随栽，苗根可以放在编织袋中或装筐用毛巾覆盖。

**2. 田间管理措施**

（1）肥水管理　牛尾菜生长期间应根据生长情况追肥2～3次，以氮肥为主，辅以磷、钾肥。牛尾菜比较喜欢阴湿的环境，幼嫩小苗不宜在强光下暴晒，因而当苗高8～10cm时，便给其搭棚遮阴，当长至20～30cm高时，出现卷须，需考虑搭架，使其攀缘生长。

（2）中耕除草　5月以后气温回升，杂草增多，为防止其与幼苗争光、争水、争肥，因而要保持床面无杂草，对于多年生的顽劣性杂草，则趁其小的时候连根拔除，而对于一些1年生杂草如藜、野苋、葶苈等，则不必过早清除，当其长至牛尾菜小苗一半时再清除即可，它们能起到遮挡土面、保持土壤湿度的作用。

**3. 繁殖方式**

种子繁殖、根茎繁殖。

**4. 病虫害防治**

牛尾菜病害极少，偶有蚜虫、地老虎等虫害发生，可采用相应方法进行防治。

**5. 采收**

种子繁殖的牛尾菜2～3年才可采收。每年的5～6月采集嫩茎叶，保持鲜嫩的标准以未展开或刚展开叶片的顶梢部为限，一旦展叶，茎就会老化，失去食用价值。为了不影响下一季的生长发育，一般当季采收3～4次为宜。

# 第四节　薤白

## 一、拉丁文学名：*Allium macrostemon*

## 二、科属分类：百合科葱属

## 三、别名：小根蒜、莱芝、荞子、小蒜、薤根、藠子、小独蒜、薤白头、小根菜、野蒜、山蒜、山野蒜、野小蒜、野葱、野荞

## 四、植物学形态特征

鳞茎近球状，直径0.7～1.5(2)cm，基部常具小鳞茎（因其易脱落故在标本上不常见）；鳞茎外皮带黑色，纸质或膜质，不破裂，但在标本上多因脱落而仅存白色的内皮。叶3～5枚，半圆柱状，或因背部纵棱发达而为三棱状半圆柱形，中空，上面具沟槽，比花茎短。花茎圆柱状，高30～70cm，1/4～1/3被叶鞘；总苞2裂，比花序短；伞形花序半球状至球状，具多而密集的花，或间具珠芽或有时全为珠芽；小花梗近等长，比花被片长3～5倍，基部具小苞片；珠芽暗紫色，基部亦具小苞片；花淡紫色或淡红色；花被片矩圆状卵形至矩圆状披针形，长4～5.5mm，宽1.2～2mm，内轮的常较狭；花丝等长，比花被片稍长直到比其长1/3，在基部合生并与花被片贴生，分离部分的基部呈狭三角形扩大，向上收狭成锥形，内轮的基部约为外轮基部宽的1.5倍；子房近球状，腹缝线基部具

有帘的凹陷蜜穴；花柱伸出花被外。

## 五、生境

除新疆、青海外，全国各省区均产。生于海拔 1500m 以下的山坡、丘陵、山谷或草地上，极少数地区（云南和西藏）在海拔 3000m 的山坡上也有。

## 六、花果期

花果期 5～7 月份。

## 七、采集时间

一般 4 月中、下旬就可采集食用，在秋季 10 月份也可采收。

## 八、营养水平

全株含有丰富的营养成分。据分析，每 100g 鲜品中含水分 68. 0g、糖类 26. 0g、蛋白质 3. 4g、脂肪 0. 4g、粗纤维 0. 9g、灰分 1. 1g、钙 100. 0mg、磷 53. 0mg、铁 0. 6mg、胡萝卜素 0. 09mg、维生素 $B_3$ 1. 0mg、维生素 $B_1$ 0. 08mg、维生素 $B_2$ 0. 14mg、维生素 C 36. 0mg、尼克酸 1. 0mg。还含有多种微量元素：每 1g 干品含钾 31. 3mg、钙 31. 1mg、镁 2. 50mg、磷 11. 13mg、钠 0. 32mg、铁 251μg、锰 67μg、锌 26μg、铜 6μg。鳞茎含蒜氨酸、甲基蒜氨酸、大蒜糖。

## 九、食用方式

它的茎叶长得很像蒜，也有葱、蒜的味道，吃法主要有炒食、生拌、腌渍、做馅，例如拌豆腐、炒腊肉、炒鸡蛋、小根蒜白木耳粥等。

**生食：**将采挖的小根蒜全株冲洗干净，沥干水即可蘸酱生食。

**炒食：**将小根蒜洗净、切段，与猪肉相配即小根蒜回锅肉，也可与鸡蛋相配即小根蒜炒鸡蛋。

**腌渍：**将小根蒜洗净，用盐泡 1 天，捞出沥干水；将辣椒面用开水泡开，姜与蒜捣碎，加入盐和适量白糖混匀，作为调料备用；再将萝卜、胡萝卜少许切成细丝，与腌好的小根蒜调匀，倒入调料搅拌均匀，2 天后即可食用。

**做馅**：将小根蒜洗净、切碎，与肉或鸡蛋调匀做馅。

## 十、药用价值

小根蒜鳞茎供药用，中药名薤白，性温，味辛、苦。具有温中通阳，化气，开胸散结，理气宽胸，行气导滞，健胃整肠的功用。常食对降低血糖有益，治疗痢疾以及抑制高血脂病人血液中过氧化脂质的升高，防止动脉硬化。主治胸痛、胸闷、心绞痛、干呕、咳嗽、支气管炎、慢性胃炎、火伤、疮疖、痢疾等症。能解河豚中毒。薤白与桂枝、丹参、川芎等药物合用，能缓解心绞痛的发作。常吃小根蒜可改善冠状动脉粥样硬化病变，增加心肌血容量，有预防心绞痛和心肌梗塞的功效。

## 十一、栽培方式

### 1. 品种选择

用野生种子、珠芽和鳞茎繁殖，产量低、品质差、效益低，可选用人工选育的优良品种“军研一号”进行繁殖。

### 2. 栽培季节时间

在北方播期为8～9月。

### 3. 播种技术

（1）选地　小根蒜对土壤要求不高，耐贫瘠，适于多种土壤栽培，但以地势平坦、向阳、排水良好的沙质壤土为佳。

（2）整地、施肥　选好栽培田后进行整地、施基肥。深翻20cm，结合翻地每667m$^2$施入腐熟农家肥2000kg、尿素3～5kg，将地整细耙平，做成宽1.2～1.5m的平畦，高12cm，长视地形而定。将床浇透水待播。

（3）播种　可用种子、珠芽和鳞茎繁殖。春末和秋末均可播种。

### 4. 田间管理措施

（1）浇水　小根蒜栽植后，应适当控制浇水，以中耕保墒为主。土壤结冻前灌冻水，在灌冻水的基础上，在畦面上覆盖马粪、圈肥护根防寒，保护植株安全越冬。

（2）施肥　小根蒜在生育期间还应分期追肥，植株返青时结合浇返青水，每亩施尿素 10～15kg、过磷酸钙 20～30kg，以促进植株返青发棵。返青 30 天左右进入发叶期，每亩施尿素 15～30kg。当鳞茎开始膨大时，每亩施尿素 25～30kg、硫酸钾 15～20kg。

（3）中耕　小根蒜鳞茎开始膨大以前，中耕除草 2～3 次，耕深 3～4cm，保持土壤墒情，增加土壤通透性，提高土壤湿度，促进根系发育。

**5. 繁殖方式**

小根蒜繁殖方式有种子、珠芽和鳞茎繁殖。

（1）种子繁殖　采用条播，在床面上横向或顺向开沟 5cm 深，行距 8cm，每 667$m^2$ 用种子 1kg，拌细沙撒播于沟内。每平方米需保苗 350 株左右。生长一年半后方可收获。

（2）珠芽繁殖　在床面上开 5cm 深沟，按行距 8cm、株距 5cm 点播，亩需用珠芽 5kg 左右，每平方米播 300 粒珠芽。春播珠芽当年秋后收获；秋播可以在第 2 年春季 5 月中、下旬采收，生长时间短，丰产性好。

（3）鳞茎繁殖　播种前应先对种鳞茎进行选择，淘汰个体较小、有病斑或机械损伤的鳞茎，除去干叶，剪掉部分须根，即可播种。播前先在畦内按行距 8cm 开沟，沟深 5～6cm，浇底水，按株距 3～5cm 将种苗摆放在沟内，覆土，保持土壤湿润。在适宜的温度条件下，7～10 天即可萌芽出土。亩用种鳞茎 100kg，每平方米需要保苗 300 株以上。

**6. 病虫害防治**

小根蒜的病虫害发生比较轻，但随着连作年限的增加而逐年加重，已成为薤白老产区的关键性问题。在生产实践中对病虫害防治主要采取以下综合防治措施。

① 选择无病区的健壮薤白鳞茎作种子。

② 轮作，对连续种植 2～3 年的土壤进行轮作换茬。

③ 开沟排水，降低田间湿度，特别是防止土壤的内滞水。

④ 重视科学配方施肥，改变农户重氮肥轻磷钾肥的观念，增加钾肥的施用量。

⑤ 药剂防治。小根蒜的虫害以蓟马为主，可用 10% 吡虫啉或 25% 菜喜进行防治；病害以霜霉病和炭疽病为主，霜霉病可用 60% 灭克锰锌防治，炭疽病可用 25% 使百克乳油或 80% 炭疽福美防治。

**7. 采收**

小根蒜目前以食用为主，它的采收时间很关键。繁殖方法和播种时间不同，其采收期也各有不同。小根蒜一般在 5 月中旬开始逐渐抽薹，春季应在抽薹前及时采收，采收过早产量低，采收过晚会抽薹，质量差；小根蒜秋季不抽薹，所以秋季在封冻前采收即可。小拱棚或大棚温室栽培的，若使用种子繁殖的要保证生长期在 5～6 个月，采用珠芽和鳞茎繁殖的生长期应不少于 3 个月。当植株长到 4 叶时，掌握在抽薹以前采收。采收时要注意叶片完整，去净泥土，扎成小把上市出售。

## 第五节　苎麻

### 一、拉丁文学名：*Boehmeria nivea* (L.) Gaudich.

### 二、科属分类：荨麻科苎麻属

### 三、别名：野麻、野苎麻、家麻、苎仔、青麻、白麻

### 四、植物学形态特征

亚灌木或灌木，高0.5～1.5m。茎上部与叶柄均密被开展的长硬毛和近开展或贴伏的短糙毛。叶互生；叶片草质，通常圆卵形或宽卵形，少数卵形，长6～15cm，宽4～11cm，顶端骤尖，基部近截形或宽楔形，边缘在基部之上有牙齿，上面稍粗糙，疏被短伏毛，下面密被雪白色毡毛，侧脉约3对；叶柄长2.5～9.5cm；托叶分生，钻状披针形，长7～11mm，背面被毛。圆锥花序腋生，或植株上部的为雌性、其下的为雄性，或同一植株的全为雌性，长2～9cm；雄花序直径1～3mm，有少数雄花；雌花序直径0.5～2mm，有多数密集的雌花。雄花：花被片4，狭椭圆形，长约1.5mm，合生至中部，顶端急尖，外面有疏柔毛；雄蕊4，长约2mm，花药长约0.6mm；退化雌蕊狭倒卵球形，长约0.7mm，顶端有短柱头。雌花：花被椭圆形，长0.6～1mm，顶端有2～3小齿，外面有短柔毛，果期菱状倒披针形，长0.8～1.2mm；柱头丝形，长0.5～0.6mm。瘦果近球形，长

约 0.6mm，光滑，基部突缩成细柄。

## 五、生境

产云南、贵州、广西、广东、福建、江西、台湾、浙江、湖北、四川，甘肃、陕西、河南的南部广泛栽培。适生于山谷林边或草坡，海拔 200～1700m。

## 六、花果期

花期 8～10 月。

## 七、营养水平

苎麻根含有生物碱、有机酸、黄酮类，还含有香豆素、氨基酸及多糖等物质。苎麻根中可分离得 3 个化合物，根据波谱方法分别鉴定为 $\beta$-谷甾醇、胡萝卜苷和 19$\alpha$-羟基乌索酸。苎麻叶含有与苎麻根相同的成分绿原酸，并含原儿茶酸、野漆树苷、芸香苷以及钛、锰、锶、锌、钡等多种无机元素。鲜叶还含叶黄素、$\alpha$-胡萝卜素及 $\beta$-胡萝卜素和较多的维生素 A，干叶则无叶黄素及 $\beta$-胡萝卜素。有人测定了苎麻属 3 个种和 1 个变种的绿原酸及总黄酮含量，结果苎麻叶绿原酸平均含量为 0.354%，根总黄酮平均含量为 0.362%。

## 八、食用方式

苎麻可以炒食，做粥，做包子。

## 九、药用价值

苎麻具有止血、安胎、抗菌、抗病毒、抗炎、保肝等作用，可防止老年性痴呆和动脉硬化，特别是在治疗维生素 A 缺乏症及皮肤粗糙干燥、眼干燥症，以及抗衰老等方面有利用价值。

## 十、栽培方式

### 1. 栽培技术

苎麻是一种需肥较多的作物，移栽前每 667$m^2$ 施磷肥 25kg、厩肥 2000kg 作基肥。整地要精细，畦宽 3m、长 12m 为宜。嫩梢扦插繁育和种子繁殖育苗，种植密度为 8000～10000 株/667$m^2$。种植方式有宽窄行和等行距两种。宽窄行，宽行距 60～70cm，窄行距 15cm，株距 20～30cm; 等行距，行距 40cm，株距 20m。细切种蔸繁殖苗以等行距种植为主，行距 70cm，株距 35cm。在 4 月中旬开始移栽，这个时期雨水较多，气候适宜，移栽成活率高，栽后 4 天左右便恢复生长，麻株生长旺盛，有利当年育苗、当年移栽、当年高产。选择阴雨天移栽，避免中午高温、阳光暴晒、干燥天气移栽。幼苗要带土移栽，不栽苗龄不足的苗（一般 8～10 片真叶时移栽），不栽劣变苗、病弱苗。栽后 2～3 天内 1 天浇水 1 次，以利成活。

**2. 田间管理措施**

（1）肥水管理　新栽的麻苗要突出早管，做到早管促早发。种后要进行查苗补缺，确保全苗。发现缺蔸，及时选大苗带土补栽。苎麻喜湿润，怕干旱，忌渍水，应保持田间湿润，旱天多灌跑马水，雨天排除田间渍水。在麻苗移栽 7 天内，结合浇水，浇稀薄粪水 1 次，每 667$m^2$ 用量 250kg 左右，以促进发根成活。当麻苗成活后，结合行间中耕每 667$m^2$ 施尿素 5kg、人畜粪 250kg，促进麻苗早发，平衡生长。当麻长到 50～60cm 时，即麻苗快封行时，结合浅中耕，重施长秆肥，每 667$m^2$ 施尿素 10kg、复合肥 10kg、人畜粪 250kg。麻苗封行后，每 667$m^2$ 再施尿素 5kg、人畜粪 750kg。在麻秆开始黑脚时，若麻秆生长势不足或有一部分生长明显偏弱，每 667$m^2$ 还可趁雨施尿素 1. 5kg，以促纤维发育。二刀麻的施肥在破秆后结合浅中耕，每 667$m^2$ 施尿素 10kg、人畜粪 500kg、复合肥 10kg；麻苗封行时，每 667$m^2$ 施尿素 8kg、人畜粪 500kg。

（2）适时破秆　新栽苎麻要及时破秆，做到“快剥、快刮、快砍麻秆、快除草松土、快追肥提苗”等“五快”。若破秆不及时，二刀麻生长差，产量甚少。当麻株高 50～70cm，生长速度减缓，黑秆 1/3～1/2 时即可破秆（即新栽苎麻的第 1 次收割）；随即中耕施肥，培育好第 2 季麻，达到当年收麻 2 次。达不到破秆标准的新麻（移栽较迟，管理较差），一般不破秆，只进行挽蔸或蓄蔸。挽蔸就是把麻株地上茎靠近地面捻曲打成一个结，抑制已黑秆的麻茎继续生长，改变养料运转方向；蓄蔸则是让麻株在地里继续生长，以壮大麻蔸，促进下年高产。

（3）冬季培土　冬季培土是保护苎麻安全过冬、培育壮芽、夺取来年苎麻优质高产的关键。小雪后（11 月底至 12 月中旬），深中耕 10～15cm，每 667m$^2$ 施土杂肥 5000kg、磷肥 50kg、粪水 2000kg 作越冬肥，并加入肥泥把麻头全部覆盖，并搞好清沟淤边工作，为第 2 年高产创造有利条件。

**3. 繁殖方式**

一般用种子和扦插繁殖。

**4. 病虫害防治**

苎麻主要病害有白纹羽病、根腐线虫病、炭疽病、褐斑病、角斑病、花叶病等，主要虫害有苎麻夜蛾、苎麻黄蛱蝶、苎麻赤蛱蝶、苎麻天牛、金龟子、黄白蚂蚁等。应根据病虫发生情况，及时进行防治。

**5. 采收**

苎麻收获季节性很强，适时收获有利于提高原麻品质。适时收获的时间，一般头麻为 6 月上中旬，二麻为 8 月上旬，三麻为 10 月中下旬。当麻株生长速度明显减慢，上部叶片嫩绿、下部叶片脱落，黑秆 1/3 左右，梢部手捏不断时，就要及时收获。否则，不仅影响当季麻的产量和质量，而且影响下一季麻的正常生长和发育。应选择晴天上午收麻，随收随晒，遇雨天应及时晒干，防止霉烂。

## 第六节 藿香

**一、拉丁文学名：** Agastache rugosa (Fisch. et Mey.) O. Ktze.

**二、科属分类：** 唇形科藿香属

**三、别名：** 合香、苍告、山茴香

**四、植物学形态特征**

多年生草本。茎直立，高 0.5～1.5m，四棱形，粗达 7～8mm，上部被极短的细毛，下部无毛，在上部具能育的分枝。叶心状卵形至长圆状披针形，长 4.5～11cm，宽 3～6.5cm，向上渐小，先端尾状长渐尖，基部心形，稀截形，边缘具粗齿，纸质，上面橄榄绿色，近无毛，下面色略淡，被微柔毛及点状腺体；叶柄长 1.5～3.5cm。轮伞花序多花，在主茎或侧枝上组成顶生密集的圆筒形穗状花序，穗状花序长 2.5～12cm，直径 1.8～2.5cm；花序基部的苞叶长不超过 5mm，宽 1～2mm，披针状线形，长渐尖，苞片形状与之相似，较小，长 2～3mm；轮伞花序具短梗，总梗长约 3mm。花萼管状倒圆锥形，长约 6mm，宽约 2mm，被腺微柔毛及黄色小腺体，喉部微斜，萼齿三角状披针形，后 3 齿长约 2.2mm，前 2 齿稍短。花冠淡紫蓝色，长约 8mm，外被微柔毛，冠筒基部宽约 1.2mm，微超出于萼，向上渐宽，至喉部宽约 3mm，冠檐二唇形，上唇直伸，先端微缺，下唇 3 裂，中裂片较宽大，长约 2mm，宽约 3. 5mm，平展，边缘波状，基部宽，侧裂片半圆形。雄蕊伸出花冠，花丝细，扁平，无毛。花柱与雄蕊近等长，丝状，先端具相等的 2 裂。花盘厚环状。子房裂片顶部具茸毛。成熟小坚果卵状长圆形，长约 1. 8mm，宽约 1. 1mm，腹面具棱，先端具短硬毛，褐色。

## 五、生境

各地广泛分布，常见栽培，供药用。俄罗斯，朝鲜，日本及北美洲有分布。

## 六、花果期

花期 6～9 月，果期 9～11 月。

## 七、采集时间

一般于 6～7 月藿香盛花期采收。收割时，选晴天齐地面割取，晒干或炕干即成。南方一年可收割 2 次。

## 八、营养水平

藿香营养丰富，据测定每 100g 鲜茎叶中含蛋白质 3. 9g，脂肪 1. 7g，碳水化合物 10g，粗纤维 3. 6g，胡萝卜素 6. 38mg，维生素 $B_1$ 0. 10mg，维生素 $B_2$ 0. 38mg，烟酸 1. 2mg，维生素 C 23mg，钙 580mg，磷 104mg，铁 28. 5mg，并含有多种氨基酸。

## 九、食用方式

藿香在春、夏、秋、冬四季均可采摘嫩茎叶食用，其风味独特，吃法多样：采嫩茎叶用水煮 3～5 分钟，捞出后放入冷水中浸泡 20 分钟后切成寸段，可腌渍、蘸酱或炒食；摘嫩茎叶做调料用，特别是用于炖鱼去腥味；摘嫩茎叶加豆油、大酱炒匀后做成藿香酱，味美，有增食欲、健胃肠之功效；我国北方地区还可以在藿香生长季采摘嫩茎叶放在阴凉处阴干，以备冬季食用。

## 十、药用价值

藿香味辛，性微温，具有祛暑解表、化湿和中、理气开胃的功能。主治感冒暑湿、呕吐泄泻、头痛、胸闷等症。药理试验证明，藿香挥发油能促进胃液分泌，增强消化力，对胃肠有解痉、防痛作用。对常见的致病性皮肤真菌有抑制作用。

## 十一、栽培方式

### 1. 品种选择

苏藿香、杜藿香、川藿香。

### 2. 栽培季节时间

春播在4月中下旬进行，秋播9～10月进行。

### 3. 播种技术

（1）选地和整地 藿香喜湿润气候，对土壤要求不严，可选择土质疏松、肥沃、排水良好的沙质壤土，平地或缓坡地；忌高燥地和积水的低洼地，土壤黏重板结、排水不良以及荫蔽之处也不宜种植。选地后，秋季翻深20～25cm，打碎土块，清除杂物，每公顷施农家肥土做基肥，翻入地里，整平耙细，做1.2～1.4m宽的畦，四周开排水沟，以利排水。若为坡地，应顺坡做畦或不做畦。

（2）繁殖 种子繁殖或分根繁殖均可，但多用种子繁殖。春秋均可播种，北方地区多春播，南方地区为秋播。分育苗移栽和直播，多数地区采用直播。

① 春播。在4月中下旬进行，顺畦按行距25～30cm开浅沟，沟深1～1.5cm。将种子拌细沙均匀地撒入沟内，覆土1cm，稍加镇压，土壤过干需浇透水，每公顷用种量150kg。

② 秋播。在9～10月进行，翻地后整平耙细，在畦上按株距30cm开穴，穴深3～6cm，开大穴，穴底要求平整。用腐熟人畜粪水与草木灰混合的基肥，将种子均匀地播入穴内，覆土1cm，稍镇压即可。

③ 育苗。苗床经过精细整地后进行播种。播种前，每公顷施腐熟人畜粪水22.5～30t，湿润畦面并做为基肥。然后将种子拌细沙或草木灰，均匀地撒入畦面，用竹扫帚轻轻拍打畦面，使

种子与畦面紧密接触，最后畦面盖草，保温保湿。种子萌发后，揭去盖草，出苗后进行松土、除草和追肥。当苗高 12～15cm 时进行移栽。

**4. 田间管理措施**

**（1）间苗、补苗**　当苗高 7～10cm 时进行间苗，每穴留壮苗 2～3 株。移栽成活后，缺株及时补苗。栽后浇 1 次稀薄人畜粪水。

**（2）中耕除草和追肥**　每年进行 3～4 次除草。第一次于苗高 3～5cm 时进行浅松土，拔除杂草，松土后，每亩施入稀薄人畜粪水 1000～1500kg；第二次于苗高 7～10cm、第一次间苗后，结合中耕除草，每亩追施人畜粪水 1500kg；第三次在苗高 15cm 左右时，中耕除草后每亩施入人畜粪水 1500～2000kg，或尿素 4～5kg 对水稀释后浇施；第四次在苗高 25cm 左右时，中耕除草后每亩追施人畜粪水 2000kg，或尿素 6～8kg 对水浇施。植株封行后不再进行除草。此外，每次收割后都应中耕除草和追肥 1 次，第二次收割后进行培土，保护老蔸越冬。

**（3）排灌水**　雨季要及时疏沟排水，遇干旱季节要注意灌水抗旱保苗。

**5. 种子收集**

采用当年春季播种的 1 年生藿香作采种母株。选留生长健壮、无病虫害的植株于 9 月底至 10 月中旬，当果穗上大部分果萼变为棕褐色时，即可采集。果实采回后，置室内通风干燥处后熟数日，晒干、脱粒、除去杂质，贮藏备用。

**6. 病虫害防治**

**（1）斑枯病**　被害叶叶两面病斑呈多角形、暗褐色，叶色变黄，严重时病斑汇合，叶片枯死，6～9 月均可发生。防治方法：冬季清园，将枯枝落叶烧毁；发病前用 1∶1∶120 波尔多液喷雾；发病初期用 50% 多菌灵可湿性粉剂 1000 倍液喷雾，每隔 7 天 1 次，连续 2～3 次。

（2）枯萎病 被害植株的叶片和叶梢部下垂，清枯状，根部腐烂。该病常发生于6月中旬至7月上旬梅雨季节，低洼易积水或沟浅排水不良的地块容易发病。防治方法：雨后及时排水，降低田间湿度；发病初期，拔除病株并用70%地磺钠可溶性粉剂1000倍液，或40%多菌灵悬浮剂500倍液浇灌病穴及邻植株根防止蔓延。

（3）银纹夜蛾 俗称弓背虫，行走时体背拱曲成弓形。幼虫食害叶片，有的将叶片卷起或缀合在一起，裹在里面取食。将叶片吃成孔洞或缺刻；有的在叶背面取食。成虫多不为害植株。防治方法：4中旬用90%敌百虫原药600～800倍液喷杀；用灯诱杀成虫；冬季结合整地，春秋结合剪枝，消灭越冬虫口。

（4）朱砂红叶螨 在6～8月天气干旱、高温低湿时发生，聚集在叶背刺吸汁液，被害处最初出现小斑，后来在叶面又可以看到较大的黄色焦斑，扩展后，叶片发黄失绿，随后脱落。防治方法：收获后清洁田园，收集落叶集中烧毁，早春清除田块、沟边和路边的杂草；害虫发生期用50%敌敌畏乳油2000～2500倍液喷雾。收获前半个月停止喷药。

**7. 采收**

一般在6～8月藿香盛花期时采割，选晴天齐地面割取，晒干或炕干即可。南方一年可收割2次，以茎枝色绿、身干、叶多、香气浓郁为佳。一般667m$^2$产300～500kg，4～6月份采摘茎叶、幼苗或花序，供食用或制成食品。

## 第七节　薄荷

**一、拉丁文学名：** *Mentha haplocalyx* Briq.

**二、科属分类：** 唇形科薄荷属

**三、别名：** 蕃荷菜、南薄荷、猫儿薄荷、升阳菜

**四、植物学形态特征**

多年生草本。茎直立，高30～60cm，下部数节具纤细的须根及水平匍匐根状茎，锐四棱形，具四槽，上部被倒向微柔毛，下部仅沿棱上被微柔毛，多分枝。叶片长圆状披针形、披针形、椭圆形或卵状披针形，稀长圆形，长3～5(7)cm，宽0.8～3cm，先端锐尖，基部楔形至近圆形，边缘在基部以上疏生粗大的牙齿状锯齿，侧脉3～6对，与中肋在上面微凹陷下面隆起；沿脉上密生余部疏生微柔毛，或除脉外余部近于无毛，沿脉上密生微柔毛；叶柄长2～10mm，腹凹背凸，被微柔毛。轮伞花序腋生，轮廓球形，开花时径约18mm，具梗或无梗，具梗时梗可长达3mm，被微柔毛或近于无毛。花萼管状钟形，长约2.5mm，外被微柔毛及腺点，内面无毛，10脉，不明显，萼齿5，狭三角状钻形，先端长锐尖，长1mm。花冠淡紫色，长4mm，外面略被微柔毛，内面在喉部以下被微柔毛，冠檐4裂片，上裂片先端2裂，较大，其余3裂片近等大，长圆形，先端钝。雄蕊4，前面一

对较长，长约5mm，均伸出于花冠之外，花丝丝状，无毛，花药卵圆形，2室，室平行。花柱略超出雄蕊，先端近相等2浅裂，裂片钻形。花盘平顶。小坚果卵珠形，黄褐色，具小腺窝。

## 五、生长习性

薄荷为浅根性植物，根茎大部分集中在土壤表层15cm左右的范围内，水平分布约30cm。根茎和地上茎均有很强的萌芽能力，生产上用来作为无性繁殖材料。薄荷对环境条件的适应性强，在海拔2100m以下地区都能生长。但喜阳光充足、温暖湿润环境。根茎在5～6℃萌发出苗，植株生长的适宜温度为20～30℃，地下根茎在－30～－20℃的情况下仍可安全越冬。

## 六、生境

水旁潮湿地，适生地海拔可高达3500m。

## 七、花果期

花期7～9月，果期10月。

## 八、营养水平

薄荷以嫩茎叶供食用，是一种很好的保健蔬菜，其营养价值极高。据测定，每100g薄荷含蛋白质6.8g，碳水化合物36.5g，脂肪3.9g，膳食纤维31.1g，维生素C 53.8mg，胡萝卜素700μg，维生素$B_2$ 0.41mg，还含有人体必需的维生素E和微量元素铁、锰、钠、锌、铜、钾、磷等。

## 九、食用方式

可做薄荷粥、鲜薄荷豆腐、薄荷鸡脯肉等。

## 十、药用价值

薄荷是一种常用中药材，可全草入药，其性辛，有疏散风热、清热解表、祛风消肿、利咽止痛、醒脑提神之功效，它所含的薄荷油是药用的有效成分，常用于风热感冒、风热头痛、目赤疼痛、咽喉肿痛、麻疹透发不畅、皮肤瘙痒、口舌生疮、牙龈疼痛，长期用晒干的薄荷叶刷牙可使牙齿洁白。炎热的夏日，薄荷是防暑降温的佳品。

## 十一、栽培方式

### 1. 栽培季节时间

（1）种子繁殖　薄荷种子比较小，出芽率低，种子繁殖时要求育苗床土壤疏松透气，春季3～4月或秋季9～10月播种。

（2）扦插繁殖　3～10月扦插，以4月进行最佳，将母株的地上茎分节切断进行扦插即可。

（3）根茎繁殖　在3月下旬至4月上旬或10月下旬至11月上旬进行根茎繁殖。

（4）秧苗繁殖　当年秋季收割后，进行中耕、除草、追肥。来年4～5月，当苗长到15cm左右时进行移栽。以株行距15cm×20cm挖穴，每穴栽秧苗2株。

### 2. 播种技术

（1）选地整地　选择向阳平坦、肥沃、排灌方便的沙壤土种植。施入农家肥60000kg/hm$^2$，配施900kg/hm$^2$复合肥作基肥。翻耕、整细、耙平，作成1～1.2m宽的畦。

（2）播种　薄荷生产上以根茎为播种材料，也有用种子播种育苗移栽的。每年3～4月间把种子与少量干土或草木灰掺匀，播到预先准备好的苗床里，覆土1～2cm厚，上面再覆盖稻草，播后浇水，14～21天出苗。种子繁殖，幼苗生长缓慢，容易发生变异，生产上多不采用。生产上多应用根茎繁殖，选生长幼嫩、长势好、出苗早、发育快的根茎，能提早3～5天收割茎叶，产量高、产油量多。一般春季或秋末播种，播种前1天将地下根茎挖出，从中选取新鲜色白、径粗、节间短的根茎作种，选出的根茎要截成6～10cm长的小段待播种。播种时，按24cm行距开沟，沟深6cm，在沟内按12～15cm的株距撒放根茎，然后覆土，厚度6cm。

### 3. 田间管理措施

（1）补苗　在移栽成活后首先要及时进行一次补苗，保持株距15cm左右。3～4月结合根茎的特性与生长情况进行1次浅耕，第1次收割后再浅锄1遍，结合清理排水沟。

（2）施肥 薄荷喜肥，肥料以有机态氮肥为主，为更好地促进养分的转化吸收，要配合施用适量的磷钾肥。生长期一般要追肥4次，第1次在出苗时，目的是促进幼苗生长；当苗高长到15cm时，就可以第2次追肥，行间开沟深施覆土；第3次追肥目的是促进早发棵和恢复良好株形，可以在薄荷第1次收割后结合中耕浅锄进行；在9月上旬，苗高30cm时进行第4次追肥。

（3）浇水及排水 薄荷在湿润环境中生长良好，浇水的原则是"不干不浇，浇则浇透"。封行后为防止徒长倒伏、下部叶片变黄，要适当减少浇水；生长期如果遇到高温干燥天气，要及时浇水以补充水分；在雨水多的季节，应及时开沟排水。

（4）摘心 是否摘心应因地制宜，摘心以摘掉顶端两对幼叶为宜。一般宜在5月的晴天中午进行，此时伤口易于愈合，摘心后应及时追肥，促进新芽萌发。一般密度较大的单种薄荷以不摘心为好，而密度稀时或套种薄荷长势较弱时需摘心，以促进侧枝生长，增加密度。

**4. 种子收集**

（1）片选留种 对于只有少量混杂退化的田块，于4月下旬苗高15cm时，或8月下旬二茬薄荷15cm时，结合除草，分2次连根拔除野生种或其他混杂种，同时拔除劣苗、病苗，以作留种田。

（2）复茬留种 适用于混杂退化严重的田块，于4月下旬，在大田中选择健壮而不退化的植株，按株行距15cm×20cm，移栽到留种田里，加强管理，以供种用。

**5. 病虫害防治**

（1）薄荷锈病 在5～6月连续阴雨或7～8月过于干旱天气条件下易发病危害茎叶。开始在叶背出现橙黄色粉状夏孢子堆，后期产生黑褐色粉状冬孢子堆。发病严重时，叶片枯萎脱落，以致全株枯死。这种情况下应加强田间管理，降低湿度、改善通风透光条件。

（2）薄荷斑枯病　5～10月间还很容易发生危害叶片的斑枯病，叶片上先是出现暗绿色小而圆病斑，逐渐扩大变为灰暗褐色，中心灰白色，病斑上着生黑色小点，叶片逐渐枯萎、脱落。斑枯病可以通过轮作方式减轻，发病时要及时摘除病叶并烧毁。

（3）银纹夜蛾　主要危害叶、花蕾。幼虫咬食叶片，造成孔洞缺刻。防治方法同藿香银纹夜蛾。

**6. 采收及加工**

采收前要做好留种工作，在4月下旬或8月下旬，在田间选择优良种株，移至事先准备好的留种地内栽植，培育至冬初起挖，就可获得70%～80%的白色新根茎。采收收割应在晴天12：00～14：00进行，此时薄荷叶中含薄荷油、薄荷脑量达到最高。每年收割2次为好，第1次在6月下旬至7月上旬，不得迟于7月中旬，否则影响第2次收割量。第2次在10月上旬开花前进行。收割后，及时摊开曝晒，七至八成干时，扎成小把，悬挂起来阴干或晒干，晒时要经常翻动，防止雨淋、夜露，否则易发霉变质；产地加工可用土制蒸馏设备，将薄荷茎叶用水蒸气蒸馏法提取薄荷油；薄荷油冷却以后析出结晶，经过分离精制，便可获得薄荷脑。

## 第八节　留兰香

**一、拉丁文学名：** *Mentha spicata* Linn.

**二、科属分类：** 唇形科薄荷属

**三、别名：** 绿薄荷、香花菜、香薄荷、青薄荷、血香菜、狗肉香、土薄荷

### 四、植物学形态特征

多年生草本。茎直立，高40～130cm，无毛或近于无毛，绿色，钝四棱形，具槽及条纹，不育枝仅贴地生。叶无柄或近于无柄，卵状长圆形或长圆状披针形，长3～7cm，宽1～2cm，先端锐尖，基部宽楔形至近圆形，边缘具尖锐而不规则的锯齿，草质，上面绿色，下面灰绿色，侧脉6～7对，与中脉在上面凹陷下面明显隆起且带白色。轮伞花序生于茎及分枝顶端，呈长4～10cm、间断但向上密集的圆柱形穗状花序；小苞片线形，长5～8mm，无毛；花梗长2mm，无毛。花萼钟形，开花时连齿长2mm，外面无毛，具腺点，内面无毛，5脉，不显著，萼齿5，三角状披针形，长1mm。花冠淡紫色，长4mm，两面无毛，冠筒长2mm，冠檐具4裂片，裂片近等大，上裂片微凹。雄蕊4，伸出，近等长，花丝丝状，无毛，花药卵圆形，2室。花柱伸出花冠很多，先端相等2浅裂，裂片钻形。花盘平顶。子房褐

色，无毛。

## 五、生境

我国河北、江苏、浙江、广东、广西、四川，贵州、云南等地有栽培或逸为野生，新疆有野生。

## 六、花果期

花期 7～9 月。

## 七、食用方式

凉拌留兰香：将西红柿洗净、去蒂，切成小块，放于盘中。将洗净的留兰香放在西红柿上，撒上白糖拌匀即可。此菜红绿相衬，入口酸甜，清凉宜人。还可用留兰香拌黄瓜、苹果、梨等瓜果。调味可用糖、蜂蜜，也可加醋、盐等，根据个人口味调制。

（1）*琉璃留兰香*　鲜留兰香叶 35 片，白糖 50g，青红丝 10g，发粉糊 100g（可按 100g 面粉，100～150g 水，5g 发酵粉调制），花生油 500g。将留兰香叶洗净沥干，逐片叶蘸满发粉糊，入油锅炸至酥脆，捞出沥油待用。炒勺置于中火上，加白糖和清水少许，熬成金黄色能拔丝时，倒入留兰香叶，撒上青红丝，颠翻均匀，出锅拨散，晾凉即成。

（2）*炸留兰香夹*　鲜留兰香叶 60 片，山楂糕 125g，白糖 25g，发粉糊 250g，花生油 500g。将留兰香洗净沥干，山楂糕切成留兰香叶大小的薄片 30 片。用 2 片留兰香叶夹住 1 片山楂糕，蘸上发粉糊，入油锅炸至金黄色，捞出装盘，撒上白糖即可。此菜色金黄，外酥里嫩，甜酸清凉，风味独特。

（3）*留兰香莲子汤*　莲子 150g 去皮去心。鲜留兰香叶 50g，洗净后放入清水（1000g）中煮沸，待留兰香味入汤后，捞起留兰香叶弃去不用。然后在汤中加入莲子，烧沸煮熟后，再加入冰糖、桂花，小火煮沸一会即可。

## 八、药用价值

留兰香也是常用的中药之一，以地上部全草或叶入药，适用于感冒发热、头痛、咽喉肿痛、伤风感冒、风疹、胃肠胀气、跌打瘀痛、全身麻木等症。

## 九、栽培方式

### 1. 栽培季节时间

大面积生产主要用地下茎及匍匐茎，一般播种时间在立冬至小雪（即11月7～22日）。为加速种苗繁殖，也可在头刀收获后（7月中下旬）利用地下茎、匍匐茎和地上茎秆繁殖。

### 2. 播种技术

（1）选地整地　应选择阳光充足、地势平坦、排灌方便、肥沃的土壤进行种植。结合耕翻每亩施入优质腐熟有机肥1500～2000kg，过磷酸钙40～50kg，充分与土混匀，整细耕平，作平畦，一般宽为2～3m。

（2）播种　条播和穴播两种，其中以条播方法较好，便于头刀期的田间管理工作。方法是：在已平整好的畦面上，按30～35cm行距，开深10～15cm的条沟，然后把适当切短的地下根茎均匀撒入沟内，随即覆土并稍加压实。

### 3. 田间管理

（1）施肥　根据土壤肥沃程度及留兰香生长情况合理施肥，一般轻施底肥及基肥，重施追肥。施追肥时应掌握前后期轻施、中期重施原则，即轻施提苗肥，重施分枝肥，巧施保叶肥。整个生育期追肥1～2次，第1次追肥，当株高10cm时，施提苗肥，每$667m^2$追施尿素3～6kg；第2次追肥可在收割前30天，根据植株长势，在6月中下旬每$667m^2$追施磷肥10kg、尿素5kg，以促进留兰香健秆增油，提高产量。

（2）浇水　若雨水多或田间积水，应及时排掉，以免影响植株正常生长；如天气较干旱，土壤干燥，应及时灌水，但应注意，不能让水在田间停留时间过长，以免影响根系呼吸作用，甚至造成烂根。

（3）中耕除草　当年栽植的留兰香苗，抗逆性较弱，苗较小，不宜使用化学除草剂，可人工拔除杂草。栽植第2年和第3年可采用化学除草，对于阔叶杂草和莎草科杂草较多的田块，每667m² 用48%灭草松水剂50g，对水30～40kg喷雾；禾本科杂草较多的田块，可选用威霸防除。田间除草时应注意，苗期气温较低，不宜松土除草，应在封行前（苗高15～20cm）松土除草1～2次，松土时靠近植株处浅松，行间深松，雨后土壤板结及时松土。另外，在收割前还应人工除杂草1次，以免收割时混入，影响精油质量。

**4. 繁殖方式**

(1) 根茎繁殖　早春3月将留兰香的地下根茎翻起，选健壮、色白节密、无病虫害的新鲜根茎，切成6～8cm长根段，摆在开好的种植沟内，沟深6～8cm、沟距25cm左右，摆放时每段根茎应首尾相接，摆好。每亩大田需栽根茎100kg，每亩母本田的根茎可移栽8亩大田，栽后随即覆土、压实，并浇透水。

(2) 分株繁殖　早春，在上年的留兰香地中，待留兰香新苗长至8cm左右时，连根茎一同挖起，分株移栽，每穴栽2株，行距25cm，株距10cm。

(3) 扦插繁殖　5～6月份，选健壮的地上茎，切成6cm长的小段，在苗床上扦插，生根成活后移栽。

无论哪种方式繁殖，栽前都要细致整地，施足底肥，大田畦宽1.3m左右，以便于排溉和管理。

**5. 病虫害防治**

(1) 黑茎病　为一种真菌病。多自茎基部近地面处开始变黑，局部坏死；其次，在地上茎中部或匍匐茎上也有发生。由于茎基部坏死，断绝了水分和营养的运输，地上部叶片开始变紫红色，而后全株枯萎致死。防治方法：加强苗期管理，防止倒伏、伤根，合理密植、施肥，改善通风透光条件。此外可苗期喷0.1%敌克松药液，以利幼苗再生和防止病虫害蔓延。

(2) 锈病　为一种真菌病害。先从下部叶片开始出现黄褐色斑点，叶背面有突起的褐色粉状物，能降低产量和品质，严重时蔓延全株，叶片干萎脱落，以致全株死亡。防治方法：加强田间管理，降低田间湿度，及时追肥，喷敌锈钠250倍液或波尔多液防治。发现少数病株及时拔掉烧毁。

**6. 采收及加工**

(1) 采收　采收时间对于芳香油的产量具有非常重要的影响。研究表明留兰香油含量在生长后期迅速提高，在生长前期含量很少。采收时间应选择在植株含油量最高的时期。一般来说，当植株普遍现蕾，开花80%（保证油的积累），主茎开花数量在15个以上，天气连续5天气温较高，地面干燥就可以收割。一天中以10：00～15：00收割为宜。一般在8月10日左右收获，收获前25～30天停止罐水，灌水间隔期15天。

(2) 加工　收获之后，随即将植株摊在地里晒半天时间，达到七成干便可蒸馏。一般是将茎叶放入蒸馏锅内，用水蒸气蒸馏。蒸馏时要求火力猛而均匀，锅内要保持定量水分；原料要求干净、无杂质。由于留兰香油的密度与水接近，要将油分提取干净比较困难，可将前一锅提取油分后余下的蒸馏水用于下一批茎叶再次蒸馏。

# 第九节　紫苏

**一、拉丁文学名：** Perilla frutescens（L.）Britt.

**二、科属分类：** 唇形科紫苏属

**三、别名：** 桂荏、白苏、赤苏、红苏、黑苏、白紫苏、青苏、苏麻、水升麻

## 四、植物学形态特征

一年生直立草本。茎高0.3～2m，绿色或紫色，钝四棱形，具四槽，密被长柔毛。叶阔卵形或圆形，长7～13cm，宽4.5～10cm，先端短尖或突尖，基部圆形或阔楔形，边缘在基部以上有粗锯齿，膜质或草质，叶上、下两面绿色或紫色，或仅下面紫色，上面被疏柔毛，下面被贴生柔毛，侧脉7～8对，位于下部者稍靠近，斜上升，与中脉在上面微突起、下面明显突起，色稍淡；叶柄长3～5cm，背腹扁平，密被长柔毛。轮伞花序2花，组成长1.5～15cm、密被长柔毛、偏向一侧的顶生及腋生假总状花序；苞片宽卵圆形或近圆形，长宽约4mm，先端具短尖，外被红褐色腺点，无毛，边缘膜质；花梗长1.5mm，密被柔毛。花萼钟形，10脉，长约3mm，直伸，下部被长柔毛，夹有黄色腺点，内面喉部有疏柔毛环，结果时增大，长至1.1cm，平伸或下垂，基部一边肿胀，萼檐二唇形，上唇宽大，3齿，

中齿较小，下唇比上唇稍长，2 齿，齿披针形。花冠白色至紫红色，长 3～4mm，外面略被微柔毛，内面在下唇片基部略被微柔毛，冠筒短，长 2～2. 5mm，喉部斜钟形，冠檐近二唇形，上唇微缺，下唇 3 裂，中裂片较大，侧裂片与上唇相近似。雄蕊 4，几乎不伸出，前对稍长，离生，插生喉部，花丝扁平，花药 2 室，室平行，其后略叉开或极叉开。花柱先端相等 2 浅裂。花盘前方呈指状膨大。小坚果近球形，灰褐色，直径约 1. 5mm，具网纹。

## 五、生境

紫苏适应性很强，对土壤要求不严，在排水良好，沙质壤土、壤土、黏壤土，房前屋后、沟边地边，肥沃的土壤上栽培生长良好。前茬作物以蔬菜为好，果树幼林下也可栽种。

## 六、花果期

花期 8～11 月，果期 8～12 月。

## 七、营养水平

紫苏全株有很高的营养价值，它具有低糖、高纤维、高胡萝卜素、高矿质元素等特点，还含有抑制活性氧、预防衰老的有效成分。抗衰老素 SOD 在每克苏叶中含量高达 106. 2mg。紫苏种子中含大量油脂，出油率高达 45% 左右，油中含亚麻酸 62. 73%、亚油酸 15. 43%、油酸 12. 01%。种子中蛋白质含量占 25%，内含 18 种氨基酸，其中赖氨酸、蛋氨酸的含量均高于高蛋白植物籽粒苋。此外还有谷维素、维生素 E、维生素 $B_1$、磷脂等。

## 八、药用价值

紫苏既能发汗散寒以解表邪，又能行气宽中、解郁止呕，故对风寒表证而兼见胸闷呕吐症状的，使用本品很是适宜；或无表证而有气滞不畅症状的，也可用于宣通。如配藿香、陈皮则解表和中，配半夏、厚朴则解郁宽胸。用于感冒风寒：紫苏能散表寒，发汗力较强，用于风寒表证，见恶寒、发热、无汗等症，常配生姜同用；如表证兼有气滞，可与香附、陈皮等同用。用于胸闷、呕恶等症：紫苏用于脾胃气滞、胸闷、呕恶，不论有无表证，均可应用，都是取其行气宽中的作用，临床常与藿香配伍应用。

## 九、食用方式

鲜叶生拌：温盐水加味精放入容器中，鲜叶漂沾后放入盘中，加少量熟油即食，味道鲜美、回味无穷，且利于各种维生素的吸收。

炸：蛋清加少量面粉、少量盐、味精，调粥状，将叶正面朝上，背面朝下蘸蛋清糊，放入温油中煎至适中即可蘸椒盐食用。

与鱼、虾蟹搭配：紫苏叶包生鱼片，沾佐料生食，或和虾、蟹混食，有解毒和暖胃功能。

火锅涮食：和海鲜、肉等一起放入火锅内，稍热即可食用，不要时间过长，然后喝其汤，味道极美。

蘸酱：鲜叶蘸辣根或甜面酱生食，味道极鲜美，营养丰富。

## 十、栽培方式

### 1. 栽培季节时间

北方地区多行露地栽培，一般 4～5 月间播种种植，也可育苗移栽，前一年自行散落田间的种子，在 4 月间可自行出苗而生长。冬季温室栽培较为困难，最好有加温和补光措施。温室栽培可于 8～9 月间播种或育苗，于冬春季收获。

### 2. 播种及田间管理

(1) 选地整地　紫苏对气候、土壤适应性都很强，最好选择阳光充足，排水良好的疏松肥沃的沙质壤土、壤土地块栽培，重黏土生长较差。整地时土壤耕翻 15cm 深，耙平、整细、做畦，畦和沟宽 200cm，沟深 15～20cm。

(2) 间苗、除草、松土　植株生长封垄前要勤除草，直播地区要注意间苗和除草，条播地苗高 15cm 时，按 30cm 定苗，多余的苗用来移栽。穴播者，每穴留 1～2 株，缺苗应予补苗。直播地的植株生长快，如果密度高，易造成植株徒长，不分枝或分枝的很少，影响叶子产量和紫苏油的产量。同时，茎多叶少，也影响全草的规格，故应及早间苗。育苗田从定植至封垄，松土除草2次。浇水或雨后如土壤板结，也应及时松土。

**(3) 对环境条件的要求**　紫苏性喜温暖湿润的气候，种子在地温5℃以上时即可萌发，适宜的发芽温度为18～23℃。苗期可耐1～2℃的低温。植株在较低的温度下生长缓慢，夏季生长旺盛。开花期适宜温度是22～28℃，相对湿度75%～80%。较耐湿，耐涝性较强，不耐干旱，尤其是在产品器官形成期，如空气过于干燥，茎叶粗硬、纤维多、品质差。对土壤的适应性较广，在较阴的地方也能生长。

**(4) 追肥**　紫苏生长时间比较短，定植后2个半月即可收获全草，又以全草入药，故施肥以氮肥为主。在封垄前集中施肥。直播和育苗地，苗高30cm时追肥，在行间开沟每公顷施人粪尿15000～22500kg或硫酸铵112. 5kg、过磷酸钙150kg，松土、培土把肥料埋好。第二次在封垄前再施一次肥，方法同上，但此次施肥注意肥液不要碰到叶子。

**(5) 灌溉**　播种或移栽后，数天不下雨，要及时浇水。雨季注意排水，疏通作业道，防止积水烂根和脱叶。

### 3. 种子收集

采种可在留种田进行，也可在大田选留部分植株作种株。但红、绿色紫苏要隔离种植，变异株要剔除，以免种子混杂退化。为集中养分，使中下部种子发育成熟，应将花序上部的1/3剪去。待种子壳转为褐色即可采收。

### 4. 病虫害防治

危害紫苏的害虫主要有叶螨、蚜虫、青虫和蚱蜢等。可选用敌敌畏、速灭杀丁等药剂进行防治，喷药应在叶片采摘后进行。

### 5. 采收

采收紫苏要选择晴天收割，香气足、方便干燥，收紫苏叶药用应在7月下旬至8月上旬，紫苏未开花时进行。

（1）苏子梗　9月上旬开花前，花序刚长出时采收，用镰刀从根部割下，把植株倒挂在通风背阴的地方晾干，干后把叶子打下药用。

（2）苏子　9月下旬至10月中旬种子果实成熟时采收。割下果穗或全株，扎成小把，晒数天后，脱下种子晒干，每公顷产1125～1500kg。

在采种的同时注意选留良种。选择生长健壮的、产量高的植株，等到种子充分成熟后再收割，晒干脱粒，作为种用。

## 第十节 连钱草

**一、拉丁文学名：** *Glechoma longituba*（Nakai）Kupr

**二、科属分类：** 唇形科活血丹属

**三、别名：** 活血丹、钹儿草、佛耳草、金钱草，透骨消

**四、植物学形态特征**

多年生草本，具匍匐茎，茎上升，逐节生根。茎高 10～20（30）cm，四棱形，基部通常呈淡紫红色，几乎无毛，幼嫩部分被疏长柔毛。叶草质，下部者较小，叶片心形或近肾形，叶柄长为叶片的 1～2 倍；上部者较大，叶片心形，长 1.8～2.6cm，宽 2～3cm，先端急尖或钝三角形，边缘具圆齿或粗锯齿状圆齿，上面被疏粗伏毛或微柔毛，叶脉不明显，下面常带紫色，被疏柔毛或长硬毛，常仅限于脉上，脉隆起，叶柄长为叶片的 1.5 倍，被长柔毛。轮伞花序通常 2 花，稀具 4～6 花；苞片及小苞片线形，长达 4mm，被缘毛。花萼管状，长 9～11mm，外面被长柔毛，尤沿肋上为多，内面多少被微柔毛，萼齿 5，上唇 3 齿，较长，下唇 2 齿，略短，齿卵状三角形，长为萼长 1/2，先端芒状，边缘具缘毛。花冠淡蓝、蓝至紫色，下唇具深色斑点，冠筒直立，上部渐膨大成钟形，有长筒与短筒两型，长筒者长 1.7～2.2cm，短筒

者通常藏于花萼内，长1～1.4cm，外面多少被长柔毛及微柔毛，内面仅下唇喉部被疏柔毛或几乎无毛，冠檐二唇形。上唇直立，2裂，裂片近肾形，下唇伸长，斜展，3裂，中裂片最大，肾形，较上唇片大1～2倍，先端凹入，两侧裂片长圆形，宽为中裂片之半。雄蕊4，内藏，无毛，后对着生于上唇下，较长，前对着生于两侧裂片下方花冠筒中部，较短；花药2室，略叉开。子房4裂，无毛。花盘杯状，微斜，前方呈指状膨大。花柱细长，无毛，略伸出，先端近相等2裂。成熟小坚果深褐色，长圆状卵形，长约1.5mm，宽约1mm，顶端圆，基部略成三棱形，无毛，果脐不明显。

## 五、生境

我国除青海、甘肃、新疆及西藏外，全国各地均产；生于林缘、疏林下、草地中、溪边等阴湿处，海拔50～2000m。俄罗斯远东地区，朝鲜也有分布。模式标本采自朝鲜。

## 六、花果期

花期4～5月，果期5～6月。

## 七、采集时间

夏秋两季采收。

## 八、营养水平

连钱草的幼苗及嫩茎叶，口味鲜美、营养丰富，是人们长期食用的野生蔬菜资源。据分析，每100g鲜嫩茎叶中含有胡萝卜素4.15mg、维生素C 56mg，每100g嫩茎叶干品中含钾2660mg、钙2040mg、镁581mg、磷564mg、钠25mg、铁15.6mg、锰5.2mg、锌3.8mg、铜1.2mg。同时还含有大量的蛋白质、碳水化合物等多种营养。

## 九、食用方式

连钱草的食用方法多样，可以用作煲汤、炒食。

## 十、药用价值

民间广泛用全草或茎叶入药治膀胱结石或尿路结石，外敷治跌打损伤、外伤出血、疮痈肿痛、丹毒、风癣，内服亦治伤风咳嗽、流感、吐血咳血等症。

## 十一、栽培方式

### 1. 选地整地施肥

适宜选择肥沃沙壤土和阴凉湿润地块种植。整地前施足底肥，每亩施腐熟农家肥 2. 5～3t，翻犁与土壤混匀整平。按 1. 2m 开墒，做畦宽 90cm，沟宽 30cm，沟深 15～20cm。

### 2. 田间管理

扦插后要经常淋水保苗，每天淋水 1 次促进生根成活，待茎蔓长到 12～15cm 时追肥 1 次，亩施腐熟人畜粪尿 2～2. 5t。如扦穴有缺苗可剪取较长枝条进行补缺。第二年连钱草萌发前，进行中耕除草。以后每年都要中耕松土 1 次，顺便除草。中耕除草后要及时追肥，每亩施腐熟农家肥 2. 5～3t, 肥料撒于畦面后，浇水 1 次。夏、秋两季每次采收后均要进行 1 次追肥，充分满足植株生长所需营养，确保连年高产稳产。

### 3. 繁殖方式

可用播种和匍匐茎扦插繁殖。

### 4. 病虫害防治

连钱草一般很少有病害发生，生长期间主要虫害是蜗牛咬食茎叶。可选 8% 灭蜗灵颗粒剂按每亩用药 1～15kg，在晴天傍晚撒施。

### 5. 采收

夏秋季每 2 个月左右采收 1 次。每年可采收 3～4 次，采收时用镰刀在离地面 6～8cm 处割下地上部分植株留下根茆以利继续萌发，植株割下后捡出杂草用水洗净、晒干即可。质量标准：以无杂质、泥沙、霉变为合格；以叶大、须根少的为优。

## 第十一节　铁苋菜

**一、拉丁文学名：** *Acalypha australis* L.

**二、科属分类：** 大戟科铁苋菜属

**三、别名：** 人苋、血见愁、海蚌含珠、撮斗装珍珠、叶里含珠、野麻草

### 四、植物学形态特征

一年生草本，高 0.2～0.6m，小枝细长，被贴柔毛，柔毛从上而下逐渐稀疏。叶膜质，长卵形、近菱状卵形或阔披针形，长 3～9cm，宽 1～5cm，顶端短渐尖，基部楔形、稀圆钝，边缘具圆锯，上面无毛，下面沿中脉具柔毛；基出脉 3 条，侧脉 3 对；叶柄长 2～6cm，具短柔毛；托叶披针形，长 1.5～2.0mm，具短柔毛。雌雄花同序，花序腋生，稀顶生，长 1.5～5.0cm，花序梗长 0.5～3.0cm，花序轴具短毛，雌花苞片 1～2 枚，卵状心形，花后增大，长 1.4～2.5cm，宽 1～2cm，边缘具三角形齿，外面沿掌状脉具疏柔毛，苞腋具雌花 1～3 朵；花梗无；雄花生于花序上部，排列呈穗状或头状，雄花苞片卵形，长约 0.5mm，苞腋具雄花 5～7 朵，簇生；花梗长 0.5mm；雄花：花蕾近球形，无毛，花萼裂片 4 枚，卵形，长约 0.5mm，雄蕊 7～8 枚；雌花：萼片 3

枚，长卵形，长 0.5～1.0mm，具疏毛；子房具疏毛，花柱 3 枚，长约 2mm，撕裂 5～7 条。蒴果直径 4mm，具 3 个分果，果皮具疏生毛和毛基变厚的小瘤体；种子近卵状，长 1.5～2.0mm，种皮平滑，假种阜细长，千粒重仅 0.5g 左右。

## 五、生长习性

铁苋菜喜温暖、湿润、光照充足的生长环境，不耐干旱、高温、渍涝和霜冻，较耐阴，生长适温 15～25℃。铁苋菜对土壤要求不严格，以向阳、土壤肥沃和偏碱性的潮湿地种植为宜。

## 六、生境

生于山坡、沟边、路旁、田野，分布几乎遍于全国，以华东地区和长江流域居多。

## 七、花果期

花果期 4～12 月。

## 八、采集时间

一般在播种 40～45 天，当苗高 15～20cm、具有 8～10 片叶时可陆续采收。

## 九、营养水平

全鲜草每 100g 含粗蛋白 3.27g、粗脂肪 1.28g、粗纤维 3.50g。另外还含有铁苋菜碱、鞣质、黄酮、酚类等。

## 十、食用方式

于春末夏初采集其嫩茎叶，用开水烫过后，换清水浸泡，然后炒食或做汤。

## 十一、药用价值

铁苋菜含铁苋菜碱、没食子酸、苷类、还原糖、氨基酸、油脂等，有平喘抗菌作用。铁苋菜性凉、味苦，有清热解毒之功效，用于湿热泻痢、小儿疳积、吐血、衄血、崩漏、便血、外伤出血、毒蛇咬伤、湿疹瘙痒等症。

## 十二、栽培方式

### 1. 栽培季节时间

3月和9月。

### 2. 播种技术

（1）选地整地　应选择土壤肥沃、排灌方便、杂草较少田地，整地前深翻晒土3～5天。铁苋菜喜肥，翻犁前撒施有机肥或腐熟农家肥30t/hm$^2$、复合肥750kg/hm$^2$、钙镁磷肥1500kg/hm$^2$，然后翻犁，耙细整平，除净杂草起平畦，畦面宽100～120cm，畦间开挖宽30cm、深20cm的侧沟，地块四周开好排灌沟。

（2）种子处理　铁苋菜种子在生长期边生长边成熟脱落，一般于采收后植株晒干时收集种子，贮于冰箱和干燥器中。播前需用1%～2%石灰水浸种24小时，捞起，清洗干净，晾干后播种。生产时一般采用种子直播，也可育苗后移栽。

（3）种子直播　铁苋菜种子细小，整地要做到地平、土细，以利出苗。早春当地温达15℃时即可播种，用种量12kg/hm$^2$，用3～4倍体积的细沙或草木灰拌匀后，按行距25cm进行条播，均匀地撒在畦面，不用盖土，保持土壤湿润，7～10天即可出苗。铁苋菜在南方一年可种植2季，选择春、秋两季进行播种，春季于3～4月、秋季于9月中下旬。

（4）育苗移栽　播种可在温室内或室外进行，一般育苗天数约30天，以此确定播种期。用普通育苗床土作播种床土，种子拌草木灰或细沙均匀地撒在苗床表面，播种量不超过0.2g/m$^2$，耙平表面使种子与土壤充分接触，保持土壤湿润，在室内时应保证充足的光照。待苗长到5～6叶（约10cm）时选雨后移栽，按行株距各约25cm、每穴2～3株进行移栽，移栽前5～7天施1%清淡尿素水1次。移栽时不能太深，将根部盖严、苗能站稳即可。移栽时也可用黑地膜覆盖畦面，盖膜时将膜拉平、四周盖严，行、株距各约25cm破膜（挖洞）移栽，并用细土将膜孔封严，防止烧苗，严禁盖土埋心。

**3. 田间管理措施**

直播田在苗出齐后除草，并施1%清淡尿素水提苗，当苗高10cm时匀苗、补苗，并行浅耕、追肥1次，开花前再中耕、除草、追肥1次。育苗移栽的在移栽后15～20天浅耕、追肥1次，至开花前再中耕、除草、追肥1次。追肥可用复合肥750kg/hm$^2$或农家液肥（如沼液），施复合肥时可于雨后撒施，或开沟浅埋，农家液肥宜灌施，有条件的应多施农家肥或有机肥。保持土壤湿润，雨季要及时排水，以防渍害烂根。

**4. 繁殖方式**

种子直播和育苗移栽。

**5. 种子收集**

当果实颜色变淡，基部叶片变黄，即可采收。

**6. 病虫害防治**

铁苋菜抗病性较强，病虫害较少。主要病害是白锈病，主要危害叶片，在低温多雨、昼夜温差大露水重、连作或偏施氮肥、植株过密、通风不好及地势低排水不良田块发病重。

防治方法：选用无病种子，从无病田块上留种，或从无病株上采种；及时排除渍水，株行间通风透光。对病叶、病残体要及时清除田外深埋或烧毁，采收后深翻土壤，可减少病原菌、减轻发病；发病初期用25%甲霜灵可湿性粉剂1000倍液，或64%杀毒矾可湿性粉剂500倍液，或58%雷多米尔锰锌可湿性粉剂50倍液，每10天喷洒1次，共2～3次。

**7. 采收**

采收时要掌握收大留小、留苗均匀的原则，以增加后期产量。拔起全草，去掉根部泥土，晒干即可。

## 第十二节 叶下珠

**一、拉丁文学名：** *Phyllanthus urinaria* L.

**二、科属分类：** 大戟科叶下珠属

**三、别名：** 珍珠草、珠子草、夜合草、阴阳草、油柑草

### 四、植物学形态特征

一年生草本，高10～60cm，茎通常直立，基部多分枝，枝倾卧而后上升；枝具翅状纵棱，上部被纵列疏短柔毛。叶片纸质，因叶柄扭转而呈羽状排列，长圆形或倒卵形，长4～10mm，宽2～5mm，顶端圆、钝或急尖而有小尖头，下面灰绿色，近边缘或边缘有1～3列短粗毛；侧脉每边4～5条，明显；叶柄极短；托叶卵状披针形，长约1.5mm。花雌雄同株，直径约4mm。雄花：2～4朵簇生于叶腋，通常仅上面1朵开花，下面的很小；花梗长约0.5mm，基部有苞片1～2枚；萼片6，倒卵形，长约0.6mm，顶端钝；雄蕊3，花丝全部合生成柱状；花粉粒长球形，通常具5孔沟，少数为3、4、6孔沟，内孔横长椭圆形；花盘腺体6，分离，与萼片互生。雌花单生于小枝中下部的叶腋内；花梗长约0.5mm；萼片6，近相等，卵状披针形，长约1mm，边缘膜质，黄白色；花盘圆盘状，边全缘；子房卵状，有鳞片状凸起，花柱分离，顶端2裂，裂片弯卷。蒴果圆球状，直径1～2mm，红色，表

面具小凸刺，有宿存的花柱和萼片，开裂后轴柱宿存；种子长 1.2mm，橙黄色。

## 五、生境

我国产于河北、山西、陕西、华东、华中、华南、西南等地，通常生于海拔 500m 以下旷野平地、旱田、山地路旁或林缘，在云南海拔 1100m 的湿润山坡草地亦见有生长。还分布于印度、斯里兰卡、中南半岛、日本、马来西亚、印度尼西亚至南美。

## 六、花果期

花期 4～6 月，果期 7～11 月。

## 七、采集时间

当年 9～10 月份开始采收种子。

## 八、营养水平

叶下珠属植物含有木脂素、萜类、黄酮、鞣质、生物碱等多种化合物。

## 九、食用方式

嫩茎用开水烫熟后，水洗，然后炒食。

## 十、药用价值

具有平肝清热、利水解毒之效，用于治疗肠炎、痢疾、尿路感染、无名肿痛等。

## 十一、栽培方式

### 1. 栽培季节时间

播种时间在清明过后 4 月中旬。

### 2. 播种技术

（1）选地　选择交通方便，周围 1km 范围内无产生污染的工矿企业、无垃圾场等污染源，空气质量符合《大气环境质量标准》（GB 3095—1996），土壤质量符合《国家土壤环境质量标准》（GB 15618—1995）二级以上，灌溉水源水质达到国家《农田灌溉水质量标准》（GB 5084—1992）的地区。要求地块土壤疏松透气，较肥沃，土质以森林棕壤和沙质壤土为好。土壤 pH5. 8～7。要求地块距公路 30m 以上，坡度 0～15°。

（2）整地　在陕南秦岭山区栽培叶下珠，要求在选好的地块上整高畦，畦面宽 1. 2m，畦长根据地形而定，畦面利于排水和便于干旱时灌溉。操作道宽 40cm，深 25cm。整地前在选好的地块上每公顷施入经腐熟无害化处理的农家肥 45000kg，过磷酸钙 750kg，尿素 225kg，深翻混匀后整地做畦。

（3）播种　播种时间在清明过后 4 月中旬。据测定叶下珠播种前一年收获的种子千粒重 0. 52kg，发芽率 63%，每公顷用种量 7. 5kg。播种方法以条播为好，在畦面每隔 20cm 开深 2cm 的细沟，将种子与细土拌匀后撒入沟内，用钉耙背轻轻将畦面整平覆盖即可。

### 3. 田间管理措施

叶下珠种子较小，出芽较慢，4 月中旬播种后需 25 天左右出苗，出苗后定期查苗，当苗高 5cm 的时候进行定苗，株距以 5～7cm 为宜，发现缺苗应及时移栽补苗。叶下珠移栽应在下午进行，成活率极高。

（1）中耕除草　一般每年集中除草 3 次，5 月底拔草 1 次，6 月下旬和 8 月中旬集中用小锄除草各 1 次，深度 3cm，平时视杂草情况随时拔除。严格禁止使用除草剂。

（2）灌排水　长期干旱时应沟灌，让水沿操作道渗入畦内；雨季前应清理排水沟，确保田块不积水。

（3）追肥　7～8 月份是叶下珠旺盛生长期，结合除草每公顷可施入磷酸二铵复合肥 300kg，尿素 150kg。

### 4. 繁殖方式

种子繁殖。

### 5. 种子收集

于当年 9～10 月份开始采收种子。由于叶下珠有随时开花结籽的特点，种子非一次性成熟，而且成熟后又随时脱落，种子非常细小，所以给收获种子带来很大难度。采种的方法是：在地上预先铺上草木灰，种子散落后，连同草木灰一起收获，之后再除去草木灰等杂物，用麻袋装好，贮于通风干燥处备用。

**6. 病虫害防治**

叶下珠为野生草本植物，较少有病虫害发生，散见有根腐病、锈病，遇旱、涝而枯死，注意及时采收即可。

**7. 采收**

叶下珠应在 9 月下旬或 10 月上旬采收，10 月中旬后随气温降低叶片很快变黄脱落，影响药材质量和品质。叶下珠药用部分为全草，且根系较浅，生长地土壤疏松，用手从基部连根拔出，抖净根部泥土后晾干。据测算，叶下珠每公顷产鲜草 24282kg，每 4. 13kg 鲜草可产 1kg 药材，大田每公顷产药材 5879kg。注意在晾干药材过程中，叶下珠成熟果实大量脱落，收起药材后可将脱落的果实收集除去杂质，脱粒晾干后将种子放在阴凉干燥处保存。

# 第十三节　甘草

## 一、拉丁文学名：*Glycyrrhiza uralensis* Fisch.

## 二、科属分类：豆科甘草属

## 三、别名：国老、甜草、甜根子

## 四、植物学形态特征

多年生草本；根与根状茎粗壮，直径1～3cm，外皮褐色，里面淡黄色，具甜味。茎直立，多分枝，高30～120cm，密被鳞片状腺点、刺毛状腺体及白色或褐色的茸毛；叶长5～20cm；托叶三角状披针形，长约5mm，宽约2mm，两面密被白色短柔毛；叶柄密被褐色腺点和短柔毛；小叶5～17枚，卵形、长卵形或近圆形，长1.5～5cm，宽0.8～3cm，上面暗绿色，下面绿色，两面均密被黄褐色腺点及短柔毛，顶端钝，具短尖，基部圆，边缘全缘或微呈波状，多少反卷。总状花序腋生，具多数花，总花梗短于叶，密生褐色的鳞片状腺点和短柔毛；苞片长圆状披针形，长3～4mm，褐色，膜质，外面被黄色腺点和短柔毛；花萼钟状，长7～14mm，密被黄色腺点及短柔毛，基部偏斜并膨大呈囊状，萼齿5，与萼筒近等长，上部2齿大部分连合；花冠紫色、白色或黄色，长10～24mm，旗瓣长圆形，顶端微凹，基部具短瓣柄，翼瓣短于旗瓣，龙骨瓣短于翼瓣；子房密被刺毛状腺体。荚果弯曲呈镰刀状或呈环状，密集成球，密生瘤状突起和刺毛状腺体。种子暗绿色，圆形或肾形，长约 3mm。

## 五、生境

我国产于东北、华北、西北各省区及山东。常生于干旱沙地、河岸砂质地、山坡草地及盐渍化土壤中。蒙古国及俄罗斯西伯利亚地区也有分布。模式标本采自西伯利亚。

## 六、花果期

花期 6～8 月，果期 7～10 月。

## 七、采集时间

甘草有性繁殖的一般生长四年后采收，无性繁殖的一般生长三年后采收。采挖以秋季 9 月下旬至 10 月初地上茎叶枯萎时为好。甘草根深，必须深挖，不可刨断或伤根皮，一般挖大留小，以利于再生。挖出后去掉残茎、须根、泥土，忌用水洗。

## 八、营养水平

不同种类的甘草，其营养含量略有差异。

每克乌拉尔甘草中含钾 1.640mg、钠 0.040mg、钙 1.420mg、镁 0.484mg、铁 1.122mg、锌 0.082mg、锰 0.059mg、铜 0.007mg，脂肪 4.950%、水分 13.200%、灰分 13.200%、总酸度 0.560%、维生素 C 0.376%、蛋白质 23.560%、粗纤维 19.600%、总糖 14.050%。

每克刺果甘草中含钾 1.470mg、钠 0.030mg、钙 1.410mg、镁 0.450mg、铁 0.453mg、锌 0.057mg、锰 0.099mg、铜 0.006mg，脂肪 2.870%、水分 16.800%、灰分 16.400%、总酸度 1.875%、维生素 C 0.573%、蛋白质 2.580%、粗纤维 40.600%、总糖 16.800%。

## 九、食用方式

甘草可以泡水喝，有很好的养生保健功能。此外，还可以用来煲汤，做各种菜品。

## 十、药用价值

甘草含甘草甜素、甘草次酸、甘草醇、异甘草醇、香豆素、生物碱等多种有效成分。春秋二季采挖，除去须根，晒干。其性味甘平，归心、肺、脾、胃经，具有补脾益气、清热解毒、祛痰止咳、缓急止痛、调和诸药的功效；主要用于脾胃虚弱、倦怠乏力、心悸气短、咳嗽痰多、脘腹和四肢挛急疼痛、痈肿疮毒、缓解药物毒性和烈性。甘草首载于《神农本草经》，列为上品。《名医别录》中记载："温中下气，烦满，短气，伤脏咳嗽，止渴，通经脉，利血气，解百药毒。"现代研究表明，甘草主要活性成分是三萜皂苷和黄酮类化合物，具有抗溃疡、抗炎、解痉、抗氧化、抗病毒、抗癌、抗抑郁、保肝、祛痰和增强记忆力等多种药理活性。

## 十一、栽培方式

### 1. 品种选择

乌拉尔甘草。

### 2. 栽培季节时间

春、夏、秋三个季节均可播种，其中以5月份播种为最好，此时气温较高，出苗快，冬前又有较长的生长期。

### 3. 栽培技术

甘草对温度条件适应性较强，水分条件对甘草产量具有决定性作用。在我国温带年降水300～500mm的地区，其降水量一般年份可基本满足甘草生长要求，但在没有灌溉条件的土地上进行栽培，为获得优质移栽秧苗，育苗地应具有灌溉条件。在年降水量200mm以下地区，要获得优质高产，在没有充足地下水直接供甘草利用的条件下（地下水位2～3m），无论是苗地还是移栽地都要具备灌溉条件。在降水量小（年降水200mm以下）又不具备灌溉条件的地区，种植地应选在地下水位2～3m以上的河流两岸或聚水条件好的低洼地段。另外，在降水量大的地区，要避免雨季积水的地段。甘草对土壤的适应范围较宽，以pH值在8.0左右、含盐量0.3%以下、深厚疏松无石砾的沙壤至轻壤质的土地为好。在自然分布区以外的地区引种栽培应特别注意，应在完成整个栽培试验周期的基础上，根据药材的产量、质量和经济效益进行综合评价，再决定是否进行基地化规模栽培。

**4. 田间管理措施**

（1）中耕　乌拉尔甘草喜光，第1年幼苗生长较慢，易受草欺，大量死苗。苗现5～7片真叶时，第一次锄草松土，结合耥垄培土，提高地温，促进根生长；入伏后第二次中耕除草，再耥垄培土一次；立秋后拔除大草，培土压护根头越冬。第2年植株生长旺盛，主根增粗加重较快，返青后，株高10～15cm时中耕锄草，结合施追肥，耥垄培土一次，入伏后再中耕除草，秋后耥垄培土越冬。第3年管理同第2年，但3年龄植株根头萌发较多根茎，窜走垄间，宜适当增加耥垄次数，切断根茎，促进主根生长。

（2）定苗　直播田苗出齐后可间苗一次，苗高5～6cm时按株距10～15cm进行定苗。第2年再次间苗，拔去杂、弱、劣和病苗，株距最终达到30cm，每公顷保苗6000～7000株。

（3）施肥与灌水　播前要施足基肥，以厩肥为好，每年生长期可于早春追施磷肥。甘草根具有根瘤，有固氮作用，一般不缺氮素。灌水应视土壤类型及盐碱度而定：砂性无盐或微盐碱土壤，播种后可灌水；土壤黏重或盐碱较重，应播前灌水，抢墒播种，播后不浇水，以免土壤板结和盐碱度上升。

**5. 繁殖方式**

（1）种子繁殖　为迅速扩大种植面积，应用种子繁殖。从野外采集的甘草种子，虫蛀率高达60%～80%，播种前要进行挑选。直播田的甘草第四年开花结实，根茎与分株繁殖的地块，可提前开花结实。8～9月种子成熟后，选择生长势强、品种特征明显的健壮植株采种，割下晒干，碾压脱粒，用风选或水选法除去虫蛀粒和残粒，晒干，存于干燥通风处备用。甘草种子的种皮厚而坚实，透水性差，不易萌发，所以播种前要对种子进行处理。各地处理种子方法有所不同，黑龙江部分地区用碎玻璃渣与种子等量混合研磨0.5小时，发芽率可达85%左右；另外，用吸湿回干处理法处理种子也可提高发芽率：将种子浸泡2小时后，置常温下晾干至种子与原干种子重差不多为止，这样反复湿干处理4

次，发芽率可达90%以上。

(2) 根茎繁殖　多在老产区使用。在野生状况下，因甘草种子硬实和土壤干旱，很少见到种子繁殖的实生甘草，种群的扩大主要通过水平根，即地下根状茎萌发长出新株。甘草的无性繁殖能力强，在春秋两季选粗壮的根茎，挖出切成长15～25cm的段，每段有3～5个不定芽，栽植方法多为条栽或穴栽，盐渍化荒地和干旱地块，栽植深度可达20cm；栽后要适当镇压。春栽4月中下旬，秋栽10月中旬为宜（东北地区）。

(3) 分株繁殖　在甘草老株旁能自行萌发出很多新株，在春秋两季可挖出栽植。

**6. 种子收集**

在开花结荚期摘除靠近分枝梢部的花与果，即可获得大而饱满的种子。

**7. 病虫害防治**

(1) 锈病　危害叶、茎，形成黄褐色夏孢子堆，后期为黑褐色冬孢子堆，致使叶黄，严重时叶脱落，影响产量。

防治方法：①增施磷钾肥，提高植株抗病力；②注意通风透光，植株不宜太密；③发病初期用15%粉锈宁1000倍液或97%敌锈钠400倍液喷雾进行防治。

(2) 白粉病　叶部正面如覆白粉，后期致使叶黄影响生长和产量。

防治方法：清园；发病期用50%甲基托布津1000倍液喷雾防治。

(3) 褐斑病　叶片上病斑圆形或不规则形，直径1～2mm，中心部位黑褐色，边缘褐色，两面均有灰黑色霉状物，这就是病原菌的子实体。多发生在7～8月份。

防治方法：喷无毒高脂膜200倍液保护；发病期喷施65%代森锌100倍液1～2次；秋季清园，集中处理病株残体。

(4) 跗粗角萤叶甲　该虫为害十分严重，在整个生长季节都可发生，取食量大，严重的地块甘草的叶全被吃光，只剩下茎秆和叶脉。

防治方法：用敌敌畏和敌百虫 1000 倍液的混合液或敌敌畏乳剂 1000 倍液于上午 11 时前喷雾防治，视虫情可喷数次。

**(5) 叶蝉** 其若虫、成虫吸食甘草的叶、幼芽、幼枝汁液，先出现银白色斑块，随后叶片失绿呈淡黄色，最后脱落。整个生育期都可为害，6～8 月为害最重。

防治方法：清除甘草园周围的榆树及其他叶蝉类越冬寄主；为害高峰期用 2.5% 的溴氰菊酯 1000～1500 倍液喷雾防治；用草蛉、瓢虫等天敌进行生物防治。

**(6) 甘草种子小蜂** 用敌敌畏 1000 倍液喷雾防治，可喷数次。

**(7) 蚜虫、红蜘蛛、潜叶蛾等害虫** 可用敌敌畏 1000 倍液喷雾，10～15 天喷 1 次，连续 2～3 次。

### 8. 采收

留种野生甘草种子 7～8 月份成熟，割下晒干后脱粒。家种的甘草直播繁殖的播后第 4 年开始开花结实，用根茎或分株繁殖的开花结实较早，大部分可当年开花结实。家种甘草直播繁殖的第 4 年，移栽繁殖的第 2～3 年，根茎与分株繁殖的第 3 年可以采挖。采挖甘草习惯在秋末冬初及春季萌发之前，但以秋季采挖的甘草药材成品为佳。将甘草挖出后去掉泥土，切成不同规格，晒干打包，干鲜比为 1∶(2～2.5)。将切下的甘草下脚料进行加工，熬成甘草浸膏，甘草浸膏含甘草酸不得少于 20%，甘草流浸膏含甘草酸不得少于 7%。甘草中的主要成分是甘草酸和甘草次酸。另外，甘草酸的含量与甘草植株生长年限密切相关。

# 第十四节　大野豌豆

**一、拉丁文学名：** Vicia gigantea Bge.

**二、科属分类：** 豆科野豌豆属

**三、别名：** 薇菜、山扁豆、山木犀

## 四、植物学形态特征

多年生草本，高40～100cm。灌木状，全株被白色柔毛。根茎粗壮，直径可达2cm，表皮深褐色，近木质化。茎有棱，多分支，被白柔毛。偶数羽状复叶顶端卷须有2～3分支或单一，托叶2深裂，裂片披针形，长约0.6cm；小叶3～6对，近互生，椭圆形或卵圆形，长1.5～3cm，宽0.7～1.7cm，先端钝，具短尖头，基部圆形，两面被疏柔毛，叶脉7～8对，下面中脉凸出，被灰白色柔毛。总状花序长于叶；具花6～16朵，稀疏着生于花序轴上部；花冠白色、粉红色、紫色或雪青色，较小，长约0.6cm，小花梗长0.15～0.2cm；花萼钟状，长0.2～0.25cm，萼齿狭披针形或锥形，外面被柔毛；旗瓣倒卵形，长约7mm，先端微凹，翼瓣与旗瓣近等长，龙骨瓣最短；子房无毛，具长柄，胚珠2～3，柱头上部四周被毛。荚果长圆形或菱形，长1～2cm，宽4～5mm，两面急尖，表皮棕色。种子肾形，表皮红褐色，长约0.4cm。

## 五、生境

产华北、陕西、甘肃、河南、湖北、四川、云南等地。生于海拔600～2900m林下、河滩、草丛及灌丛。模式标本产于河南嵩山。

## 六、花果期

花期6～7月，果期8～10月。

## 七、采集时间

薇菜生长很快，季节性较强，采集时间大约在每年的5月中旬至6月中旬，发芽后4～5天即可采集，错过时机就会老化。

## 八、营养水平

薇菜中含有大量人体所需的营养成分。据分析，每100g鲜薇菜中含蛋白质3.1g、脂肪0.2g、碳水化合物4g、纤维素3.8g、维生素$B_2$ 0.25mg、维生素C 69mg、胡萝卜素1.97mg；每100g干品中含钾3120mg、钙190mg、镁293mg、磷711mg、铁12.5mg、锰8.1mg、锌6.2mg、铜1.8mg。还含有大量氨基酸、鞣酸等。

## 九、食用方式

嫩叶作配菜，可制成多种美味菜肴。将嫩叶加工成薇菜干，可以较长时间贮存。用时以沸水煮开使其还原，复原后的色泽滋味等均不亚于鲜菜。

## 十、药用价值

中医认为薇菜有润肺理气、补虚舒络、清热解毒、活血化瘀、利尿镇痛、止血杀虫的作用，可用于治疗黄疸、浮肿、疟疾、鼻衄、心悸、月经不调、痢疾、子宫功能性出血、遗精等症。长期食用，还有凉血和降压的作用，特别适宜老年高血压患者食用。

## 十一、栽培方式

### 1. 栽培季节时间

采用分株繁殖的方法在秋季10～11月或春季2～3月。

### 2. 播种技术

（1）选地整地　宜选择土壤潮湿的阴坡地、山脚或河流两侧、生长有灌木丛的草甸及沟谷间的低洼处，以土壤湿润而不积水地块为佳，以及土壤肥沃、土质疏松而不板结的地块。整地的原则是既能提高成活率，又要尽量少破坏植被。

（2）割带　按照宽度 0.8～1.0m 距离割除灌丛，作为栽植带；在栽植带中间保留宽度 0.5m 的灌丛，作为保留带，以保持水土和为薇菜提供遮阴。

（3）刨穴　按穴距 20cm、行距 40cm 挖定植穴，深度 20cm 左右，以能盖住栽植根茎为宜。土壤肥沃的地块穴距可密些，贫瘠的地块穴距可大些，刨穴的大小应比移栽根最大直径大 10～15cm。

（4）刨根　刨根时间可选在早春土壤化冻能刨入土层时进行，也可在秋季树木落叶时进行。长白山区一般在 9 月底至 11 月初采挖最适合。刨根时首先用食指和中指顺其老株底部晃动判断根的方向，然后距离根茎 30cm 用镐垂直于地面刨下。斜刨或在距根茎近的地方刨都会伤到根茎嫩芽，导致成活率低及长势弱，如果多个根茎簇拥到一起的可全部连根刨出，然后再分根栽培。

（5）栽植　野生薇菜一年四季均可移栽成活，以春栽或秋栽为主。按株距 20cm、行距 40cm 的规格挖穴定植，每 667$m^2$ 栽 3000 穴左右。在栽植穴底部施一些腐殖土，将根植入，埋土，露出芽部，踩实，再搂上树叶、草叶覆盖即可。

**3. 田间管理**

（1）遮阴　薇菜生长最适郁闭度为 0.5～0.6，郁闭度过高可割除部分灌丛或杂草，郁闭度过低可覆盖一定的遮阴物。可在周围种植高秆植物作遮阴物，有利于薇菜生长。入冬前用枯草、落叶覆盖御寒，使其安全越冬。

（2）除草　保持栽植穴范围内无杂草。每年植株萌动发芽前 15～20 天进行一次中耕除草。另外，薇菜的叶片具有从生长锥下部向上互生，逐渐裸露出生长锥及部分根系的习性，因此应在每年收园后进行一次根部培土，培养壮苗和促早发棵。

（3）浇水施肥　薇菜生长喜湿润环境，应保持土壤湿润，有条件的场地适当浇水，可获显著增产效果。但在多雨季节也应及时排水。秋季可在根茎周围施腐熟的农家肥，可以提高其越冬抗寒能力，增加翌年产量。每3年要深施一次农家肥做底肥。

**4. 繁殖方式**

（1）无性繁殖　主要是分株繁殖，秋季10～11月或春季2～3月，将根状茎挖出，将其切分为两份，每份带根带叶，以利成活。在分株时应注意不要伤到根状茎中孕育的幼芽。分株繁殖速度较慢，一般只用于引种。

（2）有性繁殖　即孢子繁殖法。这种方法通过采集野生孢子播种进行繁殖，繁殖速度快，但生长周期较长，需要4～5年才能长成生产用株。

**5. 病虫害防治**

薇菜生育期间易受叶蜂夜蛾、小菜蛾等幼虫危害，应经常检查及时防治。可用5%抑太保2000倍液，或1.8%虫螨光2000倍液，或5%锐劲特1500倍液，或10%除尽1000倍液，或52.5%农地乐1500倍液喷雾。

**6. 采收及加工**

薇菜食用部分是刚出土不久的鲜嫩叶柄，它速生易老。一般适宜采收的幼嫩期只有4～7天，错过时期，即老化不能食用，采收早了降低产量。采收适期是顶端盘状，叶子要散而未散。一般嫩条长到20～27cm长即可采摘，采摘时要采粗壮、呈紫红色嫩条。注意病株不采、细条不采、纯黑不采、头呈球形的母条不采，采摘1～2次追一次肥，每次采后间隔3～5天又可采摘。采摘拿回后及时将头部茸毛去掉，并粗细分开。

抢烫。将水烧开，然后把粗细分开的薇菜分次倒入开水中，让开水全部浸没，不翻不盖，水烧至又开时，迅速翻一下个儿，则快速捞起，均匀摊开晾晒，晴天3小时左右，阴天半天以上，薇菜不变红色不翻动，基本上全红了才开始揉搓。

揉搓。把颜色变红、表面已发干的薇菜收成一堆，顺一个方向进行揉搓。每隔 1 小时搓一次，共需 6 次。揉搓时，开始轻揉，防止碎断，然后逐渐加重力气，边揉边拣掉不起皱纹的老梗和青条。

干燥。干燥薇菜以晴天最为理想，夜晚和下雨天要用木炭火烘烤，烤时严防烟蒸和温度过高，优质薇菜干呈紫红色、卷曲好、皱纹密、有弹性，包装即可供上市和出口。

## 第十五节　皂荚

**一、拉丁文学名**：*Gleditsia sinensis* Lam.

**二、科属分类**：豆科皂荚属

**三、别名**：皂荚树、皂角、猪牙皂、牙皂

**四、植物学形态特征**

落叶乔木或小乔木，高可达30m；枝灰色至深褐色；刺粗壮，圆柱形，常分枝，多呈圆锥状，长达16cm。叶为一回羽状复叶，长10～26cm；小叶2～9对，纸质，卵状披针形至长圆形，长2～12.5cm，宽1～6cm，先端急尖或渐尖，顶端圆钝，具小尖头，基部圆形或楔形，有时稍歪斜，边缘具细锯齿，上面被短柔毛，下面中脉上稍被柔毛；网脉明显，在两面凸起；小叶柄长1～5mm，被短柔毛。花杂性，黄白色，组成总状花序；花序腋生或顶生，长5～14cm。被短柔毛；雄花：直径9～10mm；花梗长2～10mm；花托长2.5～3mm，深棕色，外面被柔毛；萼片4，三角状披针形，长3mm，两面被柔毛；花瓣4，长圆形，长4～5mm，被微柔毛；雄蕊8(6)；退化雌蕊长2.5mm。两性花：直径10～12mm；花梗长2～5mm；萼、花瓣与雄花的相似，萼片长4～5mm，花瓣长5～6mm；雄蕊8；子房缝线上及基部被毛（偶有少数湖北标本子房全体被毛），

柱头浅2裂；胚珠多数。荚果带状，长12～37cm，宽2～4cm，劲直或扭曲，果肉稍厚，两面鼓起，或有的荚果短小，多少呈柱形，长5～13cm，宽1～1.5cm，弯曲作新月形，通常称猪牙皂，内无种子；果颈长1～3.5cm；果瓣革质，褐棕色或红褐色，常被白色粉霜；种子每荚内多颗，长圆形或椭圆形，长11～13mm，宽8～9mm，棕色，光亮。

## 五、生境

产河北、山东、河南、山西、陕西、甘肃、江苏、安徽、浙江、江西、湖南、湖北、福建、广东、广西、四川、贵州、云南等省区。生于山坡林中或谷地、路旁，海拔自平地至2500m。常栽培于庭院或宅旁。

## 六、花果期

花期3～5月；果期5～12月。

## 七、采集时间

10月采种。

## 八、营养水平

皂荚仁含多种氨基酸和维生素，属高能量、高碳水化合物，低蛋白、低脂肪食品。

## 九、食用方式

煮皂荚仁加冰糖甜食；皂荚仁可以加工成糯米粥、八宝粥食用；皂荚仁配以樱桃、菠萝、芒果等水果可以加工成不同风味的果味冷食。排骨炖汤和其他煮制品中加入皂荚仁，味道鲜美，营养价值高。

## 十、药用价值

种子入药，祛痰通窍；枝刺药用，能消肿排脓、杀虫、治癣。

## 十一、栽培方式

### 1. 栽培季节时间

春季播种。

**2. 播种技术**

(1) 育苗苗圃地的选择 选择好苗圃地是培育壮苗的关键，要选择土层深厚土壤湿润肥沃的沙壤土，具备较好灌溉排水条件，交通比较便利的地方做苗圃地。

(2) 整地做床 育苗前要进行细致整地，先在秋季深翻1次，白地越冬，播种前再翻1次耙平，并结合整地施足基肥，每公顷施有机肥4.5万～7.5万千克。整细耙平后筑成平床或高床，淮北以平床为主，淮南以高床为好。平床宽1.2～1.5m，长度以地形及管理方便而定；高床床面宽1m，高25～30cm，长度不限，以方便耕作为宜，床间步道30～35cm。

(3) 播种 一般采取春季播种。由于皂荚种皮较厚，吸水困难，播种前必须进行种子处理和催芽，其方法：在播种前7天进行温水浸种，第1次浸种水温在60～70℃，以后水温在40℃左右，1天浸2次，每次浸完将水倒掉，共浸7天。当种子有20%～30%裂嘴时即可取出播种，也可采取机械摩擦或化学药剂处理的方法促使种皮吸水。平床、高床均采用条播，平床的播种行可以与床的长度平行，高床播种行可以与床的长度垂直、也可平行，但以垂直为好，便于管理。行距20～25cm，每米长播种15～20粒，播种300kg/$hm^2$左右，开沟播入后覆土3～5cm。

**3. 田间管理措施**

在苗圃中生长的皂荚，科学的水肥管理尤为重要。每年4月初可施用1次尿素，6月初施用1次三要素复合肥，8月中旬施用1次磷钾复合肥，秋末结合浇冻水施用1次经腐熟发酵的牛马粪，用量为每亩4000kg。3月中旬，移栽后要浇好头三水。此后每月浇1次透水，7～8月为降水丰沛期，可少浇水或不浇水，大雨后应及时将积水排出。秋末浇足浇透封冻水。翌年早春3月浇好解冻水，其余时间按前一年的方法浇水。

**4. 繁殖方式**

种子繁殖。

**5. 种子收集**

每年10月采种，采收的果实放置于光照充足处晾晒，晒干后用木棍敲打，将果皮去除，然后进行风选，种子阴干后放置于干净的布袋中储藏。

**6. 病虫害防治**

常见病害有煤污病、白粉病。这两种病害都需要加强水肥管理，特别是不能偏施氮肥，要注意营养平衡。在日常管理中，要注意株行距不能过小，树冠应保持通风透光，还应注意防治蚜虫、介壳虫。如果有煤污病发生，可用43%好力克悬浮剂3000倍液进行喷雾，每隔7天1次，连续喷洒3～4次可有效控制住病情。如有白粉病发生，可用25%粉锈宁可湿性粉剂1500倍液进行喷雾，每隔7天1次，连续喷3次可有效控制住病情。

虫害主要有皂荚幽木虱、日本长白盾蚧、桑白盾蚧、含羞草雕蛾、皂荚云翅斑螟、宽边黄粉蝶。如有皂荚幽木虱为害，可在若虫期向嫩叶喷洒3%高渗苯氧威乳油3000倍液或12%苦烟乳油1000倍液进行防治。如有日本长白盾蚧、桑白盾蚧为害，可在冬季对植株喷洒3～5波美度石硫合剂，杀灭越冬蚧体。若虫孵化盛期喷洒95%蚧螨灵乳剂400倍液，20%速克灭乳油1000倍液进行杀灭。如果有含羞草雕蛾为害，可用黑光灯诱杀成虫。初龄幼虫期喷洒1.2%烟参碱1000倍液或10%吡虫啉可湿性粉剂2000倍液进行杀灭。如有皂荚云翅斑螟发生，可用黑光灯诱杀成虫，在幼虫发生初期喷洒3%高渗苯氧威乳油3000倍液进行杀灭。如有宽边黄粉蝶为害，可用100亿个孢子/mL的Bt乳剂500倍液杀灭幼虫，用黑光灯诱杀成虫。

**7. 采收及加工**

采种时要选择树干通直、生长较快、发育良好、种子饱满、最好是30～100年生盛果期的壮龄母树，于10月份采种，种子采收后不要堆放，以免发热腐烂，降低种子质量。荚果采后要摊开曝晒，晒干后，将荚果砸碎或用石碾压碎，筛去果皮，进行风选，即得净种，种子阴干后，装袋干藏，注意防止病虫害。

## 第十六节　草木犀

**一、拉丁文学名：** *Melilotus officinalis*（L.）Pall.

**二、科属分类：** 豆科草木犀属

**三、别名：** 铁扫把、败毒草、省头草、香马料

**四、植物学形态特征**

二年生草本，高 50～120cm。茎直立，粗壮，多分枝，具纵棱，微被柔毛。羽状三出复叶；托叶镰状线形，长 3～5mm，中央有 1 条脉纹，全缘或基部有 1 尖齿；叶柄细长；小叶倒卵形、阔卵形、倒披针形至线形，长 15～30mm，宽 5～15mm，先端钝圆或截形，基部阔楔形，边缘具不整齐疏浅齿，上面无毛、粗糙，下面散生短柔毛，侧脉 8～12 对，平行直达齿尖，两面均不隆起，顶生小叶稍大，具较长的小叶柄，侧小叶的小叶柄短。总状花序长 6～20cm，腋生，具花 30～70 朵，初时稠密，花开后渐疏松，花序轴在花期中显著伸展；苞片刺毛状，长约 1mm；花长 3.5～7mm；花梗与苞片等长或稍长；萼钟形，长约 2mm，脉纹 5 条，甚清晰，萼齿三角状披针形，稍不等长，比萼筒短；花冠黄色，旗瓣倒卵形，与翼瓣近等长，龙骨瓣稍短或三者均近等长；雄蕊筒在花后常宿存包于果外；子房卵状披针形，胚珠 4～8 粒，花柱长于子房。荚果卵形，长 3～5mm，宽约

2mm，先端具宿存花柱，表面具凹凸不平的横向细网纹，棕黑色；有种子1～2粒。种子卵形，长2.5mm，黄褐色，平滑。草木犀在土地平坦、土层厚、又较湿润的地方生长旺盛，长期种植能改良土壤、增加土壤的有机质和肥力，抗干旱和寒冷的能力也较强。

## 五、生境

我国产于东北、华南、西南各地，其余各省常见栽培。生于山坡、河岸、路旁、砂质草地及林缘。欧洲地中海东岸、中东、中亚、东亚均有分布。

## 六、花果期

花期5～9月，果期6～10月。

## 七、采集时间

当植株上有三分之二荚果变成黑褐色或黄色，下部种子变硬时，便可采收。草木犀的适宜收割时期是在茎高50cm左右，此时收割营养物质产量高，根部养分已蓄积到一个相当高的水平，再生良好。收割过早（现蕾前），草木犀蛋白质含量高，饲用价值大，但产量较低且减少根部养分的积贮，影响后期生长。收割过迟，草质粗老，饲用价值低且茎基部长出大量新枝，一次收割前后两批茎秆，老嫩不齐，调剂困难。另外，收割时期也可根据具体情况而定，青饲的宜早，制干草的可稍晚，作猪禽饲料的较作牛、羊饲料的早。收割时应留茬10cm左右，以利再生。

## 八、营养水平

鲜草含水分80%左右，氮0.48%～0.66%，磷酸0.13%～0.17%，氧化钾0.44%～0.77%。生长第一年的风干草，含水分7.37%、粗蛋白17.51%、粗脂肪3.17%、粗纤维30.35%、无氮浸出物34.55%、灰分7.05%。在低产地区与粮食作物轮种。又因花蜜多，还是很好的蜜源植物。秸秆可作燃料。草木犀种子中蛋白质及糖含量较高，可将其磨面煮熟或生喂饲牲畜，是优质饲料原料。由于草木犀具有多种用途和抗逆性强、产量高的特点，被誉为“宝贝草”。

## 九、药用价值

清热解毒，杀虫利小便。治皮肤疤、丹风、赤白痢、淋病。

## 十、栽培方式

### 1. 品种选择

可以选择白花草木犀、细草木犀、细齿草木犀（原亚种）、西伯利亚草木犀（亚种）、印度草木犀。

### 2. 栽培季节时间

北方地区适宜春播或夏播，春播宜早（土壤解冻7～10cm厚即可播种），免受早春干旱的影响和杂草的危害，根系发育好有利于安全越冬。河北省适宜播期在5月末至6月初，这时整地可将发芽的杂草除去，减少对幼苗的危害，且进入雨季可对幼苗生长提供很好的温度、光照、水分条件，管理好可霜后放牧。

### 3. 播种技术

草木犀对土壤要求不严格，耐瘠薄、抗旱、抗碱能力较强，退耕还牧地、草田轮作地和闲圃隙地等均可种植，在含氯盐0.2%～0.3%的土壤上能正常生长发育。草木犀种子小，出土力弱，根入土较深，整地宜深耕细耙，地平土碎后播种。

（1）种子处理　新鲜草木犀种子有硬实特性，硬实率在40%～60%，播前应将种子与沙混合揉搓或用石碾擦伤种皮，使其容易吸水且发芽快而整齐。在整地时间充裕的条件下，可秋冬播种，利用第二年春季冻融交替的温度变化而破坏硬实种皮，提高发芽率。

（2）播种期　北方地区适宜春播或夏播，春播越早越好（在表土解冻7～10cm后播种），尽早播种，尽早出苗，以免受早春干旱和杂草危害，而且根部能发育健全，利于安全越冬。

（3）播种量　条播播量为11.25～18.75kg/$hm^2$，作为采收种子用的播量为7.5～15.0kg/$hm^2$为宜。

（4）播种方法　条播、撒播、点播均可。条播行距：收草的为

20～30cm；收种的为45～50cm，播深2～3cm；干旱地区可采用开深沟浅覆土的方法，播后要镇压。

**4. 田间管理措施**

在旱地播种的草木樨，由于苗期生长缓慢，易受杂草侵害，因此必须及时中耕除草，消灭草荒。草木樨一般不用施氮肥，通常每公顷施磷肥225～300kg。稻田播种的草木樨，晚稻收割时应留禾茬高20～27cm，以便遮阳护苗。水稻收割后应补开排水沟，每3m开1条沟排水。土壤过于干燥可灌跑马水，生长期间保持土壤湿润。

**5. 繁殖方式**

种子繁殖。

**6. 种子收集**

一般以头茬留种较好，当植株上有三分之二荚果变成黑褐色或黄色，下部种子变硬时，便可采收。

**7. 病虫害防治**

草木樨的主要病虫害有白粉病、锈病、根腐病、象鼻虫、蚜虫和豆芫菁。草木樨病虫害的防治有以下几种方法。

（1）白粉病　白粉病主要危害叶片，叶片会变成黄褐色而枯死。防治可在发病初期喷施65%福美锌300～500倍液。

（2）锈病　对于锈病，可用0.5波美度的石硫合剂或敌锈钠200倍液，在开始发病时喷施一次，隔7～10天再喷一次。使用敌锈钠时可在每50kg药液中加50～100g洗衣粉，效果较好。

（3）根腐病　根腐病的防治主要靠栽培管理。可注意草木樨根颈部的防护，防止产生各种伤口。另外，用五氯硝基苯拌种杀菌可减轻发病率。

（4）象鼻虫　象鼻虫的为害盛期是4月末至5月初，以早晨和晚上活动最为旺盛。可用2%杀螟松粉剂，每亩喷2～2.5kg，有较好效果。

（5）蚜虫　蚜虫多发生在夏季，特别在高温干旱的年份里为害严重，可在蚜虫发生初盛期，用10%吡虫啉粉剂3000倍液或者用 3% 啶虫脒乳油 2000～2500 倍液喷雾，杀蚜速效性好。

（6）豆芫菁 豆芫菁主要为害叶和嫩茎，为害期通常是 6 月下旬至 7 月上旬。可喷 2% 敌百虫或 2% 杀螟松粉剂防治。

**8. 采收**

在双季稻田播种的草木犀不宜留种，以免影响下茬的安排。一般是利用空隙地或零星旱地种植留种。草木犀花期较长，长达 30 天以上，种子成熟不一致，老熟荚果易脱落。一般以 70% 的荚果变褐或黄褐色时，于晴天早晨露水未干时收割运回，并及时晒干脱粒为好。

# 第十七节　苜蓿

**一、拉丁文学名：**Medicago sativa L.

**二、科属分类：**豆科苜蓿属

**三、别名：**紫苜蓿、草头、金花菜、黄花苜蓿、母鸡头

**四、植物学形态特征**

多年生草本，高30～100cm。根粗壮，深入土层，根颈发达。茎直立、丛生以至平卧，四棱形，无毛或微被柔毛，枝叶茂盛。羽状三出复叶；托叶大，卵状披针形，先端锐尖，基部全缘或具1～2齿裂，脉纹清晰，叶柄比小叶短；小叶长卵形、倒长卵形至线状卵形，等大，或顶生小叶稍大，长（5）10～25（40）mm，宽3～10mm，纸质，先端钝圆，具由中脉伸出的长齿尖，基部狭窄，楔形，边缘三分之一以上具锯齿，上面无毛，深绿色，下面被贴伏柔毛，侧脉8～10对，与中脉成锐角，在近叶边处略有分叉；顶生小叶柄比侧生小叶柄略长。花序总状或头状，长1～2.5cm，具花5～30朵；总花梗挺直，比叶长；苞片线状锥形，比花梗长或等长；花长6～12mm；花梗短，长约2mm；萼钟形，长3～5mm，萼齿线状锥形，比萼筒长，被贴伏柔毛；花冠颜色：淡黄、深蓝至暗紫色，花瓣均具长瓣柄，旗瓣长圆形，先端微凹，明显较翼瓣和龙骨瓣长，翼瓣较龙骨瓣稍长；子房线

形，具柔毛，花柱短阔，上端细尖，柱头点状，胚珠多数。荚果螺旋状紧卷 2～4（6）圈，中央无孔或近无孔，径 5～9mm，被柔毛或渐脱落，脉纹细、不清晰，熟时棕色；每荚果有种子 10～20 粒。种子卵形，长 1～2. 5mm，平滑，黄色或棕色。

## 五、生境

苜蓿性喜冷凉气候，耐寒性较强，能露地越冬。在温度 17℃以上和 10℃以下植株生长缓慢，生长适温为 12～17℃，在－5℃低温下叶片受冻，春天气温回升后又萌芽生长，对土壤适应性较强，但以富含有机质、保水保肥的黏土或冲积土为宜。中性土壤种植为好。

## 六、营养水平

苜蓿是我国南方各省重要绿肥作物之一，嫩茎叶作为绿叶蔬菜供食，营养丰富，胡萝卜素含量高于胡萝卜，维生素 $B_2$ 含量在蔬菜中是最高的。每百克食用部分含有蛋白质 4. 2g，脂肪 0. 4g，糖类 4. 2g，粗纤维 1. 7g，胡萝卜素 3. 48mg，维生素 $B_2$ 0. 22mg，维生素 C 85mg，钙 168mg，磷 68mg，铁 4. 8mg。苜蓿还含有植物皂素，它能和人体胆固醇结合，促使其增加排泄，从而降低胆固醇含量，有利于冠心病的防治。菜苜蓿炒食为主，亦可腌制，其味鲜美，是一种产量高、品质好的蔬菜。我国以长江一带栽培较多，西北陕、甘、宁等地区也有少量栽培。

## 七、药用价值

作为中药材使用豆科植物苜蓿地上部分。该药材性平，味苦、涩，无毒。具有以下药理作用。研究表明，苜蓿皂苷同胆固醇形成复合物，有助于降低动物血清胆固醇含量。紫苜蓿具有消炎，抗霉菌真菌作用。苜蓿皂苷作为昆虫的驱散剂具有特殊的活性，通过对害虫的毒杀作用而保护植物不受破坏。苜蓿中的活性多糖有增强免疫功能和抗菌感染的作用。

## 八、栽培方式

### 1. 栽培季节时间

春秋两季露地栽培，冬季大棚栽培。

**2. 播种技术**

苜蓿生产都采用田间直播，播种前耕翻整地、施足基肥、清沟理畦、做成平畦或高畦、畦宽 1.5～2m，整平耙细即可播种。播种一般采用撒播法，先将种子均匀撒在畦面上，播后用齿耙搂均匀，在用脚踏实畦面，使种子与土层充分接触，不留空隙。播种后每天早晚各浇水一次，保持土壤湿度，保证种子出苗和生根。种子播种后一般情况下 4～5 天即可出苗，出苗后要每天浇水一次，6～7 天后停止浇水。

苜蓿种子生命力短、出芽率低，播种时要适当加大播种量，确保全苗。早秋晚春播种时，因气温较高，土壤干旱，出苗率低，每 667$m^2$ 需用种 50～60kg；晚秋及早春播种，气温适宜，出苗率高，每 667$m^2$ 播种量需 10～30kg。

**3. 田间管理措施**

（1）整地做畦　菜苜蓿为浅根系蔬菜，种植田块应选择前茬未种过豆科类作物、土壤肥沃、排灌方便、保水保肥力强的土地。前茬腾茬后，通常深耕 15～20cm，晒垡或冻垡，每 667$m^2$ 施入腐熟农家肥 2000～3000kg 或施腐熟粪肥 1000kg，也可用菜叶专用复合肥 500～1000kg，整翻做畦。畦宽 1.5～3m，沟宽 30cm，沟深 25cm，四周设排水沟。如大棚栽培以棚内宽而定畦宽，棚内不作深沟。整地做畦后即可播种。

（2）肥水管理　播种后每天早晚浇水一次，促进提早出苗。尤其是早秋晚春播种的，出苗前不能断水，出苗后每天浇水一次，6～7 天后可停止浇水，生长后期根据土壤墒情及时浇水排水。秋季八九月高温干旱天气，可采用傍晚和夜间沟灌或喷灌。齐苗一周后约两片真叶时，可采用 5% 尿素水溶液或腐熟稀粪水追肥一次。以后每次收割后用上述肥料追肥一次，以促进其尽快恢复生长，但注意不可在收割后立即追肥，否则容易引起植株感染腐烂，一般在采收两天后进行。秋冬栽培可视苗情增施适量磷钾肥，均匀薄施，改良品质，提高耐寒性，护苗越冬。

（3）温度管理　为保证播种后的快苗全苗，有条件的春季播种后可用无纺布或旧农膜适当覆盖，增温保湿，浇水时揭开，齐苗后揭除。秋季播种时可用遮阳网浮面覆盖，降温、保湿、促全苗，待出苗达 60% 以上时，于傍晚揭除遮阳网。冬季栽培在霜冻来临前，也可采用无纺布或旧农膜覆盖保温。保护地促成栽培的，夏秋 7～9 月可用遮阳网遮盖降温，秋冬季一般在 10 月下旬到 11 月上旬覆膜，12 月上旬棚内再用无纺布或旧农膜进行浮面覆盖。

**4. 种子收集**

(1) 收集时间　一般应在 70%～80% 荚果变成褐色时及时采收。面积较大的连片生产田由于土壤条件和管理措施存在差异，可能导致不同片区种子成熟期不一致，此时，应先收获成熟较早的片区，减少成熟种子的落粒损失。收获时间要考虑收获方式的差异。当使用作业效率较高的联合收割机收获时，可在最佳收获时期采收；而使用小型割草机或人工采收时，作业效率较低，应适当提前收获时间。收获时间还需要兼顾气象条件。降雨会降低种子质量，增加采收作业难度，应尽可能避免雨季收种。可根据天气预报适当提前或推后收获时间。

(2) 收集方法　采收苜蓿种子一般可用联合收割机、割草机或人工采收。使用联合收割机收获时，可在收割前 3～5 天对植株喷洒干燥剂进行干燥处理。干燥剂为接触性除莠剂，如敌草快、敌草隆、利谷隆等。采收应在无露无雾、晴朗干燥的时候进行，这样种子易于脱粒，减少收获损失。目前国内的联合收割机大多数不是专业的牧草种子收获机械，因此，收获苜蓿种子时应对相关参数进行适当调整，降低采收过程中的损失。

(3) 种子干燥　刚收获的种子必须立即进行干燥。应充分利用较好的天气条件进行曝晒或摊晾，晾晒场地以水泥晒场为好。晾晒的种子应摊成波浪式，厚度不超过 5cm，并适时翻动。如收获后天气潮湿，应使用专用的干燥设备进行人工干燥，如火力滚动烘干机、烘干塔、蒸汽干燥机等。烘干温度保持在 30～40℃。

使用专业牧草种子清选机对干燥后的种子进行清选，要在尽可能减少净种子损失的前提下，除去种子中的混杂物或其他植物种子。常用的清选方法有风筛清选、比重清选、窝眼清选和表面特征清选等。常用设备有气流筛选机、比重清选机、窝眼盘分离器和螺旋分离机等。

(4) 收获后的种子田管理　种子收获后，应及时清除田间的枯秆。对于植株密度过大（大于25株/$m^2$）的种子田，应进行行内疏枝。行距60cm时，每隔30cm耕除行内30cm长度范围内的植株。根据种子田的土壤养分状况，适量施入磷肥、钾肥等肥料。入冬前要灌足冬水。

**5. 病虫害防治**

(1) 虫害及其防治　苜蓿的虫害主要有苜蓿夜蛾、黏虫、草地螟、蝗虫等。防治方法：在幼虫3龄前防治效果最佳。2.5%敌百虫粉剂或5%马拉硫磷粉剂，用量为每亩2～2.5kg；50%辛硫磷乳油4000～5000倍液，90%敌百虫原药1000～1500倍液，50%西维因可湿性粉剂200～300倍液喷雾。适期刈割，在黏虫产卵高峰至卵孵化盛期，抓紧一次刈割或重度放牧利用，可避免或减轻黏虫危害。

(2) 主要病害及其防治　苜蓿染病后叶片出现病斑甚至脱落，茎叶枯黄，植株萎蔫，产量下降，可利用年限缩短。因此，掌握苜蓿病害的发病规律，制定合理的预防措施，不仅能改善苜蓿的生长、提高牧草的品质，还能显著降低生产成本、提高生产效益。苜蓿主要病害及防治方法如下。褐斑病又称普通叶斑病，是苜蓿常见的一种病害，在各地均可发生。其病原菌是假盘菌属苜蓿假盘菌，病斑发生在叶片上，呈褐色，近圆形，直径0.5～2mm，边缘不整齐，发病时叶片变黄，严重时大量脱落，造成苜蓿产量下降，可利用年限减少。在发病季节到来前喷洒70%代森锰锌600倍液、75%百菌清500～600倍液或50%多菌灵可湿剂500～1000倍液进行防护。发病后，可以喷洒世高500～1000

倍液进行防治，若病害发生严重，应提早刈割，以减少病害的传播。白粉病是由白粉菌属鞑靼内丝白粉菌引起，在干燥的灌溉区发病严重。当植株的叶片、叶柄、茎或荚果受到侵染时，会出现白色粉霉，除选择合适的抗病品种外，还应该做到合理施肥，减少氮肥的用量，适当增加磷、钾肥的供应。在病害发生季节提前喷洒40%灭菌丹可湿性粉剂600～800倍液或15%粉锈宁1000倍液做好预防，在病害发生时用世高500～1000倍液进行防治。

**6. 采收**

苜蓿是一次播种多次采收的作物，一般出苗后26～30天开始采收，每当叶片长大就应及时采收，收割时一般用割刀割叶片，注意使叶片留得短而整齐，使以后的采收容易并有利于产量提高。早秋播种的，一个月后即可收割，共采收四次，每667m$^2$可采收1000kg鲜叶。晚秋播种后，只收割三次，每667m$^2$可采收500kg鲜叶左右。晚春播种的，七月上旬至下旬收割两次，每667m$^2$可采收40kg鲜叶左右。优良的菜苜蓿产品，要求叶柄不能过长，叶片肥大平展，叶肉厚，叶色深绿，无病虫害及人为机械损伤。

菜苜蓿属绿叶蔬菜，产品器官柔嫩，收割后应及时摊开在室内阴凉处，堆放高度不超过20cm。做短暂保存的，应整理后放入筐中或袋中，放于温度0℃、相对湿度75%的条件下贮存。做长期储运的，产品应贮藏在5℃的冷藏库中1～2小时后才可装入容器，同时加冰屑降温，之后装集装箱冷藏外运。包装容器应整洁干燥、牢固美观、无污染、无异味、无虫蛀、无腐烂、无霉变。包装标签要清晰完整，根据相关要求标明相关指标。运输工具整洁无污染，装运时做到轻装轻卸，严防机械损伤，运输途中严防日晒、雨淋，严禁与有毒有害物质混装。

## 第十八节 益母草

**一、拉丁文学名：**Leonurus artemisia（Laur.）S. Y. Hu

**二、科属分类：**野芝麻亚科益母草属

**三、别名：**益母蒿、益母艾、红花艾、坤草、野天麻、玉米草、灯笼草、铁麻干

**四、植物学形态特征**

一年生或二年生草本，有其上密生须根的主根。茎直立，通常高30～120cm，钝四棱形，微具槽，有倒向糙伏毛，在节及棱上尤为密集，在基部有时近于无毛，多分枝，或仅于茎中部以上有能育的小枝条。叶轮廓变化很大，茎下部叶轮廓为卵形，基部宽楔形，掌状3裂，裂片呈长圆状菱形至卵圆形，通常长2.5～6cm、宽1.5～4cm，裂片上再分裂，上面绿色，有糙伏毛，叶脉稍下陷，下面淡绿色，被疏柔毛及腺点，叶脉突出，叶柄纤细，长2～3cm，由于叶基下延而在上部略具翅，腹面具槽，背面圆形，被糙伏毛；茎中部叶轮廓为菱形，较小，通常分裂成3个或偶有多个长圆状线形的裂片，基部狭楔形，叶柄长0.5～2cm；花序最上部的苞叶近于无柄，线形或线状披针形，长3～12cm，宽2～8mm，全缘或具稀少牙齿。轮伞花序腋生，具8～15花，

轮廓为圆球形，径 2～2.5cm，多数远离而组成长穗状花序；小苞片刺状，向上伸出，基部略弯曲，比萼筒短，长约 5mm，有贴生的微柔毛；花梗无。花萼管状钟形，长 6～8mm，外面有贴生微柔毛，内面于离基部 1/3 以上被微柔毛，5 脉，显著，齿 5，前 2 齿靠合、长约 3mm，后 3 齿较短、等长、长约 2mm，齿均宽三角形，先端刺尖。花冠粉红至淡紫红色，长 1～1.2cm，外面于伸出萼筒部分被柔毛，冠筒长约 6mm，等大，内面在离基部 1/3 处有近水平向的不明显鳞毛毛环，毛环在背面间断，其上部多少有鳞状毛，冠檐二唇形，上唇直伸，内凹，长圆形，长约 7mm，宽 4mm，全缘，内面无毛，边缘具纤毛，下唇略短于上唇，内面在基部疏被鳞状毛，3 裂，中裂片倒心形，先端微缺，边缘薄膜质，基部收缩，侧裂片卵圆形，细小。雄蕊 4，均延伸至上唇片之下，平行，前对较长，花丝丝状，扁平，疏被鳞状毛，花药卵圆形，二室。花柱丝状，略超出于雄蕊而与上唇片等长，无毛，先端相等 2 浅裂，裂片钻形。花盘平顶。子房褐色，无毛。小坚果长圆状三棱形，长 2.5mm，顶端截平而略宽大，基部楔形，淡褐色，光滑。

## 五、生境

产我国各地。生长于多种生境，尤以阳处为多，海拔可高达 3400m。俄罗斯、朝鲜、日本，亚洲热带、非洲以及美洲各地有分布。

## 六、花果期

花期通常在 6～9 月，果期 9～10 月。

## 七、采集时间

3 月中下旬播种的，鲜益母草于 7 月上、中旬收获；8 月下旬或 9 月上旬播种的，12 月下旬至 1 月上旬收获。

## 八、营养水平

含益母草碱、水苏碱、益母草定、益母草宁、亚麻酸、$\beta$-亚麻酸、月桂酸、油酸、苯甲酸、芸香苷、延胡索酸、甾醇、维生素A等。此外亦含精氨酸、4-胍基-1-丁醇、4-胍基-丁酸、水苏糖。可提取得到五种结晶物质，两种为生物碱，即益母草碱甲、乙，三种为非生物碱，即益母草素甲、乙、丙。

## 九、药用价值

全草入药，有效成分为益母草素（Leonurin），内服可使血管扩张而使血压下降，并有颉颃肾上腺素的作用，可治动脉硬化性和神经性的高血压，又能增加子宫运动的频度，为产后促进子宫收缩药，并对长期子宫出血而引起衰弱者有效，故广泛用于治妇女闭经、痛经、月经不调、产后出血过多、恶露不尽、产后子宫收缩不全、胎动不安、子宫脱垂及赤白带下等症。据国内报道近年来益母草用于治疗肾炎水肿、尿血、便血、牙龈肿痛、乳腺炎、丹毒、痈肿疔疮均有效。嫩苗入药称童子益母草，功用同益母草，并有补血作用。花治贫血体弱。种子称茺蔚、三角胡麻、小胡麻，尚有利尿、治眼疾之效，亦可用于治肾炎水肿及子宫脱垂。白花变型功用同益母草。

## 十、栽培方式

### 1. 品种选择

该品种有红花益母草和白花益母草之分，其中白花益母草是花瓣白色、茎基部均为绯紫色的变种。其功效和用途与红花益母草相同。

### 2. 栽培季节时间

益母草在春、夏、秋均可播种。春播者在2～4月，产量最高；夏播者在6～7月，产量最少；秋播在低温地区进行，一般9～10月播种。

### 3. 播种技术

（1）选地整地　播种前整地，要求将耕层耙平整细。对土肥水和大气环境进行评估检测，选择符合国家无公害标准的地块种植。整地前施入底肥，每亩施堆肥或腐熟农家肥1500～2000kg作底肥，施肥后耕翻，耙细整平。条播者整地做畦，畦高20cm，设40cm宽排水沟。穴播者可不做畦，但也要根据地势，因地制宜地开好大小排水沟。

（2）播种 穴播者每亩一般备种400～450g，条播者每亩备种500～600g。早熟益母草秋播、春播、夏播均可，冬性益母草必须秋播。播种分条播、穴播和撒播，北方多选用条播。一般播种按行距33cm、穴距20cm、播深3～5cm，开穴播种覆盖浅土。

**4. 田间管理措施**

（1）间苗补苗 苗高5cm左右开始间苗，拔除弱苗、密苗，以后陆续进行2～3次，当苗高15～20cm时定苗。条播者采取错株留苗，株距在10cm左右；穴播者每穴留苗2～3株。间苗时发现缺苗，要及时移栽补植。

（2）中耕除草 春播者，中耕除草3次，分别在苗高5cm、15cm、30cm左右时进行；夏播者，按植株生长情况适时进行；秋播者，在当年幼苗长出3～4片真叶时进行第一次中耕除草，翌年再中耕除草三次，方法与春播相同。中耕除草时，耕翻不要过深，以免伤根；幼苗期中耕，要保护好苗，防止被土块压迫，更不可碰伤苗茎；最后一次中耕后，要培土护根。

（3）追肥浇水 每次中耕除草后要追肥一次，以施氮肥为佳，用尿素、硝酸铵、人畜粪尿均可，追肥时要注意浇水，切忌肥料过浓，以免伤苗。雨季雨水集中时要防止积水，应注意适时排水。每亩追施硝酸铵10kg或尿素5kg。人畜粪尿，每亩追施1000kg。

**5. 繁殖方式**

种子繁殖。

**6. 病虫害防治**

益母草在生长期内易发生白粉病和锈病。作食用栽培的植株不宜过多使用化学药剂，应以预防为主，或采用天然的植物制剂进行防治，如可用大蒜的浸出液防治白粉病，用烟草的浸出液杀灭地老虎等。观赏栽培的植株发生白粉病，可用50%多菌灵可湿性粉剂500～800倍液喷雾，锈病可用97%敌锈钠200倍液进行喷雾防治。虫害主要为地老虎、蚜虫。地老虎为害幼苗，可用90%敌百虫原药1500倍液进行灌浇毒杀。蚜虫为害植株，用10%吡虫啉粉剂3000倍液或者用3%啶虫脒乳油2000～2500倍液喷雾，杀蚜速效性好。

**7. 采收**

以生产全草为目的，应在枝叶生长旺盛、每株开花达三分之二时收获。收获时，在晴天露水干后，齐地割取地上部分。以生产种子为目的，则应待全株花谢、果实完全成熟后收获。鉴于果实成熟易脱落，收割后应立即在田间脱粒，及时集装，以免散失减产，也可在田间置打籽桶或大簸箕，将割下的全草放入，进行拍打，使易落的果实落下，株粒分开后，分别运回。

益母草收割后，及时晒干或烘干，在干燥过程中避免堆积和雨淋受潮，以防其发酵或叶变黄，影响质量。在田间初步脱粒后，将植株运至晒场放置3～5天后进一步干燥，再翻打脱粒，筛去叶片粗渣、晒干、风扬干净即可。

## 第十九节　沙棘

**一、拉丁文学名：** *Hippophae rhamnoides* L.

**二、科属分类：** 胡颓子科沙棘属

**三、别名：** 醋柳、黄酸刺、酸刺柳、黑刺、酸刺

### 四、植物学形态特征

落叶灌木或乔木，高1～5m，在高山沟谷可达18m。棘刺较多，粗壮，顶生或侧生；嫩枝褐绿色，密被银白色而带褐色鳞片或有时具白色星状柔毛，老枝灰黑色，粗糙；芽大，金黄色或锈色。单叶通常近对生，与枝条着生相似，纸质，狭披针形或矩圆状披针形，长30～80mm，宽4～10（13）mm，两端钝形或基部近圆形，基部最宽，上面绿色，初被白色盾形毛或星状柔毛，下面银白色或淡白色，被鳞片，无星状毛；叶柄极短，几无或长1～1.5mm。果实圆球形，直径4～6mm，橙黄色或橘红色；果梗长1～2.5mm；种子小，阔椭圆形至卵形，有时稍扁，长3～4.2mm，黑色或紫黑色，具光泽。

### 五、生境

产河北、内蒙古、山西、陕西、甘肃、青海、四川西部。常生于海拔800～3600m温带地区向阳的山脊、谷地、干涸河床地

或山坡，多砾石或沙质土壤或黄土上。我国黄土高原极为普遍。

## 六、花果期

花期4～5月，果期9～10月。

## 七、采集时间

9月至10月果实成熟，即可采收。

## 八、营养水平

沙棘鲜果中含有多种维生素、有机酸、葡萄糖、果糖、脂肪，尤以维生素的含量最高。

## 九、食用方式

沙棘鲜果可被加工成果冻、果酱、果汁、果酒、罐头等。

## 十、药用价值

如止咳化痰、健胃消食、活血散瘀等。

## 十一、栽培方式

### 1. 栽培季节时间

一般以4月播种为好，如果是移植，春、秋季均可。

### 2. 育苗技术

(1) 采种　一般沙棘在种植后4～5年开始结果，9月至10月果实成熟，长期不落，采种期较长。采种方法有两种：剪下果枝后，用石磙子将果实碾过，放入清水中浸泡24小时，揉去果肉果皮再用清水淘洗1次，除去杂质，晒干贮藏。或是在严冬，果实结冻时，用棍将果实打落，收集后捣碎果皮，加水搅拌，过滤晒干即可。果实出种率一般为7%～10%，种子千粒重9～10g，种子发芽率可达93%以上。

(2) 播种育苗　沙棘种子小，皮厚且硬，并附油脂状棕色胶膜，妨碍吸水，顶土能力差，育苗时应注意以下问题：①宜选择有灌溉条件的沙壤土作育苗地，切忌土壤黏重，旱地育苗需提前深翻整地，做好蓄水保墒工作。② 一般以4月播种为好，当

5cm 深处土层温度达 9～10℃时种子即可发芽，14～16℃时最为适宜。春播前要进行浸种催芽，用 40～60℃的温水浸种 24～48 小时，再混沙处理，待有 30%～40%的种子裂嘴时即可播种。③播前灌足底水，精细整地，种子覆土厚 2～3cm，条播行距 20～25cm，播种量 75～90kg/$hm^2$。④当年间苗 1～2 次。第 1 次在幼苗长出真叶后拔去并生株，第 2 次在第 1 次间苗后 15～20 天进行定苗。⑤1 年生幼苗灌水 4～5 次，及时松土除草，每年秋施基肥，春夏追施速效肥。

(3) **扦插育苗**　3 月中旬至 4 月上旬从健壮枝条上剪取长约 20cm、粗 0.5～1.0cm 的插穗，在流水中浸泡 4～5 天后进行扦插。1 年生插穗的成活率较低，以 2～3 年生的为好，成活率可达 98%。

(4) **栽植**　春、秋季均可栽植，由于沙棘苗发芽较早，春季宜早栽，一般土壤解冻 20～30cm 深时即可进行。苗木不宜过大，以 1～2 年生、高 0.3～1.0m 的苗木为好，根长保留 20～30cm，宜适当深栽，埋土一般要比原土印深约 5cm，也可栽后进行截干。

**3. 田间管理措施**

在沙棘开花和结果等需肥关键期应追施肥料，秋季果实采摘后也应施肥。沙棘生育期内追肥的氮、磷、钾施用比例为 1.2∶1∶1，秋季施肥应以农家肥为主。沙棘 1～3 龄应整枝修剪，控制树干不超过 0.5m 的高度，定干同时选留不同方位主枝。

**4. 病虫害防治**

沙棘抗性强，病虫害不严重。主要病虫害有沙棘果蝇、沙棘毒蛾、木蠹蛾、介壳虫、沙棘长眼金龟甲和沙棘煤污病等。防治方法：①加强抚育管理及时修枝，保持林内通风透光；②防治煤污病采用石硫合剂喷施，夏季用 0.5～1 波美度，冬季用 3～5 波美度，病情较轻时可人工清除病叶或挖除病株烧掉，以消灭病源；③对沙棘果蝇的防治，应在果蝇羽化前喷施 20%速灭杀丁乳油 5000～10000 倍液。

**5. 采收**

一般沙棘在种植后4～5年开始结果，9月至10月果实成熟，长期不落，采种期较长。果实干燥后可加工成各种产品，其中最主要的为沙棘茶和沙棘粉。在中国，沙棘嫩叶经过杀青、揉捻、炒制、自然回潮、复炒、分类和包装等加工工艺生产出的沙棘茶深受消费者所喜爱。

# 第二十节　板蓝根

板蓝根分为北板蓝根和南板蓝根，北板蓝根来源为十字花科植物菘蓝的根；南板蓝根为爵床科植物板蓝的根茎及根。

## 一、拉丁文学名

**北板蓝根**：*Isatis indigotica* Fortune（菘蓝）

**南板蓝根**：*Baphicacanthus cusia*（Nees）Bremek.（板蓝）

## 二、科属分类：十字花科菘蓝属（北板蓝根），爵床科板蓝属（南板蓝根）

## 三、别名：靛青根、蓝靛根、大青根、马蓝

## 四、植物学形态特征

**北板蓝根**：二年生草本，高 40～100cm；茎直立，绿色，顶部多分枝，植株光滑无毛，带白粉霜。基生叶莲座状，长圆形至宽倒披针形，长 5～15cm，宽 1.5～4cm，顶端钝或尖，基部渐狭，全缘或稍具波状齿，具柄；茎生叶蓝绿色，长椭圆形或长圆状披针形，长 7～15cm，宽 1～4cm，基部叶耳不明显或为圆形。萼片宽卵形或宽披针形，长 2～2.5mm；花瓣黄白，宽楔形，长 3～4mm，顶端近平截，具短爪。短角果近长圆形，扁平，无毛，边缘有翅；果梗细

长，微下垂。种子长圆形，长3～3.5mm，淡褐色。

**南板蓝根**：草本，多年生一次性结实，茎直立或基部外倾，稍木质化，高约1m，通常成对分枝，幼嫩部分和花序均被锈色、鳞片状毛。叶柔软，纸质，椭圆形或卵形，长10～20(25)cm，宽4～9cm，顶端短渐尖，基部楔形，边缘有稍粗的锯齿，两面无毛，干时黑色；侧脉每边约8条，两面均凸起；叶柄长1.5～2cm。穗状花序直立，长10～30cm；苞片对生，长1.5～2.5cm。蒴果长2～2.2cm，无毛；种子卵形，长3.5mm。

## 五、生境

**北板蓝根**：原产我国，全国各地均有栽培。

**南板蓝根**：我国产于广东、海南、香港、台湾、广西、云南、贵州、四川、福建、浙江。常生于潮湿地方。孟加拉国、印度东北部、缅甸、喜马拉雅等地至中南半岛均有分布。

## 六、花果期

**北板蓝根**：花期4～5月，果期5～6月。

**南板蓝根**：花期11月。

## 七、采集时间

在北方6月或8月苗高18～20cm时可收割2次叶子，晒干即为药用“大青叶”，在10月地上部枯萎后刨根。

## 八、营养水平

菘蓝根含靛蓝，靛玉红，蒽醌类，β-谷甾醇，γ-谷甾醇以及多种氨基酸如精氨酸，谷氨酸，酪氨酸，脯氨酸，缬氨酸，γ-氨基丁酸。还含黑芥子苷，靛苷，色胺酮，1-硫氰基-2-羟基丁-3-烯，表告伊春，腺苷，棕榈酸，蔗糖和含有12%氨基酸的蛋白多糖。还含有抗革兰阳性和阴性细菌的抑菌物质及动力精。

## 九、食用方式

板蓝根煮汤：在板蓝根苗长到15～20cm的时候，可以将板蓝根连叶带根洗净，像煮白菜一样放点油、盐、味精就可以了，稍有苦味。

素炒板蓝根：先放点油，放点辣椒、大蒜、葱，再把切好的板蓝根放入炒就可以了。

## 十、药用价值

板蓝根具有抗病毒作用、抗菌作用、解毒作用、抗乙型肝炎病毒DNA作用及对心血管有一定的影响。有清热、解毒、凉血、利咽之功效，用于瘟毒发斑、高热头痛、大头瘟疫、烂喉丹痧、肝炎、流行性感冒等，是清热解毒类中药的代表药物。

## 十一、栽培方式

### 1. 栽培季节时间

栽培菘蓝一般分为3个播期：春播、夏播和秋播。春播通常于3月中下旬或4月中上旬播种，夏播一般于5月中下旬或6月中上旬播种，而秋播一般于8月中下旬或9月中上旬播种，3个播期栽培的方法大致上都相同。

### 2. 播种技术

只有秋播需要在结冻之前给种子浇一次水，这样才能保护种苗过冬。在先前已经做好的畦上按照20～25cm的行距划出深4.5cm左右的浅沟，把处理好的种子均匀地撒入已经挖好的浅沟里，然后用土埋上，覆土厚0.8cm左右，每公顷板蓝根的播种量大约为25kg。

### 3. 田间管理

(1) 定苗　当苗高4～7cm时，结合松土、除草，按株距3～4cm定苗。定苗后，生长前期宜干不宜湿，促使根部下扎，生长后期适当保持土壤湿润，促进养分吸收。高温多雨季节要注意排水。

(2) 铲耥、除草　土壤疏松，才能根深、叉少、叶茂。全生育期要铲耥3次：当幼苗3～4叶时（5月末）进行第1次铲耥松土，深度为15～20cm；1个月后（6月末）进行第2次铲耥，深度为20～25cm；收获前（9月末）耥第3次。如果用除草剂除草，可选择“精克草能”，当杂草3～5叶时喷施，亩用量40mL

对水 50kg 喷雾。

（3）追肥、割叶　6 月上旬追肥，亩施硫酸铵 40～50kg，加含钙、镁的复合肥 7～15kg 混合施入。在保证水肥充足、生长良好的条件下，可于 6 月下旬和 8 月下旬收割 2 次叶片，割收时留茬高 3～5cm。每次割叶后应及时追肥、灌水，切忌施用碳酸氢铵，以免烧伤叶片。

**4. 繁殖方式**

主要以种子作为繁殖材料，一般播种 6 天左右后将会出苗。

**5. 种子收集**

板蓝根第 1 年不开花结果，当年收根时，选无病虫粗大、健壮、不分叉的根条贮藏，于第 2 年春按行距 50cm、株距 20cm 栽种，浇水。5 月种子成熟，采集晾干，留作第 2 年用。

**6. 病虫害防治**

板蓝根病害主要是霜霉病、白粉病；虫害主要是幼苗时有菜青虫及桃蚜等危害。

（1）霜霉病　主要症状：叶部和叶柄受害。初期叶面有黄白病斑，中、后期叶背有灰白色霉状物。随着病情发展，叶色变黄，最后呈褐色干枯而死。

防治方法：注意排水和通风透光，避免与十字花科等易感霜霉病的作物连作或轮作，发病期用 70% 代森锰锌每亩 100～150g 对水 50～60kg 喷雾防治，每隔 7 天喷 1 次，连喷 2 次。

（2）白粉病　主要症状：危害叶部。6～7 月发病，低温高湿、氮肥过多、植株过密、通风透光不良等情况下，均易发病。高温干燥时，病害停止蔓延。

防治方法：田间不积水，抑制病害发生；合理密植，配合施用氮、磷、钾肥；发病初期用 65% 福美锌可湿性粉剂 300～500 倍液喷雾。

（3）菜青虫　危害症状：咬食叶片，危害轻的叶片成孔洞、缺刻，危害重的吃光全部叶肉，仅留叶脉。

防治方法：幼虫3龄前用90%敌百虫800～1000倍液喷雾防治。

（4）桃蚜　危害症状：成虫、若虫吸食茎、叶汁液，造成病叶黄萎。

防治方法：在蚜虫发生初盛期，用10%吡虫啉粉剂3000倍液或者用3%啶虫脒乳油2000～2500倍液喷雾，杀蚜速效性好。

**7. 采收及加工**

（1）采收时间　春天播种的板蓝根在水肥管理都良好的条件下，大青叶生长旺盛。平均每年采收大青叶3次，第一次是在6月中下旬采收；第二次是在8月下旬采收；第三次是在收获板蓝根的时候进行收割。秋天播种的板蓝根可以于次年的4～5月份开花后开始第一次收割；第二、三次的收割时间与春播的收割时间一致。割去板蓝根的地上部分后，挑选出合格的大青叶来入药。通常以首次收割的大青叶质量最佳。夏天气温过高，不能采割大青叶，以防止引发病虫害而导致板蓝根死亡。

（2）采收方法　挑选连续几天晴朗的天气收割大青叶，这样不仅有利于大青叶的再次萌发，也利于植株的晾晒，便于得到品质好的大青叶。具体操作：用镰刀在距离地面2.5～3.5cm的地方割去大青叶，这样收割不仅不会伤害到板蓝根的芦头，同时也可以获得较高的量。注意千万不能伤害到板蓝根的芦头，收集割掉的大青叶，然后从地头开始采挖板蓝根，一棵一棵地挖起，拾一棵挖一棵，不可以将根挖断，尽量保证根的完整，以防降低板蓝根的品质。

（3）加工　把刚刚挖出的板蓝根用清水洗净、去掉芦头和地上部分，平铺于地面上晾晒到快干为止，然后将其系成大小一致的小把，晾晒到其全部干燥为止，最后整理打包，包装后放入冷库储藏。以根条长且直、硬实且淀粉含量高的板蓝根为质量好的板蓝根。晾晒的过程中要防止被雨水淋湿、长霉等导致板蓝根产量的下降。选择叶片大、干净、没有残缺、颜色浓绿、没有发霉变质的大青叶作为药用。

## 第二十一节　紫花地丁

**一、拉丁文学名：** *Viola philippica*

**二、科属分类：** 堇菜科堇菜属

**三、别名：** 辽堇菜、野堇菜、光瓣堇菜

**四、植物学形态特征**

多年生草本，无地上茎，株高4～14cm，果期株高可大于20cm。根状茎短，垂直，淡褐色，长4～13mm，粗2～7mm，节密生，有数条淡褐色或近白色的细根。叶多数，基生，莲座状；叶片下部者通常较小，呈三角状卵形或狭卵形，上部者较长，呈长圆形、狭卵状披针形或长圆状卵形，长1.5～4cm，宽0.5～1cm，先端圆钝，基部截形或楔形，稀微心形，边缘具较平的圆齿，两面无毛或被细短毛，有时仅下面沿叶脉被短毛，果期叶片增大，长可大于10cm，宽可达4cm；叶柄在花期通常长于叶片1～2倍，上部具极狭的翅，果期长可大于10cm，上部具较宽之翅，无毛或被细短毛；托叶膜质，苍白色或淡绿色，长1.5～2.5cm，2/3～4/5与叶柄合生，离生部分线状披针形，边缘疏生具腺体的流苏状细齿或近全缘。花中等大，紫堇色或淡紫色，稀呈白色，喉部色较淡并带有紫色条纹；花梗通常多数、细弱，与叶片等长或高于叶片，无毛或有

短毛，中部附近有2枚线形小苞片；萼片卵状披针形或披针形，长5～7mm，先端渐尖，基部附属物短，长1～1.5mm，末端圆或截形，边缘具膜质白边，无毛或有短毛；花瓣倒卵形或长圆状倒卵形，侧方花瓣长，1～1.2cm，里面无毛或有须毛，下方花瓣连距长1.3～2cm，里面有紫色脉纹；距细管状，长4～8mm，末端圆；花药长约2mm，药隔顶部的附属物长约1.5mm，下方2枚雄蕊背部的距细管状，长4～6mm，末端稍细；子房卵形，无毛，花柱棍棒状，比子房稍长，基部稍膝曲，柱头三角形，两侧及后方稍增厚成微隆起的缘边，顶部略平，前方具短喙。蒴果长圆形，长5～12mm，无毛；种子卵球形，长1.8mm，淡黄色。

## 五、生境

我国产于黑龙江、吉林、辽宁、内蒙古、河北、山西、陕西、甘肃、山东、江苏、安徽、浙江、江西、福建、台湾、河南、湖北、湖南、广西、四川、贵州、云南。生于田间、荒地、山坡草丛、林缘或灌丛中。在庭园较湿润处常形成小群落。朝鲜、日本、俄罗斯远东地区也有分布。

## 六、花果期

花果期4月中下旬至9月。

## 七、营养水平

紫花地丁每100g鲜物质中含有蛋白质29.27g、可溶性糖2.38g、氨基酸33.95mg及多种维生素。每克干紫花地丁中含铁354.8μg、锰30.3μg、铜22.2μg、锌55.8μg、钡11.3μg、锶87.3μg、铬69.0μg、钼60.0μg、钴9.7μg、钙3.9μg。

## 八、食用方式

将紫花地丁的幼苗或嫩茎采下，用沸水焯一下，换清水浸泡3～5分钟后炒食、做汤、和面蒸食或煮菜粥均营养丰富、味道鲜美。

## 九、药用价值

据研究，紫花地丁在试管内有抑制结核杆菌生长的作用。31mg/mL

紫花地丁醇提物即对钩端螺旋体有抑制作用，而水煎剂 62mg/mL 才有效。此外，紫花地丁还能清热利湿，解毒消肿，治疗疮、痈肿、瘰疬、黄疸、痢疾、腹泻、目赤、喉痹、毒蛇咬伤。

## 十、栽培方式

### 1. 栽培季节时间

春播 3 月上、中旬，秋播 8 月上旬。

### 2. 栽植技术

首先将栽培用地翻耕，施足底肥（腐殖土即可），整平，于 7 月末进行栽植分株苗，株行距各为 15cm，适当遮阴，缓苗后去除遮阴部分。深秋追肥 1 次或第 2 年早春进行松土、除草时追肥（磷钾肥）。在同等条件下移植，小紫花地丁较大株的缓苗快、成活率高、绿色期长。从移植第三年起中小株开花结实率均达到或超过大株，而大株的开花结实率则有明显的下降。大株紫花地丁裸根移植较带土坨移植缓苗慢一些，但裸根移植较带土坨移植可延缓衰老期。紫花地丁在春季进行移植会影响当年开花，而雨季移植易成活又不影响来年的开花量。

### 3. 田间管理

小苗出齐后要加强管理，特别要控制温度以防小苗徒长，此时光照要充足，温度应更低些，白天 25℃，夜间 8～10℃，保持土壤稍干燥。当小苗长出第一片真叶时开始分苗，移苗时根系舒展，底水要浇透。白天温度为 25℃左右，夜间温度为 20℃左右，需要补充光照 2～3 周，可适量施用腐熟的有机肥液促进幼苗生长，当苗长至 5 片叶以上时即可定植。定植密度：如果选用叶片数为 15～20 的大中苗移栽，密度为 40 株/$m^2$。如果选用叶片数为 5～10 的中小苗移栽，密度可为 50 株/$m^2$。

### 4. 繁殖方式

（1）种子繁殖　对于紫花地丁，其果期长、产生的种子量大，种子繁殖成本低又简单易行。种子最适采收期为蒴果挺起但尚未开裂，或已经开裂但种子尚未弹出时，这时的种子发芽率、发芽指数最高，活力最高。由于紫花地丁果实为蒴果，成熟时机械弹力会将种子弹出，所以采收建议于清晨进行，选择微微开裂和果皮颜色较深、较干燥饱满挺起的蒴果。采收后放于塑料袋中密封，于 0℃条件下储藏。实验表明，紫花地丁种子不存在休眠现象；低温下萌发生长缓慢，高温根呈褐色并易霉烂，均不利于种子萌发，其最适萌发温度为 20～25℃；光照有利于种子萌发。用种子繁殖，可在 5 月份采种后直接播种于栽培地，很快便可萌发出苗。亦可于 12 月上旬播种于 2～8℃条件下的温室内，次年 2 月便会出苗，3 月下地定植。因为种子小，进行播种时用小粒种子播种器或用手将种子均匀撒在床土上，覆土不应太厚以盖没种子为宜。播种后，室内温度控制在 15～25℃，播种和培养过程中用“盆浸法”湿润床土补充水分。种子萌发出苗后要加强管理，防止小苗徒长，控制温度极其重要。光照须充足，室内温度要求白天 25℃，晚间控制在 8～10℃。长出第一片真叶时分苗，此时要注意将移栽苗的根系舒展，水要浇透。此后温度调整为白天 25℃左右，晚上 20℃左右。此期间要补充光照 2～3 周，当幼苗长出 5 片叶子以上即可定植。

（2）分株繁殖　用播种法繁殖易出现苗子疏密不均现象，且开花晚，而分株繁殖易做到整齐一致、见效快。分株繁殖时保留根系的紫花地丁在连续 3 天各浇一次水后便可返青，成活率可达到 98%，10 天长出新苗，15 天茎部分蘖；切断根系的植株 5 天返青，12 天后可长出新叶，18 天后茎部分蘖。

**5. 采收和加工**

于小满节气前后，当紫花地丁半籽半花时，选晴天割取地上全草，晒干。

# 第二十二节　蜀葵

**一、拉丁文学名：** *Alcea rosea* L.

**二、科属分类：** 锦葵科蜀葵属

**三、别名：** 一丈红、大蜀季、戎葵、吴葵、卫足葵、胡葵、斗篷花、秫秸花

**四、植物学形态特征**

二年生直立草本，高达 2m，茎枝密被刺毛。叶近圆心形，直径 6～16cm，掌状 5～7 浅裂或波状棱角，裂片三角形或圆形，中裂片长约 3cm，宽 4～6cm，上面疏被星状柔毛，粗糙，下面被星状长硬毛或绒毛；叶柄长 5～15cm，被星状长硬毛；托叶卵形，长约 8mm，先端具 3 尖。花腋生，单生或近簇生，排列成总状花序，花梗长约 5mm，果时延长至 1～2. 5cm，被星状长硬毛；小苞片杯状，常 6～7 裂，裂片卵状披针形，长 10mm，密被星状粗硬毛，基部合生；萼钟状，直径 2～3cm，5 齿裂，裂片卵状三角形，长 1. 2～1. 5cm，密被星状粗硬毛；花大，直径 6～10cm，有红、紫、白、粉红、黄和黑紫等色，单瓣或重瓣，花瓣倒卵状三角形，长约 4cm，先端凹缺，基部狭，爪被长髯毛；雄蕊柱无毛，长约 2cm，花丝纤细，长约 2mm，花药黄色；花柱分枝多数，微被细毛。果盘状，直径约 2cm，被短柔毛，分果爿近圆形，多

数，背部厚达 1mm，具纵槽。

## 五、生境

本种原产我国西南地区，全国各地广泛栽培供园林观赏用。世界各国均有栽培供观赏用。

## 六、花期

花期 2～8 月。

## 七、采集时间

夏、秋采收，晒干。

## 八、营养水平

蜀葵种子富含人体所必需的不饱和脂肪酸，含氨基酸 18 种，非必需氨基酸中谷氨酸含量最高，此外还含有多种矿质元素以及人体所需的多种微量元素。

## 九、食用方式

一般春季采嫩叶，在开水中焯过之后可炒吃。

## 十、药用价值

传统中药蜀葵中含有黄酮、蜀葵多糖、槲皮素、挥发油、苷类及有机酸等；药理研究证明，蜀葵具有镇痛、抗炎、解热及降低血脂的作用，蜀葵含有多种化学成分，从蜀葵中可找到抗感染和治疗心脑血管疾病的药物。

## 十一、栽培方式

### 1. 栽培季节时间

蜀葵春播、秋播均可。依蜀葵种子多少，可播于露地苗床，再育苗移栽，也可露地直播，不再移栽。南方常采用秋播，通常宜在 9 月份秋播于露地苗床，发芽整齐。而北方常以春播为主。蜀葵种子成熟后即可播种，正常情况下种子约 7 天就可以萌发。蜀葵种子的发芽力可保持 4 年，但播种苗 2～3 年后就出现生长衰退现象。露地直接播种，如果适当结合阴雨天移栽，既可间苗，又可一次种花多年受益。

**2. 栽培技术要点**

（1）土壤要求　蜀葵喜凉爽气候，忌炎热与霜冻，喜光，略耐阴；宜土层深厚、肥沃、排水良好的土壤。

（2）浇水　开花期应适当浇水，以促使花期长、开花好，一直开到茎干顶端。

（3）施肥　幼苗生长期应注意施肥、锄划、松土，以使植株生长健壮。叶腋形成花芽后，需追施磷、钾肥，并将基部的叶片稍剪去几片。

（4）断根　为使植株低矮、防止倒伏，可于6月在植株周围用锹作圆锥形下切断根，每2～3周断根一次，然后立即浇水养护。

**3. 肥水管理**

蜀葵喜湿润环境，每年从早春3月开始给其灌水，第一水宜在3月初浇灌，浇足浇透，这次水可及时供给植株萌动所需的水分，在此后可每20天浇一次水，直至6月中下旬。进入雨季后，可视天气情况浇水，如果降水较少、天气干旱则应浇水。总的原则是以土壤保持湿润而不积水为宜，秋末应浇足浇透防冻水。蜀葵施肥可按以下方法进行：即早春萌芽前施一些芝麻酱渣，这次肥主要给植株提供枝叶生长的养分。因为蜀葵花期长、着花量多，所以在进入6月开花期后，应每月追施一次磷酸二氢钾，可使着花量增多并延长花期，防止植株倒伏。在秋末可施用腐熟发酵的牛马粪，有利于植株安全越冬。需注意的是，对于新分栽的植株，如当年长势不佳，可于5月初对植株喷施一次0.5%尿素溶液，可有效提高植株的长势。

**4. 繁殖方式**

蜀葵繁殖一般采取播种，也可分株和扦插。播种在春季4月和秋季10月，播于苗床或盆中，也可直播。播后覆盖细土，经常洒水，保持湿润。幼苗长出2～3片真叶时移植，移植成活后施稀释的人粪尿2～3次；长出4～5片叶子时定植，定植前施腐熟堆肥作底肥。生长期注意浇水、除草，追肥1～2次。播种当年夏季可开花。分株在9月份进行。分株是在母株旁挖取有芽的根，另行栽植。扦插在10

月上旬进行，把从老株根发出的芽，切成3～10cm长作插穗，扦入沙土中，放在温暖、半阴处，浇透水，经过2～3周后生根，生根后可移植。

**5. 病虫害防治**

蜀葵常见的病害有蜀葵白斑病和蜀葵褐斑病。

（1）白斑病　主要危害蜀葵的叶片，发病初期叶面着生有褐色的小斑点，随着病情发展，病斑逐渐扩展为圆形、椭圆形或不规则形，病斑中央呈灰白色，外缘呈红褐色。在湿润环境下，病斑上可着生灰褐色霉层。若发生白斑病，可及时将病叶摘除，注意枝茎密度，使植株保持通风透光；多施磷钾肥，少施或不施氮肥；发病初期，可用75%百菌清可湿性粉剂800倍液，或50%多菌灵可湿性粉剂500倍液，或70%甲基托布津可湿性粉剂1200倍液喷雾进行防治，每10天1次，连续喷3～4次，可有效控制病情。

（2）褐斑病　主要侵染叶片。病斑初期为灰褐色斑块，斑块边缘为淡黄绿色，随后病斑呈圆形、椭圆形或不规则状，边缘黑褐色，中部黄褐色。发病后期，病斑上会着生黑色霉斑。如发生褐斑病，可采取以下措施：及时清理病叶；雨天注意及时排水，防止积水；发病初期可用75%百菌清可湿性粉剂800倍液，或50%多菌灵可湿性粉剂500倍液喷洒，每10天1次，连喷3～4次。

另外，蜀葵的虫害较多，常见的有棉蚜、棉卷叶野螟、大造桥虫、烟实夜蛾、红蜘蛛、斜纹贪夜蛾、小造桥虫、无斑弧丽金龟子、小地老虎等。如有发生，在害虫较少时可人工杀除、利用害虫的天敌杀灭、或采取黑光灯诱杀成虫。害虫较多时，棉蚜可在越冬卵刚孵化和秋季蚜虫产卵前喷施10%吡虫啉可湿性粉剂2000倍液进行防治；棉卷叶野螟幼虫发生严重时，可喷施25%高渗苯氧威可湿性粉剂300倍液进行喷杀；大造桥幼虫盛发期，喷洒20%除虫脲悬浮剂7000倍液进行喷杀；烟实夜蛾3龄幼虫期，可喷洒20%除虫脲悬浮剂7000

倍液进行灭杀；小造桥幼虫发生时，可喷洒 20% 除虫脲悬浮剂 7000 倍液进行杀灭；无斑弧丽金龟子发生时，可喷洒 3% 高渗苯氧威乳油 2000 倍液进行杀灭；小地老虎发生时，在幼虫初孵期喷 3% 高渗苯氧威乳油 3000 倍液进行防治，成虫可用糖醋液诱杀。

**6. 采收**

蜀葵花朵极易变色，变色后有效成分明显下降，总黄酮含量仅存 1% 左右，所以采后干燥必须及时，最好采用热风循环烘房或烘箱干燥。蜀葵花置方盘中，厚度 3～5cm，注意经常翻动，使干燥均匀。干燥温度是关键因素，温度过高则蜀葵花容易烘焦。当天采摘的花应及时按顺序烘干，不能立即送入烘房的花应摊开放置，经常翻动，不能堆积，防止发热腐烂。干燥后的花及时揉碎，除去杂质、异物及腐烂变色的花，并及时装入聚乙烯或聚丙烯塑料袋，压去袋内空气，密封后加一层外包装，置阴凉干燥处贮藏。

## 第二十三节　费菜

**一、拉丁文学名：** Sedum aizoon L.

**二、科属分类：** 景天科景天属

**三、别名：** 救心菜、土三七、四季还阳、景天三七、六月淋、收丹皮、石菜兰、九莲花、长生景天、乳毛土三七、多花景天三七、还阳草、金不换、豆包还阳、豆瓣还阳、田三七、六月还阳

### 四、植物学形态特征

多年生草本。根状茎短、粗，茎高20～50cm，有1～3条茎，直立，无毛，不分枝。叶互生，狭披针形、椭圆状披针形至卵状倒披针形，长3.5～8cm，宽1.2～2cm，先端渐尖，基部楔形，边缘有不整齐的锯齿；叶坚实，近革质。聚伞花序有多花，水平分枝，平展，下托以苞叶。萼片5，线形，肉质，不等长，长3～5mm，先端钝。花瓣5，黄色，长圆形至椭圆状披针形，长6～10mm，有短尖；雄蕊10，较花瓣短；心皮5，卵状长圆形，基部合生，腹面凸出，花柱长钻形。蓇葖果星芒状排列，长7mm；种子椭圆形，长约1mm。

### 五、生境

阳性植物，稍耐阴，耐寒，耐干旱瘠薄，在山坡岩石上和荒地上

均能旺盛生长。

## 六、花果期

花期6～7月，果期8～9月。

## 七、营养水平

每100g食用部分含蛋白质2.1g、脂肪0.7g、粗纤维1.5g、胡萝卜素2.8mg、维生素$B_2$ 0.31mg、维生素$B_1$ 0.05mg、维生素C 95mg、钙315mg、磷39mg、铁3.2mg，其营养是一般蔬菜无法相比的。

## 八、食用方式

### 1. 凉拌

费菜的食用方法主要为凉拌，但是在凉拌之前需要将它煮熟，不然会对人身体具有危害，之后切成段，放上味精、鸡精、香油等调料调味，一道完美的养生凉菜就完成了。

### 2. 饮用

将费菜洗干净之后用适量的水将其煮开，倒出汁液，在汁液里面加入蜂蜜、枸杞等需要的食材调味，放在水壶里面可以随时加热之后饮用。

## 九、药用价值

费菜具有活血止血、养气定神等功效。长期食用对心脏病、高血脂症有较好疗效，同时可以治疗心悸不寐、急性关节扭伤、急性淋巴细胞白血病并发外痔充血性水肿等病症，因此费菜是一种理想的保健蔬菜。

## 十、栽培方式

### 1. 栽培季节时间

费菜一般采用分株扦插繁殖，春夏与早秋及冬季大棚扦插即活，成活率99%，当年定植，当年丰收，次年便进入盛产期。

费菜的抗逆性非常高，生命力极强，它们既耐阴，耐严寒，也能抵抗干旱，5℃以上即可生长。

**2. 繁殖技术**

(1) 繁殖方法　费菜有播种及扦插两种繁殖方式。

播种育苗时，准备好宽100cm的苗床，苗床长度视种子多少而定，深翻、整平、踏实苗床以后再轻搂一遍，浇水洇透，水渗后趁湿播种。由于种子细小，首先用1份种子与10份细沙土拌匀，然后均匀播撒于床面上，再用细沙土覆盖0.1cm，并覆盖地膜。露地育苗4月中旬即可开始，春秋两季均可育苗。出苗后揭去地膜，苗高3cm即可移植于营养钵内或大田中，注意移栽大田须等晚霜过后再定植。

扦插繁殖可从健壮母株上直接剪取插穗，随剪随插，每2～3节为一插穗，扦插时用小棍在苗床扎眼后再插苗，苗床插满后轻浇一水，支棚保阴保湿，天热时早晚各喷一次水，10天后即可生根。有营养钵的可扦插在营养钵内，以免栽苗时土坨松散或伤损根系，延迟缓苗。一般扦插20天后即可移栽。

(2) 栽植要点　亩施5000kg农家肥、50kg复合肥作底肥并深翻。做畦宽1～2m，株行距30cm×30cm或50cm×50cm，每穴双株，栽完后浇水，待土面能踏住脚后用稻草或麦秸盖严行间，防止杂草滋生。苗高15～20cm时即可采收，每采一次随水浇一次稀薄肥。北方一年中可采收5～8次。雨季注意排水。

**3. 田间管理措施**

(1) 浇水　费菜在幼苗期保持土壤湿润即可，切勿过湿，浇水通常要遵循“见干见湿”原则，即不见干不浇水，浇水则必须要浇透。特别在多雨季节，要及时排水，不能积水，以免造成烂根。

(2) 施肥　当小苗生长到一个月左右的时候，要施一次地面肥，肥料可以选用复合肥。将复合肥倒入小型手动施肥机的储肥器中，用手推动施肥机，沿着行与行之间的间隔进行施肥，在施肥的同时，可以顺便用脚踩一下，以便将肥料踩实，施肥数量以每亩地20kg为佳。

(3) 除草　在苗期，费菜需要有充足的养分来促进其生长，如果杂草过多会影响小苗的生长，因此一定要勤锄杂草，为小苗创造一个良好的生长环境。

(4) 温度管理　冬季，当外界温度低于5℃时，要及时保温，可在大棚外加盖保温被。夏季，当外界温度高于30℃时，需要掀开棚膜通风降温，确保费菜正常生长，提高品质和产量。

**4. 种子收集**

成熟后摘取。

**5. 病虫害防治**

费菜在叶片表面蜡质层的保护下，几乎没有病虫害。但由于费菜怕涝的缘故，在雨量特别大的年份，容易引发根腐病，因此雨季应注意及时排水。

**6. 采收**

4～7月芽叶生长旺盛，为采摘鲜叶的最佳季节。若人工控制温湿度，营造适宜小气候环境，可延期采叶到9～10月份。每两个月就可以采收一次，要分期分批采收，先采粗壮茂密的芽叶，留下细弱稀疏芽叶待长大后再采，以采摘上部枝叶为主，同时基部留3～4个节，让其重新发芽。采收时，可以用镰刀沿地面水平割取茎叶。费菜产量很高，一般每亩地每茬能采收嫩菜3000～5000kg。采下的鲜菜可直接上市，也可等晒干后再出售。

## 第二十四节　沙参

**一、拉丁文学名：** Adenophora stricta Miq.

**二、科属分类：** 桔梗科沙参属

**三、别名：** 南沙参、三叶沙参、龙须沙参

**四、植物学形态特征**

多年生草本植物。茎高40～80cm，不分枝，常被短硬毛或长柔毛，少无毛的。基生叶心形，大而具长柄；茎生叶无柄，或仅下部的叶有极短而带翅的柄，叶片椭圆形、狭卵形，基部楔形，少数近于圆钝的，顶端急尖或短渐尖，边缘有不整齐的锯齿，两面疏生短毛或长硬毛，或近于无毛，长3～11cm，宽1.5～5cm。花序常不分枝而成假总状花序，或有短分枝而成极狭的圆锥花序，极少具长分枝而为圆锥花序的。花梗常极短，长不足5mm；花萼常被短柔毛或粒状毛，少完全无毛的，筒部常倒卵状，少为倒卵状圆锥形，裂片狭长，多为钻形，少为条状披针形，长6～8mm，宽1.5mm；花冠宽钟状，蓝色或紫色，外面无毛或有硬毛，长1.5～2.3cm，裂片长为全长的1/3，三角状卵形；花盘短筒状，长1～1.8mm，无毛；花柱常略长于花冠，少较花冠短的。蒴果椭圆状球形，极少为椭圆状，长6～10mm。种子棕黄色，稍扁，有一条棱，长约1.5mm。

花萼被毛的变化颇大，大部分个体有短毛，有时为柔毛，也有为粒状毛，更有少数无毛的。所有这些变化都是连续的。

## 五、生境

生于河南、山东、江苏、浙江、湖北和湖南，陕西秦岭一带也有分布。多生长于低山草丛中和岩石缝内，也有生于海拔600～700m的草地上或海拔1000～3200m的开矿山坡及林内者。

## 六、花期

花期8～10月，秋季刨采。

## 七、采集时间

沙参收获的最适宜时期，春参在“初伏”和“中伏”之间，秋参在“白露”和“秋分”之间，太晚则会使参根走粉，降低产量，过早则参粉不充足。

## 八、营养水平

沙参每百克嫩茎叶中含有胡萝卜素589mg，维生素C 104mg，蛋白质0. 8g，脂肪1. 6g，碳水化合物16g，钙585mg，磷180mg。

## 九、食用方式

食用部位为嫩茎叶、肉质根。采集未开花的嫩茎叶，洗净，沸水浸烫一下，清水漂洗，可炒食、做汤。春、秋采挖根，去除残茎，洗净，可炒食、炖菜。

## 十、药用价值

性微寒，味甘。有养阴清肺、化痰益气、祛痰止咳之功效，用于肺热燥咳、阴虚劳嗽、干咳痰黏、气阴不足、烦热口干等症。

## 十一、栽培方式

### 1. 栽培季节时间

春播在2～3月，秋播在10月中旬至11月下旬。

### 2. 播种技术

（1）选地与茬口　沙参对土壤的要求不高。在土层深厚，含有机质 1.1% 以上、碱解氮 70mg/kg 以上、有效磷 15mg/kg 以上、有效钾 15mg/kg 以上，pH 值为 6.3～6.5 的微酸性轻壤、中壤、棕壤土类种植均可。前作以烤烟、洋芋、芋头为好，其次是玉米，切忌重茬。这样的土地条件种出的沙参，质地白皙，粉性足，肉厚，木质部细，通根洁白无黄梢，参根干重高。据测定沙土种沙参的鲜干比为 4∶1，而轻壤、中壤地种植的鲜干比则为 3∶1。

（2）整地与施肥　沙参是直根系植物，根可长达 1m，要求土层要深，整地要深翻 50cm 以上。同时，在深翻土地前每亩施入土杂肥 3～4t、碳铵 60kg，普钙基肥量占 70% 施入，翻犁后整平耙细，理成宽 80～100cm、高 20～25cm 的畦，待植。

（3）播种育苗　可采取春播（2～3 月）或秋播（10 月中旬至 11 月下旬），云南多数地区采取春播。

① 确保密度　在理好的畦上采取宽幅或窄幅开沟条播。宽幅每条 18cm，每畦播 2～4 条，窄幅每条 10cm，每畦播 3～5 条；沟深 3～4cm，沟底要平，土垡要细，沟距 10～15cm，亩播种 4kg 左右。播种后盖严踩实，先盖 1cm 细土，踩实后再盖 1cm 细沙。

② 苗期管理　苗出土后需有良好的墒情作保证，保持土壤湿润，出现第 1 片真叶时即可间苗，3～5 片真叶时定苗，株距为 10～15cm，每亩留苗 14 万～16 万株。

### 3. 田间管理

（1）中耕除草　除草本着除早除小的原则。幼苗期选择阴天拔除杂草，防止幼苗因缺水、曝晒死亡；定苗后结合追肥、松土除草效果最佳；中耕除草宜在土壤干湿度适中时进行，可防止土层板结。植株长大封垄后可不再进行中耕除草。

（2）追肥　苗期施入 8% 淡人粪尿或 2% 尿素水。定苗后用人畜粪水追肥 1 次，每 $667m^2$ 用量 800～1200kg。第二年出苗后追施农家肥，6 月开花前再追施 1 次，每 $667m^2$ 用量 800kg，拌入少量磷钾肥更佳。

（3）灌溉　沙参怕积水。连雨天注意排水防涝，否则易发生病害；干旱时可以适当浇水，特别是幼苗期。

（4）打顶　从沙参栽植第二年起，植株加速生长，为减少养分消耗，可阻止其开花，以促进其营养集中供给地下根部生长，在株高 40～50cm 时打顶。

**4. 种子收集**

7 月中旬果实呈黄褐色时标志种子成熟，随熟随采，否则容易脱落。

**5. 病虫害防治**

（1）根结线虫病　5 月初开始发生。线虫侵入植株根部，吸食汁液、刺激细胞根瘤，使苗发黄，甚至死亡。防治措施：忌连作或前作为豆科作物；整地施肥时，用 15% 杀线虫颗粒剂均匀撒施后翻犁。

（2）缩叶病　是一种由红蜘蛛传毒引起的病毒病。病株叶片皱缩、扭曲，生长迟缓，植株矮小畸形。防治措施：选无病植株留种；于苗期，即 5 月上、中旬发生红蜘蛛时，喷洒 20% 螨死净悬浮剂 2000～3000 倍液，或 10% 松脂合剂乳油 500～800 倍液。苗期发病前喷洒 1～2 次 20% 病毒 A 可湿性粉剂 500 倍液，或 1. 5% 植病灵乳剂 1000 倍液。

（3）大灰象甲　以成虫咬食幼芽和幼叶，造成严重缺苗。防治措施：于清晨或傍晚，在根际附近人工捕杀成虫；每亩用鲜萝卜条或菜叶 5～7kg 切碎，拌 90% 晶体敌百虫 10g 成毒饵，傍晚撒于地面诱杀。

（4）钻心虫　虫钻入根、茎、叶、花蕾中为害，使根茎中空、花蕾不实，严重影响产量和质量。防治措施：冬季清园，减少越冬虫源；掌握在幼虫孵化盛期，喷洒 18% 杀虫双水剂 600～800 倍液，或 10% 多来宝乳剂 1000～2000 倍液，或 25% 苏云金乳油 2000～3000 倍液，防治效果均好。

### 6. 采收及加工

（1）采收　春参（二年生参）在播种后第3年7月收获；秋参（一年生参）在播种后第2年9月收获。以秋参为好。以下部叶片微黄，顶叶深绿，80%以上植株心叶未长出时收获为好。收获时先在畦的一侧挖一深沟，露出根条用手拔除，除去参叶，抖去泥土，放于阴凉处。

（2）加工　选晴天早上加工。将参根按粗细分开，先洗去泥，捆成0.7～1.2kg的捆儿，将尾根先入开水内顺锅转2～3周（6～8秒钟），再将整把的根撇入锅内烫煮，并用棍不断搅动，继续加热使水温沸腾，直到参根中部能捏去皮时，把参根捞出，剥去外皮，晒干即能药用。如遇阴天则应烘干，以免变色霉烂。

# 第二十五节　桔梗

## 一、拉丁文学名：*Platycodon grandiflorus*（Jacq.）A. DC.

## 二、科属分类：桔梗科桔梗属

## 三、别名：包袱花、铃铛花、僧帽花

## 四、植物学形态特征

茎高 20～120cm，通常无毛，偶密被短毛，不分枝，极少数上部分枝。叶全部轮生、部分轮生至全部互生，无柄或有极短的柄，叶片卵形、卵状椭圆形至披针形，长 2～7cm，宽 0. 5～3. 5cm，基部宽楔形至圆钝，顶端急尖，上面无毛而绿色，下面常无毛而有白粉，有时脉上有短毛或瘤突状毛，边缘具细锯齿。花单朵顶生，或数朵集成假总状花序，或有花序分枝而集成圆锥花序；花萼筒部半圆球状或圆球状倒锥形，被白粉，裂片三角形或狭三角形，有时齿状；花冠大，长 1. 5～4. 0cm，蓝色或紫色。蒴果球状或球状倒圆锥形，或倒卵状，长 1～2. 5cm，直径约 1cm。

## 五、生境

我国产于东北、华北、华东、华中各省以及广东、广西（北部）、贵州、云南东南部（蒙自、砚山、文山）、四川（平武、凉山以东）、陕西。朝鲜、日本、俄罗斯的远东和东西伯利亚地区的南部也有分布。生于海拔 2000m 以下的阳处草丛、灌丛中，少数生于林下。

## 六、花果期

花期 7～9 月，果期 8～9 月。

## 七、采集时间

播种两年后或移栽当年的秋季，当叶片黄萎时即可采挖。

## 八、营养水平

多聚糖：桔梗根中含有大量由果糖组成的桔梗聚糖，此外，桔梗中还含有大量的菊糖。

脂类、脂肪酸：桔梗根中含油 0.92%，且不饱和化合物含量较高。脂肪酸中亚油酸、软脂酸的含量较大，亚油酸含量达 63.24%，软脂酸为 29.51%。此外还含有亚麻酸和硬脂酸、油酸、棕榈酸等。

维生素：桔梗根中维生素含量丰富，每百克中含有胡萝卜素 8.80mg，维生素 B 138mg，尼克酸 0.3mg，维生素 C 12.67mg。

氨基酸：桔梗根中含有 16 种以上的氨基酸，包括 8 种必需氨基酸，总氨基酸含量高达 15.01%，其中包括 $\gamma$-氨基丁酸，它是一种神经传导的化学物质，在人脑能量代谢过程中起到了重要作用。

无机元素：对桔梗中无机元素进行分析，发现含有 17 种以上无机元素，包括铜、锌、镍、锰、铬、锶、铁、钒 8 种必需微量元素，其中铜、锌、锰含量均较高。

挥发油：桔梗挥发油中有机酸和酯类化合物含量较高，不饱和化合物含量较高，以及少量烃类化合物，醇、酚、醚、醛和酮类等。

## 九、食用方式

采集未开花的嫩茎叶，洗净，沸水浸烫一下，清水漂洗，可炒食、做汤。春秋采挖根，去残茎，洗净，可炒食、炖菜、腌咸菜、做果脯。

## 十、药用价值

桔梗根营养丰富，含多种氨基酸、大量亚油酸等不饱和脂肪酸和多种人体必需微量元素，具有降血压、降血脂、抗动脉粥样硬化、祛痰、镇咳、抗炎、抗肥胖、抗肿瘤、抗氧化、保护肝和心血管系统、改善糖尿病症状等功效。

## 十一、栽培方式

### 1. 品种选择

南桔梗、北桔梗。

### 2. 栽培季节时间

冬播于11月份至次年1月份，春播于3～4月份。夏、秋也可播种，但以冬播为主，一般采用撒播。

### 3. 播种育苗技术

生产上既可采用直播，也可育苗移栽，直播产量高于移栽，且主根分叉少，质量好。但因育苗移栽可提高土地利用率，所以生产上较多采用育苗移栽。

(1) 播种　桔梗主要用种子繁殖，春播、秋播或冬播均可，每667$m^2$播种1.5kg。一般春季、夏季适合播种育苗，将苗畦浇透水，采用撒播或条播方式播种。为将种子播得均匀，可在种子中加入2～3倍的细土或细沙拌匀。由于桔梗种子小，不能覆土过厚，播后覆细沙或细土2cm厚即可。

① 撒播：将处理好的种子与适量细土搅拌均匀后，均匀撒入整好的畦内。

② 条播：在整好的畦田上按行距21～23cm开沟，播深不超1cm，播后覆土。也可采用宽幅条播法，即开沟的宽度为10cm，行距不改变，播后盖土，在温度适宜的情况下，15天左右即可出苗。

(2) 移栽　春季播种的幼苗，当年秋季或第二年早春就可移栽，夏季播种的幼苗一般于第二年春季移栽。秋季移栽在10月下旬幼苗茎叶枯萎后进行，春季移栽于3月上、中旬进行。在畦面上按行距20cm开沟，沟深20～25cm，按株距7～10cm随起苗随移栽。栽后搂平畦面，覆土2cm，并压平保墒。

**4. 田间管理措施**

(1) 选地整地　桔梗为深根性植物，应选土层深厚、疏松肥沃、排水良好的腐殖质土或沙质土壤。

(2) 合理密植　行距17～20cm，株距3～5cm。过密，植株生长细弱，易遭病虫危害；过稀，产量低。采用宽幅条播法的适当间苗，苗不拥挤即可，不必去苗过多。适当密植是增产的关键。

(3) 施肥　选好地后，在大田播种桔梗前可每667m$^2$施农家肥2000～3000kg、复合肥40kg、过磷酸钙30kg，为防治蛴螬可在翻倒农家肥时每吨施入1kg甲敌粉，与农家肥混合均匀后在翻地前施入，撒入地内，深翻30cm以上，整平耙细。

(4) 结合中耕除草　由于桔梗前期生长缓慢，故应及时除草。一般进行3次，第一次在苗高7～10cm时，1个月之后进行第二次，再过1个月进行第三次，力争做到见草就除。苗期需追施稀薄人粪尿1～2次，促进幼苗生长。生长中期增施花期肥，以磷钾肥为主，防止因开花结果消耗过多养分而影响生长。入冬后要重施越冬肥，结合施肥进行培土。

(5) 及时排水　桔梗怕积水，土壤积水易引起根部腐烂。在夏季高温多雨时，应及时做好疏沟排水，防止积水烂根，造成减产。

(6) 疏花疏果　桔梗花期较长，要消耗大量养分，影响根部生长。除留种田外，疏花疏果可提高根的产量和质量，生产上可人工摘除花蕾，如用镰刀削去花蕾，或在盛花期喷施多效唑，可阻止开花。也可用植物激素乙烯利，使用浓度1000mg/kg在盛花期对着花蕾喷雾，以花朵沾满药液为度，每公顷用药液1125～1500kg可达除花效果，该法效率高、成本低、使用安全。

(7) 化学调控　桔梗茎秆较软，遇风雨易倒伏，适当控制茎秆高度可防止倒伏，以利桔梗正常生长。在二年生桔梗株高15cm时，用缩节胺喷施1次，连喷3次即可。

**5. 繁殖方式**

种子繁殖、育苗移栽。

**6. 病虫害防治**

（1）桔梗根腐病

危害症状：初期根局部呈黄褐色而腐烂，发病严重时，地上部分枯萎而死。

发生规律：病菌在土壤中或病残体上越冬，从根茎部或根部伤口侵入，通过雨水或灌溉水进行传播和蔓延。地势低洼、排水不良、植株根部受伤的田块发病严重。

无公害综合防治技术：①轮作，及时排除积水。在低洼地或多雨地区种植，应做高畦。及时拔除病株，病穴用石灰消毒；②化学药物防治。发病初期用50%退菌特可湿性粉剂500倍液或40%克瘟散1000倍液灌注，每15天1次，连续用3～4次。

（2）桔梗轮纹病

危害症状：本病主要危害叶部，受害叶片病斑近圆形、褐色、具同心轮纹、上生小黑点，严重时叶片由上而下枯萎。

发生规律：病菌在病叶的病斑中越冬，借风雨传播进行再侵染。栽植密度大，氮肥施用量多易发病。

无公害综合防治技术：①冬季清园，将枯枝病叶及杂草集中烧毁；②夏季高温发病季节，加强田间排水，降低田间湿度；③化学药剂防治。发病初期喷洒1∶1∶100的波尔多液，或65%代森锌600倍液，或50%多菌灵1000倍液，或甲基托布津的1000倍液。

（3）桔梗斑枯病

危害症状：受害病叶两面有病斑，近圆形，白色，形状受叶脉限制，上生小黑点。严重时叶片枯死。

发生规律：病菌在病落叶内越冬，翌年借风传播。夏秋多雨、高温，有利于病害蔓延。

无公害综合防治技术：①将枯枝病叶集中清除烧毁；②加强田间排水，降低田间湿度；③化学药剂防治。发病初期喷洒1∶1∶100的波尔多液，或65%代森锌600倍液，或甲基托布津的 1000 倍液。

（4）地老虎

危害症状：常从地面咬断幼苗并拖入洞内继续咬食，或咬食未出土的幼芽，造成断苗缺株。当桔梗植株基部硬化，则咬食分枝的幼嫩叶。

发生规律：1 年发生 4 代，以老熟幼虫和蛹在土内越冬；成虫白天潜伏在土缝、枯叶下、杂草里，晚上外出活动，有强烈趋光性；有假死性，在食料不足时能迁移。

无公害综合防治技术：①清除田间周围杂草和枯枝落叶，消灭越冬幼虫和蛹；②挖土捕杀幼虫；③化学药剂防治。用 50% 甲胺磷乳剂 1000 倍液拌成毒土或毒沙撒施，每亩 20～25kg，或用 90% 敌百虫 1000 倍液浇穴。

**7. 采收及加工**

（1）种子采收　8～10 月，当蒴果外壳呈淡黄色、果顶初裂时，掰开后籽粒饱满呈黑色，即可分批采摘。采收的种子，不宜直接在阳光下暴晒，可堆放在室内通风处 3～4 天，种胚自然成熟，然后晒干，去果壳后用布袋或纸袋装置，在干燥通风处存放，种子寿命 1 年，宜低温贮藏。

（2）根部采收　移栽当年或直播第二年收挖。秋末 10～11 月收获，先割去茎叶，挖出根部，用清水洗净泥土后，沥干水，趁新鲜用竹片或玻璃片、瓷片等刮去栓皮洗净，然后晒干或烘干即成。也可以随挖随刮，以防止外皮干燥收缩，导致难去皮。桔梗收回太多加工不完的，可用沙埋起来，防止外皮干燥收缩。一般折干率为 30%。桔梗质量以根条肥大、色白或略带微黄、体实、具菊花纹者为佳。

# 第二十六节　轮叶党参

**一、拉丁文学名：** *Codonopsis lanceolata*（Sieb. et Zucc.）Trautv.

**二、科属分类：** 桔梗科党参属

**三、别名：** 羊乳、羊奶参

**四、植物学形态特征**

植株全体光滑无毛或茎叶偶疏生柔毛。茎基略近于圆锥状或圆柱状，表面有多数瘤状茎痕。根常肥大呈纺锤状而有少数细小侧根，长约10～20cm，直径1～6cm，表面灰黄色，近上部有稀疏环纹，而下部则疏生横长皮孔。茎缠绕，长约1m，直径3～4mm，常有多数短细分枝，黄绿而微带紫色。叶在主茎上的互生，披针形或菱状狭卵形，细小，长0.8～1.4cm，宽3～7mm；在小枝顶端通常2～4叶簇生，而近于对生或轮生状，叶柄短小，长1～5mm，叶片菱状卵形、狭卵形或椭圆形，长3～10cm，宽1.3～4.5cm，顶端尖或钝，基部渐狭，通常全缘或有疏波状锯齿，上面绿色，下面灰绿色，叶脉明显。花单生或对生于小枝顶端；花梗长1～9cm；花萼贴生至子房中部，筒部半球状，裂片卵状三角形，长1.3～3cm，宽0.5～1cm，端尖，全缘；花冠阔钟状，长2～4cm，直径2～3.5cm，浅裂，裂片三角状，反卷，长约 0.5～1cm，黄绿色或乳白色内有紫色斑；花盘肉质，深绿色；花丝钻状，基部微扩大，长约 4～6mm，花药 3～5mm；子房下位。蒴果下部半球状，上部有喙，直径约 2～2.5cm。种子多数，卵形，有翼，细小，棕色。

## 五、生境

我国产于东北、华北、华东和中南各省区。俄罗斯远东地区和朝鲜、日本也有分布。生于山地灌木林下、沟边阴湿地区或阔叶林内。模式标本采自日本。

## 六、花果期

花果期 7～8 月。

## 七、营养水平

轮叶党参是营养价值很高的野菜之一，含有丰富的多糖、脂肪、蛋白质、多种维生素、氨基酸和许多微量元素。其中，每 100g 鲜根中含粗蛋白 11.89g、粗脂肪 3.83g、碳水化合物 48.2g。经测定，轮叶党参含有天冬氨酸、赖氨酸、谷氨酸、丙氨酸等 17 种氨基酸，含钙、镁、锌、铁等多种微量元素。

## 八、药用价值

轮叶党参其根入药，味甘、性平，是常用的补中益气药，有排脓消肿、清热解毒、补虚通乳、养阴润肺及祛痰之功效。主要用于病后体虚、乳少、肺阴不足、肺痈、乳痈、疮疡肿毒等症。现代药理学研究表明，轮叶党参水提取液具有抗突变、抗氧化、抗疲劳等作用，有望作为预防肿瘤、抗衰老、提神的保健食品开发利用。

## 九、栽培方式

### 1. 品种选择

由于轮叶党参的栽培历史短，还没有人工繁育的品种，遗传性不稳定。一般形态学上观察可以看出 3～5 种不同的类型。引种时特别注意，南方品种在北方栽培易出现冻害现象。应在产量高、外形好的个体上采收种子。

**2. 栽培季节时间**

适时早播，一般于4月中下旬进行，也可于采种当年封冻前秋播（成熟度好的种子秋播不必进行种子处理），条播或撒播。

**3. 栽培技术**

轮叶党参为深根性植物，喜温暖阴湿环境，较耐寒。宜选择质地肥沃、土层深厚、排水良好、土壤pH值在6～6.5、略有沙性的阴坡或半阴半阳的山坡地。平地栽培还应该选择排灌条件良好的地块。结合深翻，每667m$^2$施腐熟农家肥4～6m$^3$、磷酸二铵5kg或过磷酸钙25kg、硫酸钾5kg。耙细做床，床高15～20cm、宽120～150cm，过道40～60cm。轮叶党参忌连作，宜与豆科作物轮作。整地深耕可增加土壤孔隙度、降低土壤容重，土壤疏松，温度上升快，有利根的生长，而且根段粗而直，商品性好。

**4. 田间管理**

田间管理的工作主要涉及中耕除草、间苗与定苗、设立支架、追肥、摘蕾与打蔓共5个方面的工作，只有足够重视并做好田间管理工作才能最大程度地增产增效。当前应用的田间管理技术如下。

（1）中耕除草　人工除草每年进行3～5次，特别是发芽初期应进行彻底除草。待出苗后，应及时拔净苗眼草，根据长势情况，适时铲净杂草。化学除草在出苗前杂草较多时，每100m$^2$喷施70%农达250～300mL。出苗后如禾本科杂草较多，可在2～3片叶时，每公顷用20%拿捕净1500mL对水450kg进行喷雾除草。

（2）间苗与定苗　当幼苗长至8～10cm时，要认真进行间苗，如有缺苗断条，应及时浇水、移栽补苗。

（3）设立支架　轮叶党参需缠绕自然支架生长，人工栽培要设立支架，当株高20～30cm时，根据苗情、株距实际情况合理搭架，方法与豆角田的支架方法相同。设立支架既有利于通风透光、增强光合作用，又便于田间管理和采种，还可防止底部叶片干枯，增加叶光合作用面积。

（4）追肥　轮叶党参是喜肥植物，应根据土壤肥力状况，科学合理地追施肥料，以满足其生长发育对营养的需求。可采用根侧追肥和叶面喷肥的方法，对当年生幼苗可在7～8月喷施2～3次叶面肥；二年生植株可在6月份每公顷用复合肥225kg，距苗5cm处开沟追施。

（5）摘蕾与打蔓　当轮叶党参花蕾形成时，除留种田外，开花前要摘除花蕾，剪去主蔓1/3。可喷施多效唑，以减少地上部分营养消耗，促进根部快速生长，提高产量。

**5. 繁殖方式**

用种子繁殖，常用育苗移栽，少用直播。

**6. 种子收集**

二年生植株即大量产种，一般于果实蜡黄未开口时随熟随采，采后晾晒，脱粒去杂。

**7. 病虫害防治**

（1）锈病　雨季易发生，可于雨季来临前喷施粉锈宁600倍液或50%代森锰锌，5～7天喷1次，连喷3次，预防效果较好。

（2）菌核病　侵染茎基部，一般5月发病，根茎呈软腐状，根部周围布满鼠粪状颗粒，最后全根腐烂。遇雨季应及时排涝，经常松土，于发病中心撒石灰粉或用50%甲基托布津800倍液7～10天喷1次，连续2～3次，严重时用多菌灵500倍液根际灌根。

**8. 采收**

轮叶党参移栽后2年或直播2～3年即可收获。春季出苗前或秋季霜降后，割掉茎叶，挖取根部，去土后出售鲜品参即可，起参时要保证完好的外形，如不能马上出售要挖好沟，将参放入沟内，盖8～10cm厚土，可保鲜20天左右。如果做干货可洗净扒皮、晒干、扎把定量后出售。平均产量16000～30000kg/hm$^2$。

## 第二十七节　关苍术

### 一、拉丁文学名：*Atractylodes japonica* Koidz. ex Kitam.

### 二、科属分类：菊科苍术属

### 三、别名：枪头菜、苍术、山刺菜

### 四、植物学形态特征

多年生草本，高40～80cm。茎单生或少数茎成簇生，不分枝或分枝，全部茎枝无毛。基部茎叶花期枯萎脱落。中下部茎叶3～5羽状全裂，或最上部及最下部兼杂有不分裂的，侧裂片1～2对，椭圆形、倒卵形、长倒卵形或倒披针形，长3～7cm，宽2～4cm，顶端急尖或短渐尖或圆形；顶裂片大或较大或与侧裂片等大，椭圆形、长椭圆形或倒卵形，长4～9cm，宽2～6cm。全部叶质地薄，纸质，两面同色，绿色，无毛，边缘或裂片边缘具针刺状缘毛或刺齿，中下部茎叶有长5～8cm的叶柄，但接头状花序下部的叶几无柄。苞叶长1.5～3cm，针刺状羽状全裂。总苞钟状，直径1～1.5cm。总苞片7～8层；最外层及外层三角状卵形或椭圆形，长3～5mm；中层椭圆形，长6～8mm；内层长椭圆形，长10～12mm。全部苞片顶端钝，边缘有蛛丝状毛，内层苞片顶端染紫红色。小花长1.2cm，黄色或白色。瘦果倒卵形，长5mm，被稠密的顺向贴伏的白色长直毛。冠毛刚毛褐色，羽毛状，长8～

9mm，基部连合成环。

## 五、生境

关苍术分布以北方地区为主，多见于东北三省、华北及山东、河南、陕西、甘肃等省。喜生于山坡、草地、杂木林下、林缘及灌丛间。

## 六、花果期

花期一般在7～8月，果期一般在8～9月。

## 七、采集时间

每年4～5月间采集其10cm左右的幼苗或嫩茎叶。

## 八、营养水平

每100g可以食用部分含粗蛋白2.86g、粗脂肪4.6g、粗纤维4.07g，胡萝卜素3.81mg、维生素$B_2$ 0.23mg、维生素C 56mg、烟酸8.5mg，还含有多种微量元素。

## 九、食用方式

关苍术春季生长出的嫩苗可以食用，在山野菜中为上品。关苍术的幼苗或嫩茎叶，经开水烫过后即可炒食、做汤、煮粥或和面蒸食。

## 十、药用价值

苍术味辛、苦，性温，具有健脾、燥湿、解郁和辟秽之功效。治湿盛困脾，倦怠嗜卧，脘痞腹胀，食欲不振，呕吐，泄泻，痢疾，疟疾，痰饮，时气感冒，风寒湿痹，足痿，夜盲等症。

## 十一、栽培方式

### 1. 品种选择

应选颗粒饱满、色泽新鲜、成熟度一致的无病虫害的种子。关苍术的种子属低温萌发型，发芽快、发芽势强，种子的吸水力高，田间出苗时间15天左右。因此，播种前用25℃温水浸种，让种子充分吸收水分，待种子萌动、胚根露白，种子消毒后立即播种。

### 2. 栽培季节时间

秋春两季均可播种，秋播优于春播。春播在白山地区选择在5月上旬，秋播时间在10月气温仍在10℃左右时，这时种子可萌发生根。

**3. 播种技术**

（1）选地整地　黏土地通气性差，关苍术根发育不良，沙土地易干旱，关苍术生长量小且菜质量差。一般选肥沃的沙壤土、壤土为好。如果有灌水条件，则对关苍术的生长非常有利。

（2）播种　播种方法一般采用撒播和条播。播前施入充分腐熟的有机肥或复合肥料。条播行距15～20cm，播幅5～10cm，开2～3cm深的浅沟，沟底宜平整，种子均匀撒入沟内，覆盖一层腐殖土为好，以淹没种子为度。床面覆盖茅草、稻草遮阴，保温保湿，提高出苗率。为防止伏旱、阳光曝晒，可以沟边植玉米遮阴。

**4. 肥水管理**

（1）施肥　关苍术是喜肥植物，施足底肥是保证关苍术高产的重要措施之一。底肥以腐熟的土渣肥为主，厩肥、草木灰等均可。追肥："早施苗肥，重施蕾肥，增施磷钾肥"。"早施苗肥"是指5月上旬施速效氮肥1次，以促进幼苗迅速健壮生长。6～7月植株由营养生长盛期进入孕蕾期，可以适当增施1次氮肥，保持植株茂盛。8月，植株进入生殖生长阶段，地下根茎迅速膨大增加，这一时期是关苍术需肥量最大的时候，主要施钾肥，要注意控制氮肥用量，如氮肥施用过多，则植株生长过旺，降低植株抗病能力。

（2）浇水　若遇到干旱要及时浇水，保持土壤湿润。雨季应注意及时排水防涝，以免烂根死苗、降低产量和品质。

**5. 病虫害防治**

关苍术地下部分发病率较高，特别是在高温高湿天气。目前危害关苍术的主要病害有立枯病、白绢病、根腐病、铁叶病，一旦染病，治疗较为困难，因此一定要以预防为主。主要预防措施有：轮作、开沟排水、栽种前用多菌灵浸种，注意严禁使用高毒、高残留农药。

**6. 采收**

翌年10月上旬即可采挖。采挖出来的块茎，应切下最肥壮的芽头留作下一茬的种苗。留下种苗后，应在晴天将商品块茎洗净。在清洗时，可将太大的块茎尽量从自然节处掰开，但分割开的块茎晒干后直径不得小于1.5cm。以自然干燥为好。烘制温度30～40℃，不允许火烧。干燥过程中要注意反复“发汗”以利于干透。使用无污染的麻袋、编织袋包装。

## 第二十八节　东风菜

**一、拉丁文学名：** *Doellingeria scaber*（Thunb.）Nees

**二、科属分类：** 菊科东风菜属

**三、别名：** 山蛤芦、钻山狗、白云草、疙瘩药、草三七

### 四、植物学形态特征

根状茎粗壮，茎直立，高 100～150cm，上部有斜升的分枝，被微毛。基部叶在花期枯萎，叶片心形，长 9～15cm，宽 6～15cm，边缘有具小尖头的齿，顶端尖，基部急狭成长 10～15cm 被微毛的柄；中部叶较小，卵状三角形，基部圆形或稍截形，有具翅的短柄；上部叶小，矩圆披针形或条形；全部叶两面被微糙毛，下面浅色，有三或五出脉，网脉显明。头状花序径 18～24mm，圆锥伞房状排列；花序梗长 9～30mm。总苞半球形，宽 4～5mm；总苞片约 3 层，无毛，边缘宽膜质，有微缘毛，顶端尖或钝，覆瓦状排列，外层长 1.5mm。舌状花约 10 个，舌片白色，条状矩圆形，长 11～15mm，管部长 3～3.5mm；管状花长 5.5mm，檐部钟状，有线状披针形裂片，管部急狭，长 3mm。瘦果倒卵圆形或椭圆形，长 3～4mm，除边肋外，一面有 2 脉，一面有 1～2 脉，无毛。冠毛污黄白色，长 3.5～4mm，有多

数微糙毛。

## 五、生境

自然生长于林下、林缘、山坡灌木丛中。分布于我国东北、内蒙古、河北、河南、山东等地区；朝鲜、日本、蒙古国、俄罗斯乌拉尔山以东至远东地区亦有分布。

## 六、花果期

花期6～10月；果期8～10月。

## 七、营养水平

东风菜富含蛋白质和粗纤维，每100g东风菜嫩叶含水分76g、蛋白质2.7g、粗纤维2.8g、胡萝卜素4.69mg、烟酸0.8mg、维生素C 28mg。另外，东风菜中胡萝卜素、维生素含量较高，有助于增强人体免疫功能。

## 八、食用方式

4东风菜的幼嫩叶可以蘸酱、凉拌、包馅、做汤、炒菜。

## 九、药用价值

毒蛇咬伤：东风菜50g，一枝黄花25g，煎浓汁，日服二次，将药渣捣烂敷患处。

咽痛：东风菜根50g，水煎，早晚分服。

头痛目眩，肝热眼赤：东风菜根25g，水煎服。

跌打损伤，血痕作痛：鲜东风菜适量，加红糖少许，捣烂敷患处；另取全草50～100g煎水，加烧酒少许，温服。

## 十、栽培方式

### 1. 栽培季节时间

播种可在春、秋两个季节。

### 2. 播种技术

(1) 选地整地　育苗田选择田园地和大田地；移栽地可以选择田园地、塑料大棚、日光温室；山地选择多年生乔木林下。土壤最好是疏松肥沃的壤土或沙壤土。

（2）做畦　床畦高 10cm 左右，宽 1.2m，长度因地势而定，整平床面，清除杂物。

（3）播种　从床畦的一端开始，横着床畦的走向开出播种沟，沟宽 8cm，深 3cm 左右，将种子均匀地撒入沟内，密度以每 1cm 沟长可见 2～3 粒种子为宜，每 $1m^2$ 用种量 30g 左右，不要过密或过稀。播后盖土 2cm 厚，浇足底水，最好在床畦的表层铺上 2～3cm 厚稻草，以保持床土湿润，避免表层土风干失水，利于种子萌发和幼苗出土。

**3. 田间管理**

（1）定苗　当幼苗高度长至 10cm 左右，开始移栽定植。

（2）施肥　由于定植时施足了底肥，前期不用施肥。一般在采收前 10 天左右施肥，可先在行间开出一浅沟，沟宽 5～6cm，深 6cm 左右，将人畜稀粪水浇在沟内。施用时，避免将粪水撒在茎叶上造成烧苗。第二次追肥是在采收后一周左右进行，施肥方法与第一次相同，但施肥量略大于第一次。

（3）浇水　当幼苗高 10cm 左右时，对于水分的需求量较大，可根据天气情况和土壤的含水情况进行浇水，尤其高温干旱时节，保证水分的充足。

**4. 繁殖方式**

可利用播种繁殖也可用根茎繁殖。

**5. 种子收集**

野生东风菜种子于 9～10 月份成熟，将果实成熟的整个花序采回，室外自然晾干，用力揉搓使种子脱落，筛除杂质，装入布袋，放于阴凉干燥处保存。

**6. 病虫害防治**

东风菜在夏季高温、高湿的条件下受叶枯病危害较大。可在发病前期或初期用 1∶1∶120 的波尔多液喷雾，也可以用 1% 多抗霉素水剂 200 倍液喷雾，每隔 7 天喷洒一次，共喷洒 2～3 次。其虫害主要有蝼蛄等地下害虫，可用敌百虫拌米糠诱杀，或用 50% 辛硫磷乳油 1000 倍液拌麦麸制成毒饵防治。

**7. 采收**

东风菜幼苗长至 5～7 片叶时即可采收，用刀割下，摘除黄叶、烂叶，按每 0. 5kg 扎捆，包装出售。

## 第二十九节　柳叶蒿

**一、拉丁文学名：** *Artemisia integrifolia* Linn.

**二、科属分类：** 菊科蒿属

**三、别名：** 柳蒿、九牛草

**四、植物学形态特征**

多年生草本。主根明显，侧根稍多；根状茎略粗，直径 0. 3～0. 4cm。茎通常单生，高 50～120cm，紫褐色，具纵棱，中部以上有向上斜展的分枝，枝长 4～10cm；茎、枝被蛛丝状薄毛。叶无柄，不分裂，全缘或边缘具稀疏深或浅锯齿或裂齿，上面暗绿色，初时被灰白色短柔毛，后脱落无毛或近无毛，背面除叶脉外密被灰白色密茸毛；基生叶与茎下部叶狭卵形或椭圆状卵形，稀为宽卵形，边缘有少数深裂齿或锯齿，花期叶萎谢；中部叶长椭圆形、椭圆状披针形或线状披针形，长 4～7cm，宽 1. 5～2. 5(3)cm，先端锐尖，每边缘具 1～3 枚深或浅裂齿或锯齿，基部楔形，渐狭成柄状，常有小型的假托叶或无假托叶；上部叶小，椭圆形或披针形，全缘，稀有数枚不明显的小锯齿。头状花序多数，椭圆形或长圆形，直径（2. 5)3～4mm，具短梗或近无梗，倾斜或直立，有小型披针形的小苞叶，在各分枝中部以上排成密集的穗状花序式的总状花序，并在茎上半部组成狭窄的圆锥花序；总苞片3～4层，覆瓦状排列，外层总苞片略小、卵形，中层总苞片长卵形，背面疏被灰白色蛛丝状柔毛，中肋绿色，边缘宽膜质、褐色或红褐色，内层总苞片长卵形，半膜质，背面近无毛；雌花10～15朵，花冠狭管状，基部稍宽，檐部具2裂齿，花柱长，伸出花冠外，先端2叉，叉端尖；两性花20～30朵，花冠管状，檐部外翻，花药披针状线形，先端附属物尖，长三角形，基部有短尖头，花柱与花冠等长，先端2叉，花后外弯，叉端扇形并有睫毛。瘦果倒卵形或长圆形。

## 五、生境

我国产于黑龙江、吉林、辽宁、内蒙古（东部）及河北；多生于低海拔或中海拔湿润或半湿润地区的林缘、路旁、河边、草地、草甸、森林草原、灌丛及沼泽地的边缘。蒙古国、朝鲜、俄罗斯（西伯利亚及远东地区）也有分布。模式标本采自俄罗斯西伯利亚。

## 六、花果期

花期8～9月，果期9～10月。

## 七、采集时间

当苗长到高45cm左右时即可采摘其嫩叶，野外采集一般在5～6月份进行。

## 八、营养水平

柳叶蒿每100g鲜品中含有蛋白质3.7g、脂肪0.7g、碳水化合物9g、粗纤维2.1g，胡萝卜素4.4mg、维生素$B_2$ 0.3mg、烟酸1.3mg、维生素C 23mg。每100g干品中含钾1960mg、钙950mg、镁260mg、磷415mg、钠38mg、铁13.9mg、锰11.9mg、锌2.6mg、铜1.7mg。

## 九、食用方式

柳叶蒿的食用方法很多。春季采收的嫩茎叶可清炒、炖、凉拌、包馅、做汤，尤其以炖鱼最为鲜美。稍老的柳叶蒿可加工腌渍成咸菜或水烫后晾干菜，也可将腌制品加工成各种风味小菜。

## 十、药用价值

清热解毒。主治痈疽疮肿。

## 十一、栽培方式

### 1. 栽培季节时间

一般在7月中旬至8月中旬。

### 2. 繁殖技术

（1）做畦　利用越冬茬或春茬菜地块，如冬菠菜、甘蓝、水萝卜等茬，在前作大量施用基肥的基础上，每亩地增施1000kg有机肥，深翻耙细后整平做畦，畦宽0.8～1m，长度不限。

（2）扦插　时期一般在7月中旬至8月中旬，时间长达一个月。选择野外自然生长的健壮、整齐的柳叶蒿，整株割回，截成长15cm左右的小段，每段插条顶至少有1～2个饱满芽，按行距10cm、株距8cm距离，深度10cm左右扦插，边灌水边扦插。

（3）分株　采挖野生柳叶蒿的母根，分株、整理后定植于已做好的垄上，按株距20cm，每丛2～3株，用200mg/kg的ABT生根粉溶液浇定根水，每穴浇300mL左右，覆土封垄。

### 3. 田间管理

（1）施肥　收割刀口愈合后，结合浇水施肥，每667$m^2$施尿素18～20kg。

（2）浇水　定植时应及时浇水，定植后4～6天浇水1次，以后视天气情况，遇旱浇水，应保持土壤湿润。

### 4. 种子收集

于9月末至10月初果实成熟时采收种子。采种时，先将整个花序剪下，放置于铺有报纸或无纺布的室内阴干。干透以后，用力搓下种子，然后进行风选，剔除杂质，装入纱布袋内，保存在通风阴凉处备用。在储藏过程中注意防虫蛀和霉变。

### 5. 病虫害防治

柳叶蒿很少发生病害。主要虫害是蚜虫，用50%灭蚜净3000倍液和 10% 吡虫啉乳油 2000 倍液 5～7 天交替喷施 1 次，共喷施 2～3 次即可。

**6. 采收**

春季定植的苗，当株高 45cm 左右时，可采嫩茎作调味菜或主菜食用。秋季定植的苗，翌年春季当苗高 10～15cm 时，即可采收。

# 第三十节　牛蒡

## 一、拉丁文学名：*Arctium lappa* L.

## 二、科属分类：菊科牛蒡属

## 三、别名：恶实、大力子、东洋参

## 四、植物学形态特征

二年生草本，具粗大的肉质直根，有分枝支根。茎直立，高可达2m，粗壮，基部直径达2cm，通常带紫红或淡紫红色，有多数高起的条棱，分枝斜升，多数，全部茎枝被稀疏的乳突状短毛及长蛛丝毛并混杂以棕黄色的小腺点。基生叶宽卵形，长达30cm，宽达21cm，边缘稀疏的浅波状凹齿或齿尖，基部心形，有长达32cm的叶柄，两面异色，上面绿色，有稀疏的短糙毛及黄色小腺点，下面灰白色或淡绿色，被薄茸毛或茸毛稀疏，有黄色小腺点，叶柄灰白色，被稠密的蛛丝状茸毛及黄色小腺点，但中下部常脱毛。茎生叶与基生叶同形或近同形，具同样的及等量的毛被，接花序下部的叶小，基部平截或浅心形。头状花序多数或少数在茎枝顶端排成疏松的伞房花序或圆锥状伞房花序，花序梗粗壮。总苞卵形或卵球形，直径1.5～2cm。总苞片多层，多数，外层三角状或披针状钻形，宽约1mm，中内层披针状或线状钻形，宽1.5～3mm；全部苞片近等长，长约1.5cm，顶端有软骨质钩刺。小花紫红色，花冠长 1. 4cm，细管部长 8mm，檐部长 6mm，外面无腺点，花冠裂片长约 2mm。瘦果倒长卵形或偏斜倒长卵形，长 5～7mm，宽 2～3mm，两侧压扁，浅褐色，有多数细脉纹，有深褐色的色斑或无色斑。冠毛多层，浅褐色；冠毛刚毛糙毛状，不等长，长达 3. 8mm，基部不连合成环，分散脱落。

## 五、生境

我国各地普遍分布。生于山坡、山谷、林缘、林中、灌木丛中、河边潮湿地、村庄路旁或荒地，海拔 750～3500m。由于瘦果和根可入药，各国各地亦有普遍栽培。果实入药，性味辛、苦寒，疏散风热，宣肺透疹、散结解毒；根入药，有清热解毒、疏风利咽之效。广布欧亚大陆。

## 六、花果期

花果期 6～9 月。

## 七、采集时间

从 7 月份可收获到 11 月份，根据牛蒡的品种特性，待肉质根长至规定大小时及时收获。

## 八、营养水平

牛蒡鲜根每 100g 含水分 90. 1g、蛋白质 4. 1g、脂肪 0. 1g、碳水化合物 3. 5g、粗纤维 1. 5g、灰分 0. 7g，硫胺素 0. 03mg、核黄素 0. 50mg、钙 2mg、铁 2mg、磷 116mg。嫩叶每 100g 食用部分含水分 87g、蛋白质 4. 3～4. 7g、脂肪 0. 1～0. 8g、碳水化合物 3g、粗纤维 2. 4g、灰分 2. 4g，热量 158. 99kJ、胡萝卜素 390mg、硫胺素 0. 02mg、核黄素 0. 29mg、尼克酸 1. 1mg、抗坏血酸 2. 5mg、钙 242mg、铁 7. 6mg、磷 61mg。

## 九、食用方式

研制牛蒡茶及饮料、生产牛蒡罐头及酱。

## 十、药用价值

其果实牛蒡子被历版中国药典收载，为常用中药。牛蒡子性寒、味辛苦、归肺胃二经。具有疏散风热、祛痰止咳、解毒透疹、利咽消肿等功效。现代药理学研究表明其有抗肿瘤、抗炎、抗病毒和抗菌等作用，对糖尿病也有一定的治疗作用。牛蒡营养丰富，富含菊糖、纤维素、蛋白质、钙、磷、铁等矿物质和多种维生素，具有很强的保健功能。另外牛蒡根茎叶均可入药。

## 十一、栽培方式

### 1. 品种选择

新林1号、柳川理想、东北理想。

### 2. 栽培季节时间

于3月上旬至5月播种。

### 3. 播种技术

在土层深厚、土质疏松、排灌良好、富含有机质、pH值为6.5～7.5的壤土或沙壤土地块上，选择不易抽薹、裂根少、空心迟、品质好的渡边早生、松中早生等品种，在4月25日至5月5日谷雨断霜后播种。采用单沟双垄栽培，即在一个沟上起一个大垄，栽两行，行距为40cm，沟距60cm。将种子在55℃恒温水中浸10分钟后冷却至25℃，浸泡8～12小时，期间反复淘洗后催芽，露白后，在大垄上按照行、株距为40cm×15cm进行暗水点播；在1～2叶期间苗，4～5叶期定苗。

### 4. 田间管理措施

（1）中耕除草和培土　牛蒡幼苗生长缓慢，苗期杂草较多，应及时中耕除草。封行前的最后1次中耕应向根部培土，有利于直根的生长和膨大。

（2）追肥和浇水　加强肥水管理，促早发快长，是提高产量和效益的有效措施。牛蒡需肥量较多，施肥应本着基肥与追肥并重的原则。第1次追肥在定苗后，每667m$^2$施尿素10～15kg，以促进根系和幼苗的生长；第2次追肥在植株旺长期，每667m$^2$施三元复合肥（15-15-15）20～25kg，以促进茎叶生长；第3次追肥在肉质根开始膨大期，每667m$^2$施三元复合肥（15-15-15）40～

50kg，最好用钢筋打洞，把肥施入10～20cm深处，然后封严洞口，以促进肉质根迅速生长，达到高产优质。牛蒡的叶面积较大，需水量较多，天旱时应及时灌水，但每次灌水量不宜过多，以经常保持土壤湿润为宜。雨天要及时排除积水，以防止烂根。

**5. 繁殖方式**

种子繁殖。

**6. 病虫害防治**

牛蒡病害主要有黑斑病和白粉病。高温季节易发白粉病，可用20%粉锈宁1000～1500倍液，或12.5%禾果利2500倍液，或22波美度石硫合剂100倍液喷雾防治。雨季苗期易发黑斑病，常发生在土壤表面与根颈相接处，可用恶霉灵3000倍液灌根防治，也可用1∶3∶400波尔多液，或50%福美双可湿性粉剂500倍液喷雾防治。牛蒡虫害主要有牛蒡象、蚜虫、蛴螬、根结线虫等。牛蒡象和蚜虫可用50%抗蚜威2000倍液，在发生初期进行叶面喷雾防治。蛴螬等地下害虫可用50%辛硫磷毒土、90%敌百虫毒饵、3%米尔土壤处理剂撒施防治。根结线虫可用40%甲基异柳磷乳油1500倍液灌根防治。

**7. 采收及加工**

牛蒡以鲜嫩肉质根为其经济器官。收获偏早，肉质根产量低；收获过晚，根易纤维化，降低品质。当肉质根长75～85cm、粗1.5～2.5cm为适宜采收期。秋播牛蒡一般在播后240～260天为采收适期。采收时先将地上茎叶割除，在小高垄一侧挖深30cm左右，使牛蒡根颈露出，然后握住根颈向上用力拔出根部，采收后叶基部留1.5cm，并切齐，按加工要求分级，每捆2.5～3.0kg，整理后出售或冷藏、加工。

## 第三十一节　菊三七

**一、拉丁文学名：** *Gynura japonica*（Thunb.）Juel.

**二、科属分类：** 菊科菊三七属

**三、别名：** 菊叶三七、三七草、血当归

**四、植物学形态特征**

为高大多年生草本，高60～150cm，或更高。根粗大成块状，直径3～4cm，有多数纤维状根。茎直立，中空，基部木质，直径达15mm，有明显的沟棱，幼时被卷柔毛，后变无毛，多分枝，小枝斜升。基部叶在花期常枯萎。基部和下部叶较小，椭圆形，不分裂至大头羽状，顶裂片大，中部叶大，具长或短柄，叶柄基部有圆形、具齿或羽状裂的叶耳，多少抱茎；叶片椭圆形或长圆状椭圆形，长10～30cm，宽8～15cm，羽状深裂，顶裂片大，倒卵形、长圆形至长圆状披针形，侧生裂2～6对，椭圆形、长圆形至长圆状线形，长1.5～5cm，宽0.5～2.5cm，顶端尖或渐尖，边缘有大小不等的粗齿或锐锯齿、缺刻，稀全缘。上面绿色，下面绿色或变紫色，两面被贴生短毛或近无毛。上部叶较小，羽状分裂，渐变成苞叶。头状花序多数，直径1.5～1.8cm，花茎枝端排成伞房状圆锥花序；每一花序枝有3～8个头状花序；花序梗细，长1～6cm，被短柔毛，有1～3线形的苞

片；总苞狭钟状或钟状，长10～15mm，宽8～15mm，基部有9～11线形小苞片；总苞片1层，13个，线状披针形，长10～15mm，宽1～1.5mm，顶端渐尖，边缘干膜质，背面无毛或被疏毛。小花50～100个，花冠黄色或橙黄色，长13～15mm，管部细，长10～12mm、上部扩大，裂片卵形，顶端尖；花药基部钝；花柱分枝有钻形附器，被乳头状毛。瘦果圆柱形，棕褐色，长4～5mm，具10肋，肋间被微毛。冠毛丰富，白色，绢毛状，易脱落。

## 五、生境

我国产于四川、云南、贵州、湖北、湖南、陕西、安徽、浙江、江西、福建、台湾、广西。常生于海拔1200～3000m的山谷、山坡草地、林下或林缘。尼泊尔、泰国和日本也有分布。

## 六、花果期

花果期8～10月。

## 七、采集时间

11～12月份。

## 八、营养水平

该属植物不仅含有丰富的生物碱、萜烯及黄酮类等有效化学成分，而且富含氨基酸、粗蛋白及维生素等营养成分。

## 九、食用方式

叶子可泡水饮用。

## 十、药用价值

菊三七具有多方面的药理作用，主要有抗疟、消炎、镇痛及阿托品样作用，还具有抗肿瘤活性。

## 十一、栽培方式

### 1. 栽培季节时间

全年均可进行栽植，以春秋两季为宜，且多为露地栽培。

### 2. 繁殖技术

(1) 基质　首先做一个长方形或正方形的插床，大小根据需求而定，并设置高40～50cm的保温保湿透明罩，插床高应保证12～15cm，然后填充基质——清洁的细河沙，填充的厚度应保持在8～10cm，刮平，再用0.5%的高锰酸钾溶液进行灭菌消毒。

（2）插条　选择的插条既不要太嫩也不要太老，太嫩的生根较少，太老（木质化较强）的生根较慢。如何把握这个尺度呢？一是凭借经验；二是根据生长的天数来判定，冬季及早春室内扦插应选择生长4～6周的枝条，夏季扦插应选择生长3～5周的枝条，生长时间超过60天的枝条只能取其近顶端的部分。选取的枝条下端粗细应尽可能地大于0.3cm，过细生根慢而且少。插条的插端用锋利的刀具切平齐或切成45°角的斜面，插条的长度以8～10cm为宜（芽尖可摘可不摘），上端保留1/4～1/3的叶片，其余的叶片全部剪掉，这样做可以减少枝条中营养成分大量地消耗，也利于愈伤组织的形成和根的分化。

（3）扦插时间　只要条件具备一年四季均可扦插，但从生产的角度来考虑，扦插的时间可为当年的12月至第二年的3月之间。扦插前先将备好的插条用浓度为0.5%的多菌灵浸泡20～30分钟，取出用清水冲洗干净，待其表面的水分晾干后再扦插。扦插时先将插床开沟，或者用小木棍扎穴，深度均为3～4cm，再将插条放进去，扶正并填沙压住，间距4～5cm，保证根系生长有足够的空间。多行扦插保持行距8～10cm，扦插完毕喷水，使疏松的沙子自然沉积，最后用透明的棚膜盖严。

（4）管理　温度应保持在20～26℃，床内的相对湿度应保持在75%左右，温度过高应注意通风，每隔1～2天向插条上喷少量的水，以保持插条的生命活力和床内的湿度。

（5）移植　正常的条件下5～7天开始形成愈伤组织，并逐渐膨大，再经过15天左右有小（不定）根从愈伤组织的边缘或中心部分分化出来，粗一点（大于0.5cm）的插条在2～3天就可分化出十余条根。当根的长度达到5cm时，适当控制插床中的水量，降低床中的湿度，防止根系过分徒长，多通风多见光，使之逐步适应自然环境，两周后用小铲将其挖出，轻轻抖掉附沙，然后移植到小的花盆中，移植时莫使根系成团或成缕，应舒展开来，栽深2.5～3cm，不要用力挤压泥土，以免损伤根系，浇透水，置于避光处，让其度过缓苗期，同时使根逐步适应土壤的酸碱性并从中吸收营养成分，5～7天后移到阳光下让其自然生长，最后根据天气情况和长势适时移栽到田地中。

**3. 田间管理措施**

插植时先下足底肥，亩施腐熟农家肥1000kg或复合肥25kg，以保证枝条返青后能及时吸收到充足的养分，促进植株快速生长；枝条返青后，立即追施一次速效氮肥，每亩用750kg腐熟粪水、每50kg加入0.25kg尿素进行追施，加速植株伸长、增加叶片数和叶面积、促进侧枝萌发；为了提高鲜叶产量和不间断地采收食用，当鲜叶进入采收期后，注意不要出现缺肥现象，一般每采收两次追肥一次，主要以速效氮肥为主，结合追施钾肥。在土壤养分充足和经常保持土壤湿润的条件下，除了冬天气温较低、扦插后返青期需要10天以上之外，其他季节的返青期较短，只有7天左右，返青后10天便进入鲜叶采收期，以后都是每星期采收一次鲜叶。当发现叶片增长慢、少见有鲜嫩叶片时，这就是严重缺肥的症状。在管理过程中要特别注意，在整个生长期间注意不要缺水，但又不要过于潮湿，以保持土壤湿润为宜。

**4. 病虫害防治**

每年进入夏天后，在大田常有蚂蚱为害叶片，把叶片咬成缺刻状，严重时，可采用菊酯类药剂喷杀。另外，还有一种吹绵介壳虫专门吸食三七草叶片和茎秆的汁液，使叶片呈现脱水状的萎蔫现象。这种介壳虫不论是在大田或盆栽，当进入夏天后就有发生，防治上要做到勤检查、早发现、早防治，在初发阶段喷药防治。可用10%天王星乳油8000倍药液对准叶背和茎秆上的害虫喷杀。

**5. 采收**

11～12月份，植株地上部分遇霜枯萎后即可收获。挖出块根，除去茎秆，洗净泥土，切片晒干，即可入药。

## 第三十二节　马兰头

**一、拉丁文学名：** *Kalimeris indica*（L.）Sch.-Bip.

**二、科属分类：** 菊科马兰属

**三、别名：** 马兰、马莱、红梗菜、鸡儿菜

**四、植物学形态特征**

根状茎有匍枝，有时具直根。茎直立，高30～70cm，上部有短毛，上部或从下部起有分枝。基部叶在花期枯萎；茎部叶倒披针形或倒卵状矩圆形，长3～6cm稀达10cm，宽0.8～2cm稀达5cm，顶端钝或尖，基部渐狭成具翅的长柄，边缘从中部以上具有小尖头的钝或尖齿或有羽状裂片，上部叶小，全缘，基部急狭无柄，全部叶稍薄质，两面或上面有疏微毛或近无毛，边缘及下面沿脉有短粗毛，中脉在下面凸起。头状花序单生于枝端并排列成疏伞房状。总苞半球形，径6～9mm，长4～5mm；总苞片2～3层，覆瓦状排列；外层倒披针形，长2mm，内层倒披针状矩圆形，长达4mm，顶端钝或稍尖，上部草质，有疏短毛，边缘膜质，有缘毛。花托圆锥形。舌状花1层，15～20个，管部长1.5～1.7mm；舌片浅紫色，长达10mm，宽1.5～2mm；管状花长3.5mm，管部长1.5mm，被短密毛。瘦果倒卵状矩圆形，极扁，长1.5～2mm，宽1mm，褐色，边缘浅色而有厚肋，上

部被腺及短柔毛。冠毛长 0.1～0.8mm，弱而易脱落，不等长。

## 五、生境

广泛分布于亚洲南部及东部，在我国福建、广东、湖北、四川、贵州、广西等地都有分布。

## 六、花果期

花期 5～9 月，果期 8～10 月。

## 七、采集时间

春季和秋季均可进行。

## 八、营养水平

马兰头除含有纤维素、糖类、蛋白质、脂肪等一般营养成分外，还含有丰富的氨基酸、矿质元素、维生素 A、维生素 C 及 β-胡萝卜素。每 100g 马兰头中含钙 141mg、磷 69mg、钾 533mg，均超过菠菜，胡萝卜素的含量几乎与胡萝卜相等，维生素 A 的含量超过西红柿，维生素 C 的含量超过柑橘类水果。其所含氨基酸中 7 种氨基酸为人体必需氨基酸；与普通蔬菜比较，钾含量高，是一般蔬菜的 20 倍，硒、锌、镁、钙含量也丰富。

## 九、食用方式

马兰头可采摘后新鲜食用，也可将其晒干做干菜，食用时再水发。常见的烹调方法有炒、煮汤、凉拌等，一般人都可以食用。

## 十、药用价值

全草药用，有清热解毒、清热利湿、散瘀止血、消食积之效。研究表明，马兰头因含有黄酮类、三萜类化合物而具有降血脂功效。现代医学认为，马兰头适宜高血压病、眼底出血、青光眼之人食用；适宜吐血、衄血、齿衄、皮下出血之人食用；适宜急性咽喉炎、扁桃体炎、口腔炎、牙周炎和急性眼结膜炎者食用；适宜小儿疳积、疳眼、夜盲者食用。

## 十一、栽培方式

### 1. 品种选择

有红梗椭圆形叶和青梗披针形叶两种，红梗椭圆叶边缘无锯齿形，青梗披针形叶边缘有深凹锯齿形。红梗品种香味浓郁，食用价值高，药用以红梗马兰头为佳，采集时从香味和叶脉上区别。

**2. 栽培季节时间**

马兰头移栽的时间非常灵活（特别是在大棚栽培条件下），一年四季都可移栽，但以春秋季为佳。在春季移栽在4月下旬至5月上旬为佳。

**3. 栽植技术**

(1)选地整地　应采用水稻田栽培，马兰头质量好于旱田。这主要是由于水稻田蓄储水分足，不仅能满足土壤和马兰头叶面蒸腾作用需要，而且有利于促进地下根茎吸水。另外，采用稻板田种植马兰头，土壤病菌少，根腐病、角斑病发生的概率降低，一般而言，采用稻板田栽培马兰头可周年不用农药。大棚栽培，四周开好出水沟，大棚内宽5.8m，中间留操作沟宽0.5m。筑畦宽2.6m，畦面整成龟背形，基肥施用均匀。

(2)栽植　将马兰头的植株连根挖出，剪去地下部多余的老根，把已有新根的侧芽连同一段老根切下，移栽到整好的畦面上，株行距依季节而定，每穴栽3～4株，踏紧浇水，5～7天活棵。秋季栽种于8～9月进行，挖出地下宿根，地上部留10～15cm，剪去老枝及衰老的根系，栽种方法同春季。

**4. 田间管理**

(1)定苗　春季移栽的密度可相对较稀，一般采用20cm×20cm的株行距，经过夏天和秋天的生长，基本封垄。若在8～9月份移栽，密度可相对高一些，采用10cm×10cm株行距，可提高单位土地的产出率，增加种植户的收入。

(2)浇水　定植1周后浇缓苗水，然后视土壤墒情及时浇水追肥，保持土壤湿润，促使植株健壮，加速地下根茎生长，缩短封垄时间。

(3)追肥　当幼苗2～3片真叶时，进行第一次追肥，可施用腐熟的稀薄人粪尿。第2次追肥宜在采收前1周施入，以后每采收

1次、追肥1次，施肥量不宜过大，以氮肥(尿素)为主，配施磷钾肥。

(4)除草 垄间、株行间空隙大，极易滋生杂草，每隔一段时间要除草1次，做到除早、除小、除净。

**5. 繁殖方式**

马兰头的繁殖方法有种子繁殖和分株繁殖两种。

**6. 种子收集**

脱粒后的种子内混有较多的小花穗，约占种子量的50%。精选时首先将种子放置于布袋内揉搓，将小花穗搓细，然后用风柜或风扇精选，精选好的种子装于塑料袋内，放置于阴凉处保存，待收种入库。

**7. 病虫害防治**

马兰头最常见的虫害主要有菜青虫、小菜蛾、夜蛾等；病害主要是真菌性病害，如灰霉病、根腐病等。虫害每667$m^2$可用52.25%农地乐乳油25～35mL或10%除尽悬浮剂4mL防治，也可用18%杀虫双水剂200～250g加生物农药Bt对水喷雾防治。病害每667$m^2$可用50%农利灵水分散粒剂75～100g对水喷雾防治，或用50%速克灵可湿性粉剂1000～1500倍液、50%多菌灵可湿性粉剂500～1000倍液喷雾防治。为了提高防治效果，应注意交替使用农药。

**8. 采收**

为了保证马兰头的质量，要视其生长情况采收，一般出苗后30～40天即可采摘幼苗，茎白叶绿的马兰头幼嫩，采收时要挑大的摘，留下小的。成丛生长的可用刀割，留茬3～5cm，有新芽长出，即留3～4片叶摘尖。采摘后追施速效氮肥，促使植株健康生长，加快地下茎的扩展。如大棚栽培，且棚内温湿度条件适宜，马兰头生长迅速，一般可采收4～6次，每次每667$m^2$可采收500～600kg。

## 第三十三节　茼蒿

**一、拉丁文学名：** *Chrysanthemum coronarium* L.

**二、科属分类：** 菊科茼蒿属

**三、别名：** 蓬蒿、蒿菜、菊花菜、塘蒿、蒿子秆、蒿子、蓬花菜、皇帝菜

**四、植物学形态特征**

全株光滑无毛或几光滑无毛。茎高可达 70cm，不分枝或自中上部分枝。基生叶花期枯萎。中下部茎叶长椭圆形或长椭圆状倒卵形，长 8～10cm，无柄，二回羽状分裂。一回为深裂或几全裂，侧裂片 4～10 对。二回为浅裂、半裂或深裂，裂片卵形或线形。上部叶小。头状花序单生茎顶或少数生茎枝顶端，但并不形成明显的伞房花序，花梗长 15～20cm。总苞径 1.5～3cm。总苞片 4 层，内层长 1cm，顶端膜质扩大成附片状。舌片长 1.5～2.5cm。舌状花瘦果有 3 条突起的狭翅肋，肋间有 1～2 条明显的间肋。管状花瘦果有 1～2 条椭圆形突起的肋及不明显的间肋。

**五、花果期**

花果期 6～8 月。

## 六、营养水平

每 100g 茼蒿含水分 93.1g，蛋白质 1.8g，脂肪 0.3g，碳水化合物 1.7g，粗纤维 2.2g，灰分 0.9g；胡萝卜素 0.28mg，维生素 $B_1$ 0.01mg，维生素 $B_2$ 0.03mg，尼克酸 0.2mg，维生素 C 2mg，钙 33mg，磷 18mg，铁 0.8mg，钾 207mg，钠 172mg，镁 19.6mg，氯 240mg。另含丝氨酸、天门冬素、苏氨酸、丙氨酸等。

## 七、药用价值

消食开胃，通腑利肠。茼蒿中含有类似菊花香味的挥发油，有助于宽中理气、消食开胃、增加食欲，而且茼蒿所含的粗纤维有助于肠道蠕动，能促进排便，达到通腑利肠的目的。清血养心，润肺化痰。茼蒿内含丰富的维生素、胡萝卜素及多种氨基酸，性味甘平，可以养心安神，润肺补肝，稳定情绪，防止记忆力减退。此外，茼蒿气味芬芳，可以消痰开郁、避秽化浊。利小便，降血压。茼蒿中含有多种氨基酸、脂肪、蛋白质及较高量的钠、钾等矿物盐，能调节体内水分代谢，通利小便，消除水肿。茼蒿含有一种挥发性的精油以及胆碱等物质，具有降血压、补脑的作用。

## 八、栽培方式

### 1. 栽培季节时间

露地春播，一般在 3～4 月进行。露地夏秋播种，7～9 月份播，9～10 月份收获。也可以在保护地内进行栽培，10 月至翌年 3 月均可播种。

### 2. 播种技术

(1)选地整地　选土壤肥沃、疏松、保水保肥性好及排灌方便的田块。翻耕、细整后，做成宽 1～1.2m、长 10～15m 的畦，亩施腐熟厩肥 3500～4000kg，配施三元复合肥 15～20kg 作基肥。

(2)播种　条播或撒播均可。条播行距 8～10cm，播幅 5～6cm，每亩用种量 2.5～3kg。也可点播，密度 3.5cm 见方，每亩用种量 0.85kg。播种后覆土 1cm，并覆盖地膜，出苗后，将地膜全部撤去。

**3. 田间管理措施**

(1)浇水　茼蒿在生长期中不能缺水，应保持土壤处于湿润状态，但田间不能积水。在早春播种时，幼苗出土后要适当控制水分，防止发生猝倒病。

(2)除草　第1次间苗的时间是茼蒿苗长到2～3cm、1～2片真叶时。在田间拔苗，使株距保持1～2cm并进行浅中耕。第2次间苗的时间是茼蒿苗长到10cm左右、2～3片真叶时，同时进行除草，使株行距保持在4cm×4cm，若采用条播，第2次间苗时应使株距控制在3～4cm。

(3)施肥　茼蒿生长要求土壤湿度在70%～80%，因而应适时浇水。幼苗出土后，第1次间苗时、定苗后都要浇水1次，随水追施速效氮肥，保持土壤湿润为标准。每次采收前10～15天追施1次速效肥，施用硝酸钾225kg/hm$^2$、尿素150kg/hm$^2$。

**4. 种子收集**

茼蒿的采种多在春播田中选留具该品种特性的健壮种株，种株行株距30cm见方，4～5月开花，6月上旬果实成熟。

**5. 病虫害防治**

常见病虫害主要有叶枯病、霜霉病、褐斑病、潜叶蝇、白粉虱、蚜虫等。病害应以预防为主。应采用加强田间管理、搞好田园清洁、选用抗病品种等综合措施，化学防治应选用高效、低毒、低残留农药。

(1)叶枯病　可用50%扑海因可湿性粉剂1500倍液或50%多菌灵可湿性粉剂1500倍液喷雾，交替使用。霜霉病可用64%杀毒矾可湿性粉剂或75%百菌清可湿性粉剂500倍液喷雾。

(2)褐斑病　可用80%大生可湿性粉剂500倍液或78%科博可湿性粉剂500倍液喷雾。一般7～10天喷一次，连喷2～3次。潜叶蝇可用4.5%高效氯氰菊酯2000倍液，或0.9%虫螨克1500～2000倍液，或1.8%虫螨克3000～4000倍液喷雾。蚜虫可用10%蚜虱净乳油1000～2000倍液，或4.5%高效氯氰菊酯1500倍液等喷雾，可兼治白粉虱。采收前15天停止用药。

**6. 采收**

茼蒿一般生长40～50天，植株高20cm左右时即可收获。一般选大株分批采收。如果想进行多次收获，在主茎基部留2个叶节用利刀割去上部，每次采收后要进行浇水追肥，促进侧枝再生，侧芽萌发长大后，再留1～2片叶采收，直到开花为止。

## 第三十四节　苣荬菜

**一、拉丁文学名：** Sonchus arvensis L.

**二、科属分类：** 菊科苦苣菜属

**三、别名：** 荬菜、野苦菜、野苦荬、苦葛麻、苦荬菜、取麻菜、苣菜、曲麻菜

**四、植物学形态特征**

多年生草本。根垂直直伸，多少有根状茎。茎直立，高30～150cm，有细条纹，上部或顶部有伞房状花序分枝，花序分枝与花序梗被稠密的头状具柄的腺毛。基生叶多数，与中下部茎叶同形，全形倒披针形或长椭圆形，羽状或倒向羽状深裂、半裂或浅裂，全长6～24cm，宽1.5～6cm，侧裂片2～5对，偏斜半椭圆形、椭圆形、卵形、偏斜卵形、偏斜三角形、半圆形或耳状，顶裂片稍大，长卵形、椭圆形或长卵状椭圆形；全部叶裂片边缘有小锯齿或无锯齿而有小尖头；上部茎叶及接花序分枝下部的叶披针形或线钻形，小或极小；全部叶基部渐窄成长或短翼柄，但中部以上茎叶无柄，基部圆耳状扩大半抱茎，顶端急尖、短渐尖或钝，两面光滑无毛。头状花序在茎枝顶端排成伞房状花序。总苞钟状，长1～1.5cm，宽0.8～1cm，基部有稀疏或稍稠密的长或短茸毛。总苞片3层，外层披针形，长4～

6mm、宽 1～1.5mm，中内层披针形，长达 1.5cm、宽 3mm；全部总苞片顶端长渐尖，外面沿中脉有 1 行头状具柄的腺毛。舌状小花多数，黄色。瘦果稍压扁，长椭圆形，长 3.7～4mm、宽 0.8～1mm，每面有 5 条细肋，肋间有横皱纹。冠毛白色，长 1.5cm，柔软，彼此纠缠，基部连合成环。

## 五、生境

生于盐碱土地、山坡草地、林间草地、潮湿地或近水旁、村边或河边砾石滩等地貌，物种范围几乎遍布各地。

## 六、花果期

花期 7 月至翌年 3 月。果期 8～10 月至翌年 4 月。

## 七、营养水平

苣荬菜嫩茎叶含水分 88%、蛋白质 3%、脂肪 1%、氨基酸 17 种，其中精氨酸、组氨酸和谷氨酸含量最高，占氨基酸总量的 43%。这 3 种氨基酸都对浸润性肝炎有一定疗效。精氨酸还具有消除疲劳、提高性功能的作用；谷氨酸能在体内与血氨结合，形成对机体有益的谷氨酰胺，解除组织代谢过程中产生的氨的有害作用，并参加脑组织代谢，使脑机能活跃。苣荬菜还含有铁、铜、镁、锌、钙、锰等多种元素，其中钙锌含量分别是菠菜的 3 倍和 5 倍，是芹菜的 2.7 倍和 20 倍，而钙锌对维持人体正常生理活动，尤其是儿童的生长发育具有重要意义。此外，苣荬菜富含维生素，据测定，每 100g 鲜样含维生素 C 58.10mg，维生素 E 2.40mg，胡萝卜素 3.36mg。

## 八、药用价值

苣荬菜具有清热解毒、凉血利湿、消肿排脓、祛瘀止痛、补虚止咳的功效，对预防和治疗贫血病、维持人体正常生理活动、促进生长发育和消暑保健有较好的作用。

## 九、栽培方式

### 1. 播种技术

(1)整地　11 月上旬、中旬在日光温室内，翻土深 15～20cm，做成南北向小低畦，畦宽1.2m，留出0.1～0.2m做畦埂，在畦内施入腐熟的农家肥后拌匀耙平。畦面要求北高南低（落差10cm），以利于光照和浇水。土壤湿度以手捏土不散开且不粘为宜。

(2)播种 苣荬菜的种子白色或黄褐色，成熟时顶端具有伞状白色冠毛，千粒重0.6～0.8g，室内自然条件下贮存时寿命可达5年以上，使用年限为1～4年。播种适期为11月1～20日，播种前1周，将种子晒干；播种时，捏起少量种子，撒在手心，用嘴轻轻一吹，使其自然飘落，均匀着于畦面。据笔者多年试验证实，种子用激素处理可以打破休眠，具体方法是：用50mg/kg的赤霉素水溶液浸种12小时，捞出晾干后，密闭保存在阴凉、干燥处即可。

播种完毕后，第一遍水宜采用喷淋，使水珠呈下小雨状均匀下落，往返洒浇2～3次，水量不要太多，避免种子在地表不固定而漂移。浇水3～5天后，每畦撒细土10～15kg，随后再喷浇少量水。种子出苗前，切忌大水喷灌。日光温室内温度要保持在15～30℃，注意及时加盖纸被和草苫防寒。从播种至出苗需15～20天。

**2. 田间管理措施**

苣荬菜种子出苗先是二子叶同时出土，经7～10天后小苗吐出真叶，当有2～3片真叶时，对畦中生长不均匀的地方进行间苗，株距6～8cm，不宜过密。此时日光温室内温度要降至10～25℃，并适当降低土壤湿度，以防幼苗徒长。还要注意及时拔除田间杂草。

**3. 种子收集**

春季的早期采收，自然晒干。

**4. 病虫害防治**

病害主要是叶霉病，发病时在底部叶背面长有白粉，正面则为褐黄色，病斑逐渐向上发展，严重影响苣荬菜的品质和产量，故发现病症后应立即降温、降湿并喷布75%百菌清+ 50%托布津800～1000倍液，或用50%倍得利1000倍液进行药剂防治，每亩用药液7～8kg。

虫害主要是地蛆，在整个生长期内均可发生。如果发现整株受地蛆为害死亡，应立即拔出死株烧毁；如在死株断根处发现有蛆虫，可用90%的敌百虫1000倍液灌根，连续灌根防治两次，效果更佳。

**5. 采收加工**

1月20日左右开始采收上市，此时植株已有6～7片真叶。采收方法：用锋利的小刀在植株基部沿地面割下，摘取嫩茎叶，留下母根，以待产生新的菜芽。在正常管理情况下，母根可采收商品菜3～4茬，每亩产鲜菜200～260kg；其中以第二、三茬菜产量最高，约占总产量的70%。每茬菜采收完毕后，要施追肥，每亩施入硫酸铵1.5kg、磷酸二铵0.6g；追肥宜在午后进行，先干撒，随后喷水，并反复冲洗植株叶片2～3次，以防肥料烧伤叶片。

# 第三十五节　小苦荬

## 一、拉丁文学名：*Ixeridium dentatum*（Thunb.）Tzvel.

## 二、科属分类：菊科小苦荬属

## 三、别名：山苦荬

## 四、植物学形态特征

多年生草本，高 10～50cm。根状茎短缩，生多数等粗的细根。茎直立，单生，基部直径 1～3mm，上部伞房花序状分枝或自基部分枝，全部茎枝无毛。基生叶长倒披针形、长椭圆形、椭圆形，长 1.5～15cm，宽不足 1.5cm，不分裂，顶端急尖或钝，有小尖头，边缘全缘，但通常中下部边缘或仅基部边缘有稀疏的缘毛状或长尖头状锯齿，基部渐狭成长或宽翼柄，翼柄长 2.5～6cm，极少羽状浅裂或深裂，如羽状分裂，侧裂片 1～3 对，线状长三角形或偏斜三角形，通常集中在叶片的中下部；茎叶少数，小于、等于或大于基生叶，披针形或长椭圆状披针形或倒披针形，不分裂，基部扩大耳状抱茎，中部以下边缘或基部边缘有缘毛状锯齿；全部叶两面无毛。头状花序多数，在茎枝顶端排成伞房状花序，花序梗细。总苞圆柱状，长 7～8mm。总苞片 2 层，外层宽卵形，长 1.5mm，宽不足 1mm，内层长，长椭圆形，长 7～8mm，宽 1mm 或不足 1mm，顶端急尖。舌状小花

5～7 枚，黄色，少白色。瘦果纺锤形，长 3mm，宽 0.6～0.7mm，稍压扁，褐色，有 10 条细肋或细脉，顶端渐狭成长 1mm 的细喙，喙细丝状，上部沿脉有微刺毛。冠毛麦秆黄色或黄褐色，长 4mm，微糙毛状。

## 五、生境

适应性较强，广泛地分布于海拔 500～4000m 的山坡草地乃至平原的路边、农田或荒地上。本种耐旱也较耐寒，在北方干旱地区的固定、半固定沙丘及其他沙质地上也见有生长，在海拔 3300～4000m 高寒的青藏高原亦可适应。在我国东北和内蒙古等地区，返青较早，而在晚秋季霜冻后亦可短期存活。

## 六、花果期

花果期 4～8 月。

## 七、营养水平

小苦荬是人们日常生活中常见的一种野菜，它的生长范围非常广泛，也是人们喜欢的一种食品。晒干了的小苦荬中含有丰富的钾、钙、镁、磷、钠、铁、锰、锌、铜等元素。据测定，每百克鲜菜中含蛋白质 1.8g、糖类 4.0g、植物纤维 5.8g、钙 120mg、磷 52mg。此外，其还含有维生素 $B_1$、维生素 $B_2$、维生素 C、胡萝卜素、烟酸、甘露醇、甾醇、胆碱、酒石酸等多种成分。

## 八、食用方式

鲜嫩的小苦荬，去根，洗净烫水，揉去苦汁，或晒成干，用猪油烹煮，或以香油、辣椒共炒，无不促进食欲。也可以晾干、炒制成茶叶泡水喝。

## 九、药用价值

能够清热燥湿、消肿排脓、化瘀解毒、凉血止血。以它入药，可治疗多种疾病。《神农本草经》说它“苦寒，主治五脏邪气，厌谷胃痹，久服安心、益气、轻身、耐老”。

### 1. 防治贫血，消暑保健

小苦荬中含有丰富的胡萝卜素、维生素C以及钾盐、钙盐等，对预防和治疗贫血病，维持人体正常的生理活动，促进生长发育和消暑保健有较好的作用。

### 2. 清热解毒，杀菌消炎

小苦荬中含有蒲公英甾醇、胆碱等成分，对金黄色葡萄球菌耐药菌株、溶血性链球菌有较强的杀菌作用，对肺炎双球菌、脑膜炎球菌、白喉杆菌、绿脓杆菌、痢疾杆菌等也有一定的杀伤作用，故对黄疸性肝炎、咽喉炎、细菌性痢疾、感冒发热及慢性气管炎、扁桃体炎等均有一定的疗效。

## 十、栽培方式

### 1. 栽培季节时间

小苦荬耐热、耐寒、适应性强，可春种夏收、夏种秋收，早秋种植元旦前收获，以及冬季大棚生产等。

### 2. 播种、育苗技术

一般大棚生产，在寒冬到来之前育成壮苗为宜，即苗期避开1月份寒冬季节。早春播1～3月中棚内播种育苗，标准棚筑2畦，中间开1条沟，深翻筑畦，浇足底水，种子撒播畦内，覆盖籽泥，以盖没种子为度，平铺塑料薄膜（2层薄膜1层地膜），一般10～15天出苗，逢阴雨低温出苗时间更长些。齐苗后揭除地膜，通风换气，白天要防高温伤苗，晚上防冻害。夏播4～6月露地育苗，选择地势高处，深翻施腐熟厩肥，筑畦整平。浸种3小时，待种子晾干后播种。育苗床浇足底水，将种子撒播在畦面上，并盖好籽泥，浇足水，如遇高温干旱，畦上覆盖遮阳网，齐苗后早晚揭网，苗床肥水要适中，不宜过干。秋播7～9月，小苦荬育苗要浸种催芽，方法是：将种子用纱布包好后浸水3～4小时，然后取出放入冰箱冷藏室内，保持15～20℃，每天冲洗1遍，有75%的种子出芽即可播种。秋播育苗最好用小拱棚或大棚，出苗后注意土壤墒情，不宜过干过湿，并及时拔除杂草，确保排水通畅。冬季栽培可于11～12月播种育苗，前提是大棚要施好基肥，翻耕做畦，6m宽的大棚做2畦或3畦，播种田床土要筛细，隔天浇足底水，然后撒播，每亩地播种子1500g左右，可供种植大田3亩左右，播后撒一层营养土盖没种子，再平盖一层塑料薄膜或地膜。出苗后及时揭去平盖的薄膜，加强管理，做好通风换气和保暖工作。

小苦荬夏秋栽培，必须催芽播种，否则难以保证育苗成功。因小苦荬种子发芽适温为15～20℃，超过25℃或低于8℃不出芽。

幼苗长至4～6片真叶时即可定植，一般夏秋季需20～30天，冬春季需50～70天。株行距要求15cm×20cm。

### 3. 田间管理措施

春播露地移栽，施足腐熟厩肥，每亩施碳酸氢铵80kg。定植后浇足定根水，如遇干旱，以肥水促进，25～30天即可上市，亩产量1800～2000kg。秋播7～9月正遇高温干旱季节，且常暴雨，移栽后应浇足活棵水，用遮阳网覆盖5～7天，活棵后如遇阴雨天可解除遮阳网，肥水适中，有利于小苦荬正常生长，20～30天即可上市，一般亩产量1600～1800kg。秋冬播10～11月在露地移栽，12月份遇寒潮侵袭，需移栽在大棚内，25～30天即可上市，亩产量1500kg左右。定植前施足基肥，每亩施优质厩肥5000kg，二铵40kg，尿素20kg，硫酸钾20kg或草木灰200～300kg，做成1.5m连沟的畦。定植时浇好定植水，1周后浇足缓苗水，缓苗后配合浇水冲施提苗肥（尿素15kg/亩），后期重施促棵肥（尿素30kg/亩），定植缓苗后及时中耕、深锄以利于蹲苗，促进根系发育。整个生长发育期，保持田间湿润、土壤疏松。

### 4. 种子收集

成熟后摘取。

### 5. 病虫害防治

虫害主要是蚜虫，可用吡虫啉等防治。霜霉病用75%百菌清可湿性粉剂，或58%瑞毒霉锰锌50g对水20kg和70%乙锰（乙磷铝锰锌）50g对水15kg交替使用，防治效果更佳；灰霉病、菌核病，用

50%速克灵粉剂50g对水40～50kg喷雾。病害严重时，可酌情加大药量。喷药时间应选晴天午后3时或雨后转晴叶面不带露水时较好。

**6. 采收**

定植后根据各种条件不同，一般30～50天即可收获，冬季时间要长一些。收获时夏季在早上进行，冬季温室内应在晚上进行，可用刀子在植株近地面处割收，掰掉黄叶、病叶，捆把或装筐即可销售。如果进行长途运输，还要进行预冷，或在包装箱内放入冰決（注意冰块周围容易发生冻害）。

# 第三十六节　蒲公英

**一、拉丁文学名：** *Taraxacum mongolicum* Hand. -Mazz.

**二、科属分类：** 菊科蒲公英属

**三、别名：** 蒙古蒲公英、黄花地丁、婆婆丁、灯笼草、姑姑英、地丁、黄花苗、黄花郎、木山药、浆薄薄、补补丁、奶汁、苦蓿

## 四、植物学形态特征

多年生草本。根圆柱状，黑褐色，粗壮。叶倒卵状披针形、倒披针形或长圆状披针形，长4～20cm，宽1～5cm，先端钝或急尖，边缘有时具波状齿或羽状深裂，有时为倒向羽状深裂或大头羽状深裂，顶端裂片较大，三角形或三角状戟形，全缘或具齿，每侧裂片3～5片，裂片三角形或三角状披针形，通常具齿，平展或倒向，裂片间常夹生小齿，基部渐狭成叶柄，叶柄及主脉常带红紫色，疏被蛛丝状白色柔毛或几无毛。花茎一至数个，与叶等长或稍长，高10～25cm，上部紫红色，密被蛛丝状白色长柔毛；头状花序直径30～40mm；总苞钟状，长12～14mm，淡绿色；总苞片2～3层，外层总苞片卵状披针形或披针形，长8～10mm，宽1～2mm，边缘宽膜质，基部淡绿色，上部紫红色，先端增厚或具小到中等的角状突起；内层总苞片线状披针形，长10～

16mm，宽 2～3mm，先端紫红色，具小角状突起；舌状花黄色，舌片长约 8mm，宽约 1.5mm，边缘花舌片背面具紫红色条纹，花药和柱头暗绿色。瘦果倒卵状披针形，暗褐色，长 4～5mm，宽 1～1.5mm，上部具小刺，下部具成行排列的小瘤，顶端逐渐收缩为长约 1mm 的圆锥至圆柱形喙基，喙长 6～10mm，纤细；冠毛白色，长约 6mm。

## 五、生境

广泛生于中、低海拔地区的山坡草地、路边、田野、河滩，全国各地均有野生分布。

## 六、花果期

花期 4～9 月，果期 5～10 月。

## 七、营养水平

蒲公英不论是野生的还是人工栽培的，均为营养丰富的特种蔬菜。它的花粉中含有维生素、亚油酸，枝叶中则含胆碱、氨基酸和微量元素。鲜嫩蒲公英全草的可食部分约为 84%，而每 100g 可食部分含蛋白质 4.8g，脂肪 1.1g，糖类 5.0g，粗纤维 2.1g，钙 216.0mg，磷 93.0mg，铁 10.2mg，胡萝卜素 7.35mg，维生素 $B_1$ 0.03mg，维生素 $B_2$ 0.39mg，维生素 C 47.0mg，尼克酸 1.9mg。蒲公英不仅营养丰富，而且有很高的药用价值。

## 八、食用方式

蒲公英是一种营养丰富的保健野菜，主要食用部分为叶、花、花茎、根。蒲公英嫩幼苗冷水漂洗、开水烫后，生吃、凉拌、炒食或做汤都可以，可拌海蜇皮、炒肉丝等，还能配着绿茶、甘草、蜂蜜等调成一杯能够清热解毒的蒲公英绿茶。

## 九、药用价值

蒲公英药用最早见于唐朝的《新修本草》，称其味苦、性寒，入肝、胃经。具有清热解毒、消痈散结、利尿等功用，是一味极其常用的中草药。

## 十、栽培方式

### 1. 栽培季节时间

春、夏、秋三季均适合种植。

### 2. 播种技术

一般在2月下旬至3月上旬进行整地，在翻耕前，每亩施入农家肥3000kg作为基肥，然后结合耕地翻入土中，土地深翻40cm左右。

土地翻好后，进行晾晒2～3天，这样可以消灭块根类杂草和地下越冬的害虫。

土地晒好后，根据地势做成宽2～2.5m的畦。

如果土壤过旱，应在下种之前先浇一次水，待土壤稍干爽后，对土壤进行浅翻，翻地不宜过深，一般在5～6cm即可。

耙平整细是对整地的一项重要要求，用铁耙将大土块打碎，使土壤疏松，使畦面平整，防止畦内包埋土块和杂物，以免影响蒲公英的成活，地整好后就可以栽种了。

一般在开春4月中旬左右进行播种。种子的质量要求是籽粒饱满，大小均匀。因为种子细小，为避免播种时撒不均匀，播种前可掺入3～6倍的细沙，拌匀后就可以进行播种了。播种时一般采用条播，按行距25～30cm，开3～5cm深的浅沟，然后将种子均匀撒入沟内。覆土不要太厚，直接用耙子耙平就可以了。

### 3. 田间管理措施

如果土壤湿度适中，15天左右就可以出苗，干旱地区雨季播种5～7天就可以出苗。虽说蒲公英的生长受环境影响很大，但其经济产量及药用品质取决于田间管理水平，所以加强田间管理是十分重要的。

（1）生长前期的管理

① 中耕除草。当蒲公英刚刚显苗，此时正处在幼苗期间，在这一期间幼苗怕湿怕水，如遇连雨，便会出现根基部腐烂，造成缺苗断垄。因此苗出齐后不要再浇水，可进行浅锄，除草并疏

松表土。当叶长长至10cm左右时要进行第二次中耕除草，结合浅锄松土将表土内的细根锄断，有助于主根生长。

② 追肥浇灌。当叶长长至15cm左右时。要对蒲公英进行追肥，每亩追施尿素10～15kg，饼肥25～40kg。追肥后应立即浇水，使养分能够被充分吸收。如遇春旱影响出苗和幼苗生长时，可根据土壤含水量适时适量灌水，保证土壤的水分。

**(2)生长中期的管理** 6月下旬，当叶长长至25cm左右时，蒲公英就进入了生长中期，这个时期，植株一般不会再长高，主要是发根壮根。这一时期的主要管理工作如下。

① 中耕除草。这个时间要经常注意中耕除草，保持田间无杂草，防止杂草旺长影响蒲公英的产量和质量。中耕除草一般20天左右进行1次，也可根据具体情况而定，一般植株封垄后就不便进行松土了。松土时宜浅不宜深，以免伤根。

② 追肥浇灌。7月下旬，蒲公英就进入生长期中最关键的时期，这一时期蒲公英逐渐抽薹开花，代谢旺盛，耗水量大。这时应氮肥、磷肥配合进行追肥。施肥后，应及时浇灌，促使养分能够被充分吸收。

**(3)生长后期的管理** 9月下旬，蒲公英进入生长后期，也进入营养生长和生殖生长并进的时期。这个时期一定要防止倒伏，应进行中耕培土，促使土壤保持良好的通透性，以利于根系的发育，增加侧根的数量，提高抗倒伏能力。依据蒲公英的生长情况，应进行叶面喷肥。每亩用尿素0.75～1kg、钼酸铵5～15kg、磷酸二氢钾10～30kg，对水30～50L喷雾。

### 4. 繁殖方式

种子繁殖。

### 5. 种子收集

初夏为野生蒲公英开花结籽期，每株开花数随生长年限增加而增多，有的单株开花数达10个以上，开花后13～15天种子即成熟。花盘外壳由绿变为黄绿，种子由乳白色变褐色时即可采收，切勿等花盘开裂时再采收，否则种子易飞散失落损失较大。

**6. 病虫害防治**

(1)叶枯病　叶枯病主要危害植株叶片，从植株下部叶片开始发病，逐渐向上蔓延。发病初期叶面产生褐色、圆形小斑，病斑不断扩大，中心部呈灰褐色，最后叶片焦枯，植株死亡。

防治方法：发病初期，可选用 50% 多菌灵 600 倍液，或 65% 代森锌 500 倍液进行药剂喷雾。间隔 10～15 天，连续喷 2～3 次。

(2)根腐病　根腐病主要危害根茎部和根部。发病初期病部呈褐色至黑褐色，逐渐腐烂，后期外皮脱落，只剩下木质部，剖开病茎可见维管束褐变。湿度大时病部长出一层白色至粉红色菌丝状物。地上部叶片发黄或枝条萎缩，严重的枝条或全株枯死。

防治方法：发现病株及时挖除，补栽健株，并在病穴施入石灰消毒，必要时可换入新土。发病初期喷淋 50% 甲基硫菌灵可湿性粉剂 600 倍液，或浇灌 45% 代森铵水剂 500 倍液、20% 甲基立枯磷乳油 1000 倍液。每间隔 7 天喷施一次，经 1 个月可治愈。

(3)短额负蝗　短额负蝗主要危害植株的花蕾和叶片，成虫、幼虫都善跳跃，取食时间在上午 10 点以前和傍晚，其他时间多在作物或杂草中躲藏。

防治方法：发现虫害，可用微孢子虫制剂防治 1 次，间隔 5～7 天后再用卡死克 2000 倍液喷施 1 次，可长期控制危害。在幼虫分散危害前，可用 2.5% 溴氰菊酯 3000 倍液或 2.5% 功夫菊酯 2000 倍液进行喷雾 1～2 次，间隔 5～7 天。

(4)蚜虫　蚜虫分布普遍，每年发生十代以上，以卵在树木枝条缝隙越冬，也在多年生根际越冬。不同年份、不同生长环境发生危害程度差异甚大，通常年份危害期短，多在 6 月下旬、7 月上旬危害个别植株。

防治方法：可用烟草石灰水溶液灭蚜。用烟叶 0.5kg、生石灰 0.5kg、香皂少许，加水 30kg，浸泡 48 小时过滤，取汁喷洒，效果显著。

农药灭蚜。常用药剂有50%辟蚜雾可湿性粉剂2000～3000倍液，对灭蚜有特效，不伤天敌。也可用10%烟碱乳油杀虫剂500～1000倍液，这种农药残留只有36小时，低毒、低残留、无污染，蚜虫不产生抗性。

**7. 采收**

采挖前，应用刀割去地面上部的茎和叶，用耙子搂干净，然后从畦的一头开始挖根，在畦旁开挖60cm深的沟，要一株一株地挖，顺序向前刨挖，挖一株捡一株，注意不要将根挖断，以防止降低根的质量，一般每亩收获鲜根1500～2000kg。

## 第三十七节　大蓟

**一、拉丁文学名：** *Cirsium japonicum* Fisch. ex DC.

**二、科属分类：** 菊科蓟属

**三、别名：** 蓟、山萝卜、地萝卜

**四、植物学形态特征**

多年生草本，块根纺锤状或萝卜状。茎直立，高 30～80（150）cm，分枝或不分枝，全部茎枝有条棱，被稠密或稀疏的多细胞长节毛，接头状花序下部灰白色，被稠密茸毛及多细胞节毛。基生叶较大，全形卵形、长倒卵形、椭圆形或长椭圆形，长 8～20cm，宽 2.5～8cm，羽状深裂或几全裂，基部渐狭成短或长翼柄，柄翼边缘有针刺及刺齿；侧裂片 6～12 对，中部侧裂片较大，向上及向下的侧裂片渐小，全部侧裂片排列稀疏或紧密，卵状披针形、半椭圆形、斜三角形、长三角形或三角状披针形，宽狭变化极大，或宽达 3cm，或狭至 0.5cm，边缘有稀疏大小不等小锯齿，或锯齿较大而使整个叶片呈现较为明显的二回状分裂状态，齿顶针刺长可达 6mm，短可至 2mm，齿缘针刺小而密或几无针刺；顶裂片披针形或长三角形。自基部向上的叶渐小，与基生叶同形并等样分裂，但无柄，基部扩大半抱茎。全部茎叶两面同色，绿色，两面沿脉有稀疏的多细胞长或短节毛或几无毛。头状花序直立，少有下垂的，少数生茎端而花序极短，不呈明显的花序式排列，少有头状花序单生茎端的。总苞钟状，直径3cm。总苞片约6层，覆瓦状排列，向内层渐长，外层与中层卵状三角形至长三角形，长0.8～1.3cm，宽3～3.5mm，顶端长渐尖，有长1～2mm的针刺；内层披针形或线状披针形，长1.5～2cm，宽2～3mm，顶端渐尖呈软针刺状。全部苞片外面有微糙毛并沿中肋有黏腺。瘦果压扁，偏斜楔状、倒披针状，长4mm，宽2.5mm，顶端斜截形。小花红色或紫色，长2.1cm，檐部长1.2cm，不等5浅裂，细管部长9mm。冠毛浅褐色，多层，基部联合成环，整体脱落；冠毛、刚毛长羽毛状，长达2cm，内层向顶端纺锤状扩大或渐细。

## 五、生境

广布我国河北、山东、陕西、江苏、浙江、江西、湖南、湖北、四川、贵州、云南、广西、广东、福建和台湾。日本、朝鲜有分布。生于山坡林中、林缘、灌丛中、草地、荒地、田间、路旁或溪旁，海拔400～2100m。模式标本采自日本。

## 六、花果期

花果期4～11月。

## 七、采集时间

夏秋两季花开时采割地上部分，根于8～10月采挖。

## 八、营养水平

每100g嫩茎叶含蛋白质1.5g，脂肪1.4g，胡萝卜素3.05mg，维生素 $B_2$ 0.32mg，维生素C 31mg。

## 九、食用方式

食用部分为嫩茎叶、肉质根。4～5月采集嫩茎叶，洗净，沸水浸烫一下，可凉拌、炒食、做汤、和面蒸食、晒干菜、腌咸菜。秋末挖掘肉质根，去杂洗净，水煮后可腌制酱菜。

## 十、药用价值

大蓟性甘、凉，有凉血止血、散瘀消肿等功效，还能降低血压，临床上主要用于治疗出血、感染性疾病和高血压。民间春季发新叶时采摘烹作菜肴，有消炎降压的保健作用。

## 十一、栽培方式

### 1. 栽培季节时间

种子繁殖在3月春播，分株繁殖在3～4月。

### 2. 整地技术

选土质肥沃、排灌方便、土层深厚的沙质壤土或疏松壤土田块种植。每667m$^2$施腐熟有机肥1000kg、三元复合肥20kg，深耕20cm后将土块耙细、整平，做成宽约1.2m、高约15cm的高垄，两边开好排水沟。

### 3. 田间管理

(1)中耕除草　大蓟喜温暖湿润气候，耐旱，适应性较强。苗期1～2片叶时间苗，每年中耕除草3～4次，首次中耕宜浅。除草掌握除早、除了、除好的原则，减少杂草与苗争肥。大蓟抽薹开花后应及时摘除花薹，以利根部生长，提高大蓟根（药材）的产量和质量。

(2)水肥管理　施肥可结合中耕除草进行，以人畜粪水和氮肥为主。一般种植1个月后可施稀薄氮肥，苗期追肥宜少量多次，花期前后施1次高钾低氮磷复合肥。第2、第3年开春时要施一定量的基肥。

### 4. 繁殖方式

(1)种子繁殖　大蓟以种子繁殖为主，播种要用当年收获的种子。3月春播，播种前催芽的方法是：将种子浸于30℃水中12小时，在25℃条件下盖上湿布保湿避光催芽7～10天，当70%种子露白时即可播种。播前浇足底水，保持土壤湿度65%～80%，出苗期间保持湿润。穴播：按行株距30cm×30cm开穴，穴深3～5cm，种子用草木灰拌匀后播入穴内，播种后浅覆土浇水，适温下10天左右出苗。9月秋播，以秋播为好。7～8月种子成熟后，采收头状花序，晒干、脱粒，备用。秋季采用条播，行距30cm，开条沟2cm深，播种后覆浅土浇水，土面发白应及时补水，小苗期适当遮阴育苗。

(2)分根、分株繁殖　生产上亦有用根芽繁殖，3～4月利用长势强壮带芽的根进行栽种。行株距35cm×20cm，种后压实浇水。分株繁殖，3～4月挖掘母株，分成小株栽种。

(3)扦插　扦插后一个半月左右即能见插枝上冒出新芽，预示新根已经长成，再过1～2周就可取出移入泥中。当根长到1～2cm时即可移栽，为使扦插苗生长健壮，插后管理过程中每隔6～9天喷1次0.2%的磷酸二氢钾。注意取插枝时须连根部周围黄沙一起取出，然后放入盛有水的桶中漂洗，再移入土中。切不可直接将插枝从沙中拔出，否则伤及嫩芽使前功尽弃。

**5. 种子收集**

在采收大蓟种子时，需随时关注其种球开裂情况，当上部微裂有少数种子逸出、下部颜色加深时，立即用枝剪剪下整个种球，放在室内无风处的太阳光下晾晒1～2天，种球张开反向卷曲变棕黄色，种子飘散出，立即收集种子，去除羽状冠毛，吹掉空瘪种子，即可进行秋播，或稍晾几天后放阴凉干燥处于春季播种，时间放置太久会影响发芽率。

**6. 病虫害防治**

大蓟一般无病害，虫害主要为蚜虫，为害叶片、花蕾和嫩梢，4月中旬至5月下旬是其大量发生期，可用10%吡虫啉3000～5000倍液或50%抗蚜威1500倍液喷雾防治。

**7. 采收和加工**

以采收肉质根为主，在9～10月将2～3年生的肉质根挖起，除去泥土后晒干或烘干即可。如果全草入药可于7～8月割取地上全草，晒干。

## 第三十八节　苦苣菜

**一、拉丁文学名：** *Sonchus oleraceus* L.

**二、科属分类：** 菊科苦苣菜属

**三、别名：** 滇苦英菜

**四、植物学形态特征**

一年生或二年生草本。根圆锥状，垂直直伸，有多数纤维状的须根。茎直立，单生，高 40～150cm，有纵条棱或条纹，不分枝或上部有短的伞房花序状或总状花序式分枝，全部茎枝光滑无毛，或上部花序分枝及花序梗被头状具柄的腺毛。基生叶羽状深裂，全形长椭圆形或倒披针形，或大头羽状深裂，全形倒披针形；或基生叶不裂，椭圆形、椭圆状戟形、三角形、或三角状戟形或圆形，全部基生叶基部渐狭成长或短翼柄；中下部茎叶羽状深裂或大头状羽状深裂，全形椭圆形或倒披针形，长 3～12cm，宽 2～7cm，基部急狭成翼柄，翼狭窄或宽大，向柄基逐渐加宽，柄基圆耳状抱茎，顶裂片与侧裂片等大或较大或大，宽三角形、戟状宽三角形、卵状心形，侧生裂片 1～5 对，椭圆形，常下弯，全部裂片顶端急尖或渐尖，下部茎叶或接花序分枝下方的叶与中下部茎叶同型并等样分裂或不分裂而呈披针形或线状披针形，且顶端长渐尖，下部宽大，基部半抱茎；全部叶或裂片边缘及抱茎小耳边缘有大小不等的急尖锯齿或大锯齿或上部及接花序分枝处的叶，边缘大部全缘或上半部边缘全缘，顶端急尖或渐尖，两面光滑无毛，质地薄。头状花序少数在茎枝顶端排成紧密的伞房花序或总状花序或单生茎枝顶端。总苞宽钟状，长 1.5cm，宽 1cm；总苞片 3～4 层，覆瓦状排列，向内层渐长；外层长披针形或长三角形，长 3～7mm，宽 1～3mm，中内层长披针形至线状披针形，长 8～11mm，宽 1～2mm；全部总苞片顶端长急尖，外面无毛或外层或中内层上部沿中脉有少数头状具柄的腺毛。舌状小花多数，黄色。瘦果褐色，长椭圆形或长椭圆状倒披针形，长 3mm，宽不足 1mm，压扁，每面各有 3 条细脉，肋间有横皱纹，顶端狭，无喙，冠毛白色，长 7mm，单毛状，彼此纠缠。

## 五、生境

分布辽宁、河北、山西、陕西、甘肃、青海、新疆、山东、江苏、安徽、浙江、江西、福建、台湾、河南、湖北、湖南、广西、四川、云南、贵州、西藏。生于山坡或山谷林缘、林下或平地田间、空旷处或近水处，海拔 170～3200m。几乎全球分布。

## 六、花果期

花果期 5～12 月。

## 七、采集时间

苦苣菜可多次采收嫩茎叶，一般植株有 6 片真叶或株高 10cm 时，可用剪刀剪或手掐采收。春季半个月采收 1 次；夏季 10 天采收 1 次；秋季 1 个月采收 1 次。

## 八、营养水平

苦苣菜含有较多的维生素 C，100g 鲜草中，叶部含维生素 C 11～68.2mg，茎中含维生素 C 11mg、含胡萝卜素 14.5mg。秋季，茎叶中维生素 C、胡萝卜素含量比春、夏季高。

## 九、药用价值

苦苣菜性寒，味苦。有清热、凉血、解毒之功效，可治痢疾、黄疽、血淋、痔瘘、蛇咬等病症。根、花、种子也可入药。脾胃虚寒者不宜食用。

## 十、栽培方式

### 1. 栽培季节时间

苦苣菜栽培季节主要为春、秋两季。

### 2. 播种、育苗技术

春播应尽可能提早，可延长其营养生长期和采收期。可利用温床育苗，当有7～9片叶时定植，株距20cm，行距30cm。露地播种可行直播，但需间苗以利植株生长。秋播可分早秋播和晚秋播。早秋播种，于当年冬季收获；晚秋播种，于翌年3～4月收获。但是，在冬季寒冷地区越冬栽培时，应定植在阳畦、大棚等保护设施中。

### 3. 田间管理

在生长期间要注意浇水、追肥和中耕除草。生长前期需浇水2～3次。浇水通常春多秋少，并根据土壤板结状况，结合浇水进行中耕松土。到生长盛期，结合浇水施速效性氮肥，以促进叶片生长，使其增大增厚，提高产量和质量。为了减轻苦味，并使其品质柔嫩，可实行软化栽培。凡能使叶片不见光线并保持适度干燥的措施，均可达到软化的目的，例如将植株移植到地窖、覆盖草帘等。

### 4. 繁殖方式

有种子繁殖和根茎繁殖两种方式。种子繁殖春、夏、秋均可进行播种，一般以春播为主，夏秋播为辅。春播可利用温床育苗提早上市，夏季露地直播须防止徒长，深秋播种应在保护设施中进行。根茎繁殖应挖取野生苦苣菜的母根，摘除老叶，按株距15cm、行距25cm，开沟8～10cm深定植。栽后立即浇定根水，水渗后覆土，以不露母根为度。

### 5. 种子收集

苦苣菜留种多在秋季播种，防寒过冬，到春季带土移植于采种田，或就地间苗后留种。通常株行距均为30cm。在6月前后抽薹开花，可达到结实饱满的目的。

**6. 病虫害防治**

(1) 叶斑病 主要危害茎、叶。叶片受害部位出现圆形病斑，微下陷，随着分生孢子的大量出现，病斑变为深褐色或黑色，严重时叶片枯死。茎部出现病斑后，使茎秆变细，严重时腐茎倒苗而死。防治方法：①选无病鳞茎作种，种前鳞茎用新洁尔灭或福尔马林消毒；②及时疏沟排水，降低田间湿度，保持通风透光，增强植株抗病力；③发病前后喷 1∶1∶100 波尔多液，或 65% 代森锌 500 倍液，每 7 天 1 次，连喷 3～4 次，并可兼治鳞茎腐烂病。

(2) 病毒病 为全株型病害。叶片出现黄绿色相间的花叶，表面凹凸不平，并有黑色病斑，造成叶片早期枯死，植株生长矮小，严重时全株枯死。为病毒侵染造成。防治方法：①选用抗病品种，选择无病母株留种；②及时喷药消灭传毒昆虫，如蚜虫、种蝇等；③增施磷、钾肥，促进植株生长健壮，增强抗病力。

(3) 蚜虫 夏初发生。吸食嫩茎、叶的汁液，使植株枯顶，影响生长，并传染病害。防治方法：在蚜虫发生初盛期，用 10% 吡虫啉粉剂 3000 倍液或者用 3% 啶虫脒乳油 2000～2500 倍液喷雾，杀蚜速效性好。

(4) 种蝇 又叫根蛆。以幼虫危害鳞茎，鳞茎最后腐烂，严重时地上植株枯死。防治方法：①进行土壤消毒；②用 90% 敌百虫 800 倍液浇灌根部，兼治地老虎。

**7. 采收和加工**

应于栽后的第 2 年立秋前后，当茎叶枯萎时，选晴天挖出。除去泥土、茎秆和须根，将大鳞茎作为商品，小鳞茎留作种用。

# 第三十九节　山莴苣

## 一、拉丁文学名：*Lagedium sibiricum*（L.）Sojak

## 二、科属分类：菊科山莴苣属

## 三、别名：北山莴苣、山苦菜

## 四、植物学形态特征

多年生草本，高 50～130cm。根垂直直伸。茎直立，通常单生，常淡红紫色，上部伞房状或伞房圆锥状花序分枝，全部茎枝光滑无毛。中下部茎叶披针形、长披针形或长椭圆状披针形，长 10～26cm，宽 2～3cm，顶端渐尖、长渐尖或急尖，基部收窄，无柄，心形、心状耳形或箭头状半抱茎，边缘全缘、几全缘、小尖头状微锯齿或小尖头，极少边缘缺刻状或羽状浅裂，向上的叶渐小，与中下部茎叶同形。全部叶两面光滑无毛。头状花序含舌状小花约 20 枚，多数在茎枝顶端排成伞房花序或伞房圆锥花序，果期长 1.1cm，多为卵形；总苞片 3～4 层，不成明显地覆瓦状排列，通常淡紫红色，中外层三角形、三角状卵形，长 1～4mm，宽约 1mm，顶端急尖，内层长披针形，长 1.1cm，宽 1.5～2mm，顶端长渐尖，全部苞片外面无毛。舌状小花蓝色或蓝紫色。瘦果长椭圆形或椭圆形，褐色或橄榄色，压扁，长约 4mm，宽约 1mm，中部有 4～7 条线形或线状椭圆形的不等粗的小肋，顶端收窄，果颈长约1mm，边缘加宽加厚成厚翅。冠毛白色，2层，冠毛、刚毛纤细，锯齿状，不脱落。

## 五、生境

分布于我国黑龙江、吉林、辽宁、内蒙古、河北、山西、陕西、甘肃、青海、新疆。生于林缘、林下、草甸、河岸、湖地水湿地，海拔380m。欧洲及日本、蒙古国也有分布。模式标本采自俄罗斯。

## 六、花果期

花果期7～9月。

## 七、营养水平

山莴苣营养丰富、适于食用。每100g新鲜山莴苣样品中含有粗蛋白质2.25g、粗脂肪0.74g、粗纤维2.62g、胡萝卜素4.88mg、维生素$B_2$ 0.63mg、维生素C 29mg及钙、铁、磷、镁、钾等元素。

## 八、食用方式

山莴苣营养丰富，已作为蔬菜栽培，有生拌、炒菜、晒干盐渍、酱制等多种食用方法。山莴苣鲜茎叶含有白色乳汁，清鲜爽口，有促进食欲、帮助消化之功效。将嫩苗及嫩茎叶洗净，蘸甜面酱生食；或用沸水烫后，稍加漂洗即可凉拌、炒食或做馅；或掺入面中蒸食，也可晒干供蔬菜淡季食用。

## 九、药用价值

莴苣全草或根入药，性寒、味苦，有清热解毒、活血祛瘀、调经脉、利五脏、理气、健胃之功效，可辅助治疗阑尾炎、扁桃体炎、疮疖肿毒、无名肿痛、宿食不消、产后瘀血。

## 十、栽培方式

### 1. 播种技术

(1)保护地栽培　栽培地块做畦，在畦内表土层施入腐熟的有机肥，深翻25cm，耙平。温室育苗，育苗土用4份田土、4份腐熟有机肥、1.5份草炭、0.5份河沙调配过筛，放入育苗盘内，压实四周，再用木条刮平，使土面低于盘口1～2cm，撒播，种子间距0.5cm左右，覆土1cm，播后浇透水，盖塑料薄膜，温度保持在25～30℃，见有叶尖露土后，打开塑料薄膜通风。苗高2cm时分苗定植，移栽前2～3天控水。移栽时在畦上插2cm深的孔，间距4cm，放入小苗，培土压实，浇透水，适当遮光，缓苗后撤去遮光网。

(2)露地栽培 选肥沃、湿润、疏松、有机质含量高、向阳的沙质壤土播种，播前翻耕土壤，施入有机肥，整细、耙平；做畦，可条播、点播、撒播。以点播和条播为好，便于管理，促其高产。播种，先将种子用50℃水浸泡，搅拌30分钟，控净水，用干净的纱布包好，在30℃条件下催芽，每天用净水淘洗2～3次，发芽后再进行直播，每穴1～2粒种子，覆土1～2cm厚，稍镇压，盖塑料薄膜，使其保湿、保温，有利于种子生长，小苗出土后撤去塑料薄膜。

**2. 田间管理**

幼苗封垄后，及时间苗，拔去小苗、弱苗，留苗150株/$m^2$左右。生长季节追肥1～2次，施尿素10～15kg/667$m^2$，为了促进植株生长粗壮，可用0.5%的磷酸二氢钾进行叶面喷洒。及时中耕除草，封冻前浇1次冻水，保证根系安全越冬。

**3. 繁殖方式**

山莴苣用种子繁殖，种子需在较凉爽的条件下发芽，高温干燥的环境发芽率很差，所以多作春播。直播或育苗移栽均可。在高温季节播种，宜将种子在低温下催芽后播种。

**4. 病虫害防治**

病害较少见，虫害主要有蚜虫，以干旱高温时发生较多。干旱天采用喷水灌溉可减少其发生，并要及时采摘嫩茎叶，减少适宜蚜虫栖身之地。

**5. 采收和加工**

大面积种植，当叶片长达到10～15cm时沿地表上1～2cm处平行收割，保留顶芽，以长新芽，割大株留中、小株继续生长。小面积种植可剥叶利用，即只剥大叶，留下内部小叶继续生长。采种在总花托由绿变黄时，剪下花序，后熟、阴干，搓掉冠毛，晒干。

# 第四十节　茵陈蒿

**一、拉丁文学名：** *Artemisia capillaris*

**二、科属分类：** 菊科蒿属

**三、别名：** 因尘、因陈、茵陈、绵茵陈、白茵陈、日本茵陈、家茵陈、绒蒿、臭蒿、安吕草

## 四、植物学形态特征

半灌木状草本，植株有浓烈的香气。主根明显木质，垂直或斜向下伸长；根茎直径5～8mm，直立，稀少斜上展或横卧，常有细的营养枝。茎单生或少数簇生，高40～120cm或更长，红褐色或褐色，有不明显的纵棱，基部木质，上部分枝多，向上斜伸展；茎、枝初时密生灰白色或灰黄色绢质柔毛，后渐稀疏或脱落无毛。营养枝端有密集叶丛，基生叶密集着生，常成莲座状；基生叶、茎下部叶与营养枝叶两面均被棕黄色或灰黄色绢质柔毛，后期茎下部叶被毛脱落，叶卵圆形或卵状椭圆形，长2～4(5) cm，宽1. 5～3. 5cm，二至三回羽状全裂，每侧有裂片2～3(4)枚，每裂片再3～5全裂，小裂片狭线形或狭线状披针形，通常细直、不弧曲，长5～10mm，宽0. 5～1. 5(2) mm，叶柄长3～7mm，花期上述叶均萎谢；中部叶宽卵形、近圆形或卵圆形，长2～3cm，宽1. 5～2. 5cm，一至二回羽状全裂，小裂片

狭线形或丝线形，通常细直、不弧曲，长 8～12mm，宽 0.3～1mm，近无毛，顶端微尖，基部裂片常半抱茎，近无叶柄；上部叶与苞片叶羽状 5 全裂或 3 全裂，基部裂片半抱茎。头状花序卵球形，稀近球形，多数，直径 1.5～2mm，有短梗及线形的小苞叶，在分枝的上端或小枝端偏向外侧生长，常排成复总状花序，并在茎上端组成大型、开展的圆锥花序；总苞片 3～4 层，外层总苞片草质，卵形或椭圆形，背面淡黄色，有绿色中肋，无毛，边膜质，中、内层总苞片椭圆形，近膜质或膜质；花序托小，凸起；雌花 6～10 朵，花冠狭管状或狭圆锥状，檐部具 2(3) 裂齿，花柱细长，伸出花冠外，先端 2 叉，叉端尖锐；两性花 3～7 朵，不孕育，花冠管状，花药线形，先端附属物尖，长三角形，基部圆钝，花柱短，上端棒状，2 裂，不叉开，退化子房极小。瘦果长圆形或长卵形。

## 五、生境

我国产于辽宁、河北、陕西（东部、南部）、山东、江苏、安徽、浙江、江西、福建、台湾、河南（东部、南部）、湖北、湖南、广东、广西及四川等地；生于低海拔地区河岸、海岸附近的湿润沙地、路旁及低山坡地区。朝鲜、日本、菲律宾、越南、柬埔寨、马来西亚、印度尼西亚及俄罗斯（远东地区）也有分布。模式标本采自日本。

## 六、花果期

花果期 7～10 月。

## 七、采集时间

第二年萌芽后 3～4 周。

## 八、营养水平

茵陈蒿营养丰富，每百克嫩茎叶含蛋白质 5.6g、脂肪 0.4g、碳水化合物 8g、钙 257mg、磷 97mg、铁 21mg、胡萝卜素 5.02mg、维生素 $B_1$ 0.05mg、维生素 $B_2$ 0.35mg、维生素 $B_5$ 0.25mg、维生素 C 2mg，此外还含有蒿属香豆精、精油等。

## 九、食用方式

茵陈蒿嫩苗是可口野菜，可用热水氽过后凉拌、炒食，也可炸食、做粥及菜团等。

## 十、药用价值

中医学认为，茵陈蒿味苦，性微寒，有清热利湿、消炎解毒、平肝利胆等功效。特别是治疗黄疸方面效果更好。除此之外，茵陈蒿还可预防流感、肠炎、痢疾、结核等疾病，还有降低血压、增加冠状动脉血流量、改善微循环、降低血脂、延年益寿的功效。

## 十一、栽培方式

### 1. 栽培技术

选择阳光充足、土壤含盐量低于 0.5%、排水良好、肥力较高的地块，耕翻、耙平、开沟做畦，畦高 20cm、宽 1m。种植行南北向，每亩施入腐熟的有机肥 4000kg 作基肥。间苗在苗高 4～5cm 时进行，保持株距 10cm，使其均匀生长，等苗高 6～8cm 时，再间苗一次，保持株距 25cm 左右。播后 1 个月需进行首次松土除草和施肥，以后施肥主要以速效肥为主。一般种植当年春季不采收，使其根系粗壮。茵陈蒿适应性强，栽培管理简便，对水肥要求不严，浇水不宜过多，以保持土壤稍微湿润最好，对光照要求不严，生长期间需追施 1～2 次复合肥，以便促进开花和延长花期。连绵阴雨容易感染灰霉病，必须及时喷杀菌剂进行防治，并清除病株，加强排涝和通风。苗期在植物表面喷施新高脂膜，增强肥效，防止病菌侵染，提高抗自然灾害能力，提高光合作用效能，保护幼苗茁壮成长。

### 2. 田间管理

① 定植后，新叶生长前一般不需经常浇水，如果土壤干旱，可用喷壶浇水。待长出新叶时，进行松土打垄。

② 定植后出现缺苗时应及时补栽。

③ 在施足基肥的基础上，在茵陈蒿整个生长过程一般不施用化肥，以保证其食用品质。

④ 温室栽培应抓住冬季市场，入冬后维持在 10℃以上，茵陈蒿就能正常生长。

⑤ 越冬后应尽早扣棚，促进茵陈蒿早萌发，以增加经济效益。

⑥ 茵陈蒿收割后根部经过 4～7 天伤流期，愈伤组织形成期 20 天左右，便开始新芽分化，形成多枝的株丛。伤流期至新芽分化不宜浇水，以防烂根。

**3. 繁殖方式**

主要以种子繁殖、育苗移栽为主，也可以在老根上进行分植。

**4. 种子收集**

在 9～10 月份，种子基本成熟，要及时采种，为防止种子散失，一般在蒴果略微变黄时采收。

**5. 采收和加工**

种植第一年不要采收，任其生长，主要是促进其根系生长，等第二年春天萌芽后 3～4 周开始采收，可以食用，也可以入药，可以连续采收 3～4 年。

## 第四十一节　旋覆花

**一、拉丁文学名：** *Inula japonica* Thunb.

**二、科属分类：** 菊科旋覆花属

**三、别名：** 金佛花、金佛草、六月菊

**四、植物学形态特征**

多年生草本。根状茎短，横走或斜升，有粗壮的须根。茎单生，有时2～3个簇生，直立，高30～70cm，有时基部具不定根，基部径3～10mm，有细沟，被长伏毛，或下部有时脱毛，上部有上升或开展的分枝，全部有叶；节间长2～4cm。基部叶常较小，在花期枯萎；中部叶长圆形、长圆状披针形或披针形，长4～13cm，宽1.5～3.5cm稀4cm，基部多少狭窄，常有圆形半抱茎的小耳，无柄，顶端稍尖或渐尖，边缘有小尖头状疏齿或全缘，上面有疏毛或近无毛，下面有疏伏毛和腺点；中脉和侧脉有较密的长毛；上部叶渐狭小，线状披针形。头状花序径3～4cm，多数或少数排列成疏散的伞房花序；花序梗细长。总苞半球形，径13～17mm，长7～8mm；总苞片约6层，线状披针形，近等长；外层基部革质，上部叶质，背面有伏毛或近无毛，有缘毛；内层除绿色中脉外干膜质，渐尖，有腺点和缘毛。舌状花黄色，较总苞长2～2.5倍；舌片线形，长10～13mm；管状花花冠

长约 5mm，有三角披针形裂片；冠毛 1 层，白色，有 20 余个微糙毛，与管状花近等长。瘦果长 1～1.2mm，圆柱形，有 10 条沟，顶端截形，被疏短毛。

## 五、生境

广泛产于我国北部、东北部、中部、东部各省，极常见，在四川、贵州、福建、广东也可见到。生于山坡路旁、湿润草地、河岸和田埂上，海拔 150～2400m。在蒙古国、朝鲜、俄罗斯西伯利亚、日本都有分布。

## 六、花果期

花期 6～10 月，果期 9～11 月。

## 七、营养水平

显脉旋覆花不同部位宏量营养素的含量不同。每 100g 显脉旋覆花根及茎叶分别含蛋白质 4.32g、5.56g；纤维素 12.40g、13.00g；总糖 6.62g、8.98g；灰分 3.09g、4.16g。仅脂肪的含量是根＞茎叶，含量分别为 2.71g、1.92g。因此，就宏量营养素而言，显脉旋覆花茎叶的营养价值优于根。

## 八、药用价值

旋覆花味苦、辛、咸，性微温，归肺、胃、大肠经。功效主治：降气，消痰，行水，止呕；用于风寒咳嗽、胸膈痞满、喘咳痰多、呕吐噫气、心下痞硬。

## 九、栽培方式

### 1. 种植技术

(1)整地施肥　旋覆花对土质要求不十分严格，山坡地、河岸地、沟旁地均可种植，但选排水良好、疏松肥沃的沙质壤土或富含腐殖质的壤土为好。选地后每 667m$^2$ 施腐熟厩肥或堆肥 3000～4000kg 作基肥，深耕 20～25cm，耙细整平，翌年 3 月下旬再浅耕 1 次，耙平做畦，畦宽 1～1.2m。

(2)播种　按行距 30cm 开浅沟条播，将种子均匀撒入沟内，覆薄土，稍镇压后畦面覆盖稻草或落叶，并浇1次透水，保持土壤湿润20天左右即可出苗。出苗后撤除稻草或落叶等覆盖物，也可保留1薄层，既利于保持畦面湿润不板结，又能有效防止杂草丛生。每亩播种量为1.5～2kg。阳畦育苗较直播提早10～15天进行，畦面整平后浇1次大水，待水渗下后，即可播种。撒播后，覆土0.5～1cm，10～14天出苗。待幼苗长出3～4片真叶时，按行、株距30cm×15cm移栽。

(3)分株　利用母株根部的分蘖作繁殖材料，于4月中旬至5月上旬进行分株繁殖。按行、株距30cm×15cm开穴，将母株旁边所生的新株挖出，分栽于穴中，每穴栽苗2～3株，使根部舒展于穴中，盖土压实后浇水。

**2. 田间管理**

种子繁殖，当苗高3～5cm时，将弱苗和过密的苗间出。苗高5～10cm时，按株距15～20cm定苗，结合间苗进行定苗，对缺苗处补栽；每年5月和7月及雨后要进行中耕除草和施肥，施肥以人畜粪为主。收割后需进行培土。天气干旱时，要及时浇水。在炎热干旱或大雨后表土板结时，要及时松土，以减少水分蒸发。雨季注意排水。旋覆花在一地栽种2～3年后，母株老根开始部分枯萎和易感病，应与其他作物轮换栽种。

**3. 病虫害防治**

病害有根腐病，多雨季节注意松土排水，发病后可用50%多菌灵可湿性粉剂1000倍液或用石灰5kg加水100kg浇穴。

## 第四十二节　地肤

**一、拉丁文学名：** Kochia *scoparia*（L.）Schrad.

**二、科属分类：** 藜科地肤属

**三、别名：** 地麦、落帚、扫帚苗、扫帚菜、孔雀松、绿帚、观音菜

**四、植物学形态特征**

一年生草本，高 50～100cm。根略呈纺锤形。茎直立，圆柱状，淡绿色或带紫红色，有多数条棱，稍有短柔毛或下部几无毛；分枝稀疏，斜上。叶为平面叶，披针形或条状披针形，长 2～5cm，宽 3～7mm，无毛或稍有毛，先端短渐尖，基部渐狭入短柄，通常有 3 条明显的主脉，边缘有疏生的锈色绢状缘毛；茎上部叶较小，无柄，1 脉。花两性或雌性，通常 1～3 个生于上部叶腋，构成疏穗状圆锥状花序，花下有时有锈色长柔毛；花被近球形，淡绿色，花被裂片近三角形，无毛或先端稍有毛，果期自背部生翅；翅端附属物三角形至倒卵形，有时近扇形，膜质，脉不很明显，边缘微波状或具缺刻；花丝丝状，花药淡黄色；柱头 2，丝状，紫褐色，花柱极短。胞果扁球形，果皮膜质，与种子离生。种子卵形，黑褐色，长 1.5～2mm，稍有光泽；胚环形，胚乳块状。

## 五、生境

我国各地均产。生于田边、路旁、荒地等处。

## 六、花果期

花期 6～9 月，果期 7～10 月。

## 七、采集时间

一般 4 月初返青，7 月中旬现蕾，7 月下旬至 8 月初开花，9 月下旬至 10 月初种子成熟，11 月初开始枯黄。

## 八、营养水平

每 100g 地肤鲜茎叶中含粗蛋白 5.2g、粗脂肪 0.8g、粗纤维 2.2g、碳水化合物 8g、胡萝卜素 5.72mg、维生素 C 62mg、烟酸 1.6mg、维生素 $B_1$ 0.15mg、维生素 $B_2$ 0.31mg，每 100g 干品中含钾 5890mg、钙 150mg、镁 486mg、磷 589mg、钠 83mg、铁 22mg、锰 3.7mg、铜 0.8mg。

## 九、食用方式

地肤的幼苗和幼嫩枝叶常用于火锅蔬菜或用沸水焯后炒食、凉拌或做馅。地肤炒肉丝色泽鲜艳，味鲜爽口。

## 十、药用价值

常用中药，其性寒，味甘、苦，具有清热利湿、祛风止痒等功效，用于小便涩痛、阴痒带下、风疹、湿疹、皮肤瘙痒等症；外用治皮肤癣及阴囊湿疹。以地肤子为主的复方地肤子汤可治疗皮肤瘙痒等多种皮肤疾病，还用于治疗尿路感染、扁平疣、荨麻疹、急性乳腺炎、前列腺炎等。

## 十一、栽培方式

### 1. 栽培季节时间

地肤植苗移栽多在春秋两季进行。春季植苗移栽于萌动前 4 月初，秋季植苗移栽可在 10 月上、中旬进行，夏季墒情好也可移栽。

### 2. 播种技术

(1)选地整地　播种前需粗略平整土地，杂草较多的地块，利用早春草质稚嫩容易除灭的时机，先进行杂草消除。规模较大的种植区，宜采用机械平整，以提高效率、减少用工。

(2)做畦　土地平整之后按照宽度1.5m左右标准开排水沟，畦面长度视具体地块而定，沟深10～20cm即可，过深易影响田间作业。

(3)播种　一般采用撒播。在清明前后，选择雨后适当时期及时进行撒播。撒播用种量控制在1kg/亩左右。播后有条件的薄撒细土覆盖，以防鸟食。面积大的区域，缺乏细土的，亦可让其自然掉落土块缝隙。地面若是过于干燥，播后须及时洒水湿润，以提高发芽率、出苗率。如果种子数量有限，也可采用穴播，穴播株行距为80cm×80cm，每穴用种量控制在5～10粒。

**3. 田间管理**

(1)定苗　撒播幼苗长至4叶，高度达5～6cm时即可定苗，撒播定苗间距为70cm×60cm；如要培养大型植株，则需要扩大株行距至80cm×80cm。第一次定苗时，每穴留2～3株，待植株长高至10cm左右时，每穴留1株。

(2)施肥　整个生长期使用肥料3次。苗期、定苗转绿后各施一次尿素，第一次用量为15～20kg/亩，第二次为30kg/亩。第三次在细枝旺盛生长、结顶前期施用，可采用腐熟有机肥或随水施入氮肥，以促进植株末端小枝生长和子粒饱满。

(3)浇水　土壤水分管理方面，地肤高度耐盐碱，生长期间若地面干燥，每隔7～10天应浇1次水，可就地使用含盐量较高的水直接浇灌。夏季高温，水分蒸发大，则应视天气情况每隔3～4天浇1次水。

**4. 繁殖方式**

用种子繁殖，可直播和育苗移栽。

**5. 种子收集**

地肤种子成熟期依地区而异。一般在9月下旬至10月初为种子成熟收获期。种子成熟后，极易落粒。当有20%的花序变为棕色，种子呈褐色时即可及时收割采收种子，否则影响种子产量。收割后在地里晒放 5～7 天，干后轻打 2 次脱粒。地肤种子含水量较高，不宜马上装袋。

**6. 病虫害防治**

地肤基本没有病害发生。幼苗有蚜虫危害，可选用 10% 吡虫啉可湿性粉剂 500 倍液喷雾或 20% 百虫净乳油 800～1000 倍液喷雾。

**7. 采收**

(1) 收割　在中秋节过后，植株枝秆木质化，侧枝、小枝也已充分老熟，子粒饱满时即可收割，收割时要确保主茎不破裂。

(2) 堆晾　选择高燥地段，在地面摆放木板或竹竿或砖石，保持底部干燥，在其上部搭建能遮雨、四周敞开式的设施，然后在设施内堆放植株，每堆 5 层，不宜叠放过高，以免高温发霉、腐烂。若是雨天地头就地堆放的，必须做好防雨工作，不然，植株雨淋发生霉点，降低商品性。当植株堆晾至半干或全干，即可作原材料出售。

(3) 打净　植株八分干燥时，即可打掉叶子、子粒，使植株基本干净。然后重新堆放，待售。

# 第四十三节　藜

**一、拉丁文学名：** *Chenopodium album* L.

**二、科属分类：** 藜科藜属

**三、别名：** 灰灰菜、野灰菜、灰蓼头草、灰菜、灰条

## 四、植物学形态特征

一年生草本，高30～150cm。茎直立，粗壮，具条棱及绿色或紫红色色条，多分枝；枝条斜升或开展。叶片菱状卵形至宽披针形，长3～6cm，宽2.5～5cm，先端急尖或微钝，基部楔形至宽楔形，上面通常无粉，有时嫩叶的上面有紫红色粉，下面多少有粉，边缘具不整齐锯齿；叶柄与叶片近等长，或为叶片长度的1/2。花两性，花簇于枝上部排列成或大或小的穗状或圆锥状花序；花被裂片5，宽卵形至椭圆形，背面具纵隆脊，有粉，先端或微凹，边缘膜质；雄蕊5，花药伸出花被，柱头2。果皮与种子贴生。种子横生，双凸镜状，直径1.2～1.5mm，边缘钝，黑色，有光泽，表面具浅沟纹；胚环形。

## 五、生境

分布遍及全球温带及热带，我国各地均有分布。生于路旁、荒地、田间、旷野、宅旁，为很难除掉的杂草。

## 六、花果期

花果期 5～10 月。

## 七、营养水平

幼苗和嫩茎叶可食用，味道鲜美、口感柔嫩、营养丰富。据测定，100g 嫩苗中含蛋白质 3. 5g，脂肪 0. 8g，碳水化合物 6g，粗纤维 1. 2g，胡萝卜素 6. 35mg，维生素 $B_1$ 0. 13mg，维生素 $B_2$ 0. 29mg，维生素 C 69mg 及多种无机盐，含钙量高达 209mg，含铁量 0. 9mg。

## 八、食用方式

每年 4～6 月采收粗壮幼苗或嫩茎叶食用。采集嫩茎叶，经沸水焯后炒食，或制成灰菜干烧肉、炒肉丝，也可腌渍来吃，是我国出口的主要野菜品种之一。

灰菜是含有卟啉类物质的光感性植物，过多服食并受数小时日晒后会引起急性光毒性炎症反应，表现为皮肤红肿、发亮，浑身刺痛、刺痒，所以灰菜一次食用量不宜过多，食后应避免强烈日光暴晒。

## 九、药用价值

全草可入药，能止泻痢、止痒，可治痢疾腹泻、痒疹、毒虫咬伤；配合野菊花煎汤外洗，治皮肤湿毒及周身发痒。

## 十、栽培方式

### 1. 栽培季节时间

四季皆可种植，但春季种植口感好。

### 2. 播种技术

选向阳地深翻晒垡数日，于播种前每 667m$^2$ 均匀施入腐熟厩肥 2000～2500kg 和水溶性好的复合肥 10kg 左右。整地做畦，畦宽 1. 5m。春季早熟栽培于 2 月下旬至 3 月中旬即可播种，以条播为佳，播种时开沟距 17cm 的浅沟。撒播用种量约 1000kg/667m$^2$，条播应适量减少。播种前浇透底水，播种后盖薄土，然后盖稻草保温、保湿，亦可在播种后用遮阳网遮盖，以利出苗。

### 3. 田间管理措施

藜出苗后揭去盖草，并及时浇小水，以防倒苗。苗高 4～5cm 时，浇 0.5%的尿素 1 次，约 1000kg/667m$^2$。生长期间，在小苗时进行 1 次中耕锄草。藜抗旱能力强，但保持土壤湿润可促使其生长，而且组织柔嫩、产量高。因此，应常浇小水。

### 4. 种子收集

秋季果实成熟时，割取全草，打下果实和种子，除去杂质，晒干或鲜用。

### 5. 病虫害防治

由于藜的抗性强，生长期短，可不打化学农药。

### 6. 采收加工

出苗后 30 天，幼茎约 20cm 高时，其嫩梢即可采收。

## 第四十四节　巴天酸模

**一、拉丁文学名：***Rumex patientia* L.

**二、科属分类：**蓼科酸模属

**三、别名：**洋铁叶、洋铁酸模、牛舌头棵、牛西西、羊蹄叶

**四、植物学形态特征**

多年生草本。根肥大，直径可达3cm；茎直立，粗壮，高90～150cm，上部分枝，具深沟槽。基生叶长圆形或长圆状披针形，长15～30cm，宽5～10cm，顶端急尖，基部圆形或近心形，边缘波状；叶柄粗壮，长5～15cm；茎上部叶披针形，较小，具短叶柄或近无柄；托叶鞘筒状，膜质，长2～4cm，易破裂。花序圆锥状，大型；花两性；花梗细弱，中下部具关节；关节果时稍膨大，外花被片长圆形，长约1.5mm，内花被片果时增大，宽心形，长6～7mm，顶端圆钝，基部深心形，边缘近全缘，具网脉，全部或部分具小瘤；小瘤长卵形，通常不能全部发育。瘦果卵形，具3锐棱，顶端渐尖，褐色，有光泽，长2.5～3mm。

**五、生境**

我国产于东北、华北、西北、山东、河南、湖南、湖北、四川及西藏。生沟边湿地、水边，海拔20～4000m。还分布于高加索、哈萨

克斯坦、俄罗斯、蒙古国及欧洲。

## 六、花果期

花期5～6月，果期6～7月。

## 七、采集时间

春季采收嫩茎叶。

## 八、营养水平

茎叶的粗蛋白质、粗脂肪含量较高，粗纤维低，维生素C的含量叶大于花。

## 九、食用方式

酸模多于春季采收嫩茎叶，开水焯烫后再浸漂去除草酸即可入烹。栽培种酸模含草酸量很低，可直接用于菜肴的制作。西餐烹饪中，酸模常用于色拉的制作，具有赋酸开胃的作用；也用于肉类菜式表面的点缀。中餐中可供凉拌生食、清炒、清炖、做馅，其浓绿的叶还可用于绿色面团的调制。制法：取一小碗，加适量盐、糖、味精及少量芡粉和水调匀，制成稀糖芡汁；锅中放适量的油烧热，加入酸模快速翻炒，淋入稀糖芡拌匀，出锅装盘即成。特点：清香开胃，酸甜爽口。

采集嫩叶后用沸水焯熟，然后换水浸洗干净，去除苦味，加入油盐调拌食用；种子成熟时打下，舂去外壳，用沸水烫过三五次，然后做成粥或饭。

## 十、药用价值

根和全草均可入药。可清热、利尿、凉血、杀虫，可治热痢、淋病、小便不通、吐血、恶疮、疖癣等，外用有消肿功效。在南京药学院《中草药学》(1976)上记载，巴天酸模具有较高的药用价值，其根和叶入药，有增强毛细血管抵抗力，降低其脆性和通透性，促进骨盆制造血小板的功能。

## 十一、栽培方式

### 1. 选地与整地

巴天酸模虽然对土壤要求不严，但要高产以选择地势平坦、土层深厚、有机质含量较高并有灌溉条件的地块为最宜。播种前一年秋季应施腐熟的厩肥，用量约 37000kg/$hm^2$，深翻、整平、耙细。

**2. 繁殖方法**

巴天酸模可直接播于大田，也可通过育苗或分株繁殖。

(1)直播　大田直播以 4～6 月为宜，不得晚于 8 月，条播、穴播、撒播均可，播种量 4.5～6.0kg/$hm^2$。为使播种均匀，可掺入 3～5 倍的小米。播深为 1.5～2cm，播后立即镇压，利于保墒和防风。也可采取保护播种，不仅可以多收一茬庄稼，还有助于巴天酸模的生长。用于保护播种的作物有小麦、大麦和豌豆等，播种量与单播时相同。

(2)育苗移栽　利用温室、温床或塑料大棚等进行保护地育苗是一种最经济的繁殖方法，不仅可以提高幼苗的成活率，还可获得壮苗。播种前将种子用温水浸泡 3 小时，再将苗床灌水，待水全部下渗后将种子和细沙土掺和在一起密播（4～6g/$m^2$ 撒播均匀），然后覆盖细沙土 1～1.5cm 厚。为了使下种后的土壤保持湿润，上面可搭 20～30cm 高的拱棚膜，当幼苗出现 5～6 片叶时即可移植到大田。早春移栽时要注意防止生长点受冻，最早移栽应在 4 月中下旬，秋季移栽不宜晚于初霜前一个月。移栽过程中根可裸露，幼苗可放置数天，只要根部含水量保持在 70% 以上即可。移植时根要展开，栽后将土壤压实并浇水。一般来说，苗越大越壮，恢复生长就越快。苗活后应中耕松土，以提高成活率缩短缓苗期。株行距以 60cm×60cm 或 60cm×30cm 为宜。

(3)分株繁殖　把生长健壮的植株连根挖起，割去生长点以上的茎叶，切掉根的下部，仅留上部带生长点的根茎段 7～8cm，将根茎纵向切开为数个分株，每个分株上部有 1～2 个芽，切后直接定植于大田，一般 5～6 天即可长出新叶。这种方法栽植后成活快，生长迅速，定植当年可获得高产。切掉的下部根段为良好的青饲料，收获量近 20000kg/$hm^2$。

**3. 田间管理措施**

除草、中耕和深松土可以提高地温，改善土壤通气性，促进巴天酸模的生长发育。生长两年以后，由于多次刈割、施肥和灌水，往往造成土壤板结、通气不良，需及时中耕松土。土壤水分过多或间歇性水淹，也会对其生长产生不良影响，因此应及时排除积水。此外，应注意防止蚜虫和白粉病的发生。

在幼苗定植时要适量施磷肥和钾肥，定植后及时灌水，5 天后再灌一次。每次刈割后结合灌水追肥，追肥量视土壤肥力而定，以施速效氮肥为主，混合施适量磷、钾肥。每年春季返青前或刈割后也可施入腐熟厩肥和堆肥，结合灌水施适量速效氮肥。灌溉次数视田间持水量而定。

**4. 刈割**

当植株高 50cm 左右时即可进行第一次刈割，以后每隔 20～30 天可刈割一次。及时刈割可使植株保持在发育的幼龄阶段，生活力旺盛，刈割后的伤口愈合快，再生力强。刈割时留茬高度以 3cm 为宜，留茬过低虽可获较高产量，但再生速度较慢，影响下一次产量和刈割次数；留茬过高虽再生较快，但刈割产量较低，尤其在抽茎以后刈割留茬高时，仅植株上部的 1～2 个腋芽再生（顶芽优势）而下部的再生芽受到抑制。最后一次刈割应不晚于植株停止生长前 25 天，以利植株安全越冬。

**5. 白霉病的防治**

农业防治：科学施肥，增施磷钾肥，培育壮苗；合理灌溉，严禁大水漫灌，雨后及时排水，防止田间湿度变大；收获后清除田间病残组织，减少来年菌源。

药剂防治：发病前喷洒 1∶1∶200 的波尔多液或 60％百菌通可湿性粉剂 500 倍液进行保护，发病期喷洒 50％苯菌灵可湿性粉剂 1500 倍液或 36％甲基硫菌灵悬浮剂 600 倍液进行防治。

## 第四十五节 菱

**一、拉丁文学名：** *Trapa bispinosa* Roxb.

**二、科属分类：** 菱科菱属

**三、别名：** 风菱、乌菱、菱实、薢茩、芰实、蕨攈

**四、植物学形态特征**

一年生浮水水生草本。根二型：着泥根细铁丝状，着生水底水中；同化根，羽状细裂，裂片丝状。茎柔弱分枝。叶二型：浮水叶互生，聚生于主茎或分枝茎的顶端，呈旋叠状镶嵌排列在水面成莲座状的菱盘，叶片菱圆形或三角状菱圆形，长 3. 5～4cm，宽 4. 2～5cm，表面深亮绿色，无毛，背面灰褐色或绿色，主侧脉在背面稍突起，密被淡灰色或棕褐色短毛，脉间有棕色斑块，叶边缘中上部具不整齐的圆凹齿或锯齿，边缘中下部全缘，基部楔形或近圆形；叶柄中上部膨大不明显，长 5～17cm，被棕色或淡灰色短毛；沉水叶小，早落。花小，单生于叶腋，两性；萼筒 4 深裂，外面被淡黄色短毛；花瓣 4，白色；雄蕊 4；雌蕊，具半下位子房，2 心皮，2 室，每室具 1 倒生胚珠，仅 1 室胚珠发育；花盘鸡冠状。果三角状菱形，高 2cm，宽 2. 5cm，表面具淡灰色长毛，2 肩角直伸或斜举，肩角长约 1. 5cm，刺角基部不明显粗大，腰角位置无刺角，丘状突起不明显，果喙不明

显，果颈高 1mm，径 4～5mm，内具 1 白色种子。

## 五、生境

生于湖湾、池塘、河湾。中国各地有栽培。日本、朝鲜、印度、巴基斯坦也有分布。

## 六、花果期

花期 5～10 月，果期 7～11 月。

## 七、采集时间

在开花后 20 天左右即可采摘生食菱，熟食菱要推迟 6～7 天采摘。

## 八、营养水平

据《食物成分表（全国分省值）》记载，每 100g 菱角（江苏产老熟二角菱）食部 57%，含能量 409kJ、水分 73.0g、蛋白质 4.5g、脂肪 0.1g、膳食纤维 1.7g、碳水化合物 19.7g、灰分 1.0g、硫胺素 0.19mg、核黄素 0.06mg、尼克酸 1.5mg、抗坏血酸 13mg、钾 437mg、钠 5.8mg、钙 7mg、镁 49mg、铁 0.6mg、锰 0.38mg、锌 0.62mg、铜 0.18mg、磷 93mg。

## 九、食用方式

加工成菱粉、菱酱、菱酒。

## 十、药用价值

菱的全身均能入药。果肉生食具有清暑解热、除烦止渴之效，熟食可以益气健脾，还可用于缓解腰腿筋骨疼痛，解酒醉。菱壳煎汤内服或烧制研末用芝麻油调敷，治泄泻、脱肛、痔疮、疔肿、黄水疮、天泡疮。菱叶晒干为末，用于治疗小儿头疮。菱茎煎汤内服，用于治疗胃溃疡；捣烂敷，擦治多发性疣赘。菱蒂研汁外涂，用于治疗青年扁平疣。菱粉有补脾胃、强腰膝、健力益气、行水、解毒的功效。

## 十一、栽培方式

### 1. 栽培季节时间

长江中、下游地区一般在 3 月下旬至 4 月初播种。

**2. 播种技术**

(1)直播 适时播种栽培。根据水位的深浅和菱种量的多少，可分别采用直播栽培和育苗移栽。水位在 1.2m 以下的较浅水面，播种后较易出苗，可用直播方法种植。播种前再次清理菱塘，将水中的杂草、水绵、野菱等清除出去，时间一般在 4 月份，播前菱种一般已发芽，芽长在 0.5～1.0cm 为宜，操作时要注意避免碰断芽头，菱种要保湿、防止干燥、少受损伤，播后易出苗。直播又分为撒播和条播两种。撒播是将已发芽的芽种，均匀地撒在水中。此法节省用工，但播种量要适当加大，每亩水面用种 20～25kg。条播是根据菱塘的地形，划成若干行，在行的两头立竿标记，菱种装于船中，船按行往复划行，同时均匀撒播种。行距一般 2.0～2.5m，每亩播种量 15～20kg。条播的种植密度较易控制，分布较均匀，便于日后管理，所以大面积直播栽培，一般多用条播的方法。直播的播种量和密度，要根据品种和水面条件而有所差异。早熟品种、塘瘦、水深可适当密植；晚熟品种、塘肥、水浅可适当稀植；生塘（没种过菱）可适当密植，熟塘（去年种过菱）可适当稀植。

(2)育苗移栽 一般水深超过 1.5～2.5m 的水面，直播出苗困难，即使出苗也较迟缓，瘦弱纤细，产量较低，所以可采用育苗移栽的方法。若遇菱种不足时，也可采用此法，提高出苗率及成活率。①选土质肥沃、背风向阳、排灌方便的池塘作苗床，水深达 40cm 左右即可。一般比直播提早 7～10 天播种，每亩播种 60kg 左右，以后移栽 5～6 亩。菱苗出水后，可逐渐加深水位，直至与移栽的水深相近使菱慢慢适应环境。②菱苗分盘时可进行移栽，移栽过迟，栽后生长期短，产量较低。起苗后将 8～10 株扎成一束，保湿避光运至移栽水面，要求当天起苗、当天移栽，以减少损伤，提高成活率。移栽时用长柄叉叉住菱束绳头，逐束插入水底土中，穴距 2.0～2.5m。

**3. 田间管理措施**

(1)间苗 根据菱苗生长情况，要疏密补稀。菱荡在立秋前后菱株满荡封行，如果过早封行，植株拥挤，容易烂苗，并容易落花、落果。植株过密应进行间苗，即每隔 4m 左右拔除 1 行，留出约 2m 宽的行距。

(2)除草　菱荡中的多种水生植物与菱争肥、争水、争地盘，必须及时清除，以免影响植株生长发育，可用竹竿卷捞或网兜抄捞。

(3)施肥　开花期喷洒 2%～3% 过磷酸钙溶液和 0.2% 磷酸二氢钾 2～3 次，间隔 10～15 天喷施 1 次。

**4. 繁殖方式**

直播或育苗移栽。

**5. 病虫害防治**

(1)纹枯病　危害叶片，沉水叶和浮水叶均可受害。防治：发病初期，喷洒 5% 井冈霉素水剂 1000 倍液或 50% 多菌灵可湿性粉剂 700～800 倍液防治，每隔 15 天喷施 1 次。开花结果期喷洒台农高产宝叶面肥，其具有促进结果、提高抗病力的作用。

(2)白绢病　常和纹枯病混发，危害叶片、叶柄和浮在水面的果实。防治：发病期，喷洒 20% 甲基立枯磷乳油 1000～1200 倍液或 50% 福尔宁可湿性粉剂 3000 倍液防治，每隔 15 天喷施 1 次；也可用 5% 井冈霉素水剂 1000～1500 倍液喷雾，还可喷洒 25% 粉锈宁可湿性粉剂 2000 倍液，每隔 10 天喷施 1 次，连用 2～3 次。

(3)褐斑病　夏、秋季发病，引起叶早落，造成结实少或果实小。防治：用甲基托布津或多菌灵加水稀释成 500 倍液，喷雾防治。

(4)绵疫病　危害浮水叶，造成叶片腐烂，花和果实也变色腐烂。防治：发病初期可喷施安克·锰锌、霜脲·锰锌、霜霉威或甲霜灵等药剂。

(5)软腐病　危害叶片、茎蔓、菱盘、花器和果实，造成水浸状暗绿色至褐色软腐，严重时植株腐烂解离，有恶臭味。防治：发病初期喷洒对细菌有效的药剂。

(6)菱萤叶甲 菱萤叶甲又名菱角金花虫，为鞘翅目叶甲科害虫，幼虫和成虫蚕食叶片。防治：用25%杀虫双水剂500～100倍液、5%氯氰菊酯乳油3000～4000倍液、10%苄醚菊酯悬浮剂1500～2000倍液喷雾防治，间隔5～7天喷施1次，连用2～3次。菊酯类农药对鱼毒性大，切忌在养鱼的菱塘使用。

(7)菱紫叶蝉 菱紫叶蝉属同翅目叶蝉科害虫，以成虫和若虫为害茎、叶，受害菱叶皱缩发黄、菱盘早枯，结菱瘦小，造成减产。防治：发病初期用90%晶体敌百虫1000倍液，或25%杀虫双水剂500～1000倍液、或2.5%溴氰菊酯2000～2500倍液喷洒菱盘叶面，每隔5～7天喷施1次，连用2～3次。菊酯类农药对鱼毒性大，切忌在养鱼的菱塘使用。

**6. 采收及加工**

菱开花后20～30天种子开始成熟，经检查，发现部分菱盘中有1～2个果实已达采收成熟时，即可开始采收。应注意的是，采收成熟度因用途而异。生食采收标准为果已硬化，果皮仍保持鲜红色或淡绿色，萼片脱落，尖角显露，用指甲掐刻果皮仍可轻度陷入。熟食采收标准为果已充分硬化，果皮呈黄绿色或紫褐色，果实与果柄的连接处出现环状裂纹，二者易分离，尖角毕露，果实放入水中下沉。菱塘水浅时，可从行间直接下水采收，拨分菱盘，逐盘检查采摘。菱塘水深时，则应行船采收，采收时要做到“三轻”和“三防”。“三轻”是轻提盘、轻摘菱、轻放盘，以防损伤植株。“三防”是一防猛拉菱盘，使植株受伤，老菱落水；二防各人采菱速度不一致，老菱部分漏采；三防老嫩不分，将成熟和未成熟的果实一起采摘。采收后立即冲洗，装筐立即运销，不宜久放。如暂时贮存，可浸于清水中，置于阴凉通风处，第2天上市。生食品种更要注意护色保鲜，防止高温和日晒。初收期每隔3～4天采收1次，盛收期每隔2～3天采收1次，后期气温降低，果实发育转慢，每隔6～8天采收1次。

## 第四十六节　地梢瓜

**一、拉丁文学名：** *Cynanchum thesioides*（Freyn）K. Schum.

**二、科属分类：** 萝藦科鹅绒藤属

**三、别名：** 地梢花、女青、羊角

**四、植物学形态特征**

直立半灌木；地下茎单轴横生；茎自基部多分枝。叶对生或近对生，线形，长3～5cm，宽2～5mm，叶背中脉隆起。伞形聚伞花序腋生；花萼外面被柔毛；花冠绿白色；副花冠杯状，裂片三角状披针形，渐尖，高过药隔的膜片。蓇葖纺锤形，先端渐尖，中部膨大，长5～6cm，直径2cm；种子扁平，暗褐色，长8mm；种毛白色绢质，长2cm。

**五、生境**

我国产于黑龙江、吉林、辽宁、内蒙古、河北、河南、山东、山西、陕西、甘肃、新疆和江苏等省、自治区。生长于海拔200～2000m的山坡、沙丘或干旱山谷、荒地、田边等处。还分布于朝鲜、蒙古国和俄罗斯。

**六、花果期**

花期5～8月，果期8～10月。

## 七、采集时间

夏秋采收。

## 八、营养水平

地梢瓜营养价值较高，其蛋白质含量接近于紫花苜蓿，且同小麦麸相当，粗脂肪和灰分也较丰富，尤以钙的含量是较高的，较难消化的粗纤维则甚少。地梢瓜不仅蛋白质含量高，而且蛋白质品质也较好。

## 九、食用方式

切断晒干生用，嫩果可直接食用。

## 十、药用价值

药用全草及果实，具有补肺气、清热降火、生津止渴、消炎止痛、通乳等功效。

## 十一、栽培方式

### 1. 品种选择

沙珍 DG-1 号。

### 2. 栽培季节时间

播种期在 5 月上旬。

### 3. 播种技术

（1）地块选择　选择土壤肥沃、深厚，有机质含量丰富，地势较高，排水良好的轻沙壤土栽培。最好选择 3～5 年没种过瓜类的土壤，或实行过 2 年以上水旱轮作的地块。不可种重茬。

（2）整地施肥　前茬作物收获后，及时深翻晒垡，重施基肥。每亩施完全腐熟的优质有机肥 5000～7500kg、磷酸二铵 25kg，或尿素 15kg、三元复合肥 50kg。将肥撒施土壤中，撒匀，将地整平后覆膜。畦面宽 50cm，膜间距 40cm。

（3）播种

① 种子处理：选择植株生长健壮、无病虫害母株的果实。将采集来的果实晾晒 15 天，待果实开裂后，用手工将种子从果

实中取出。直接将种子装入布袋，装满布袋高的一半时即可。然后扎口，平放于地面。用直径 3cm 的木棍击打布袋，每 3～5 分钟抖动一次。注意用力要均匀，不要过重、过快，以免伤及种子。待 90%以上的种子柔毛与种子分离后，将种子混合物放入分离机分离，然后晒干，保存即可。

② 播种：播种期为 5 月上旬，当地气温稳定通过 10℃时，采用穴播，每穴 3 粒种子。播种不要太深，为 1～2cm。播种量每亩 0.3～0.4kg。株距 15～20cm，小行距 30cm，大行距 50cm。播后覆薄土，稍加镇压，并盖一层薄沙。如果土壤墒情较差，可立即灌水。

**4. 田间管理**

（1）中耕除草　播种后 10 天左右幼苗即可出土，当出现 6 片真叶时间苗，10 叶时定苗。间苗时留大不留小，留强不留弱。幼苗期杂草过多，宜人工拔除。

（2）温度管理　定植后营养生长期棚温白天保持 28～30℃，夜晚 18～20℃，最低气温 15℃以上。生殖生长期白天保持 27～32℃，夜间 15～18℃。生长前期，由于外界气温较低，应减少通风，注意保温；生长中期，外界气温逐渐升高，应注意通风换气降温。外界气温稳定在 15℃以上时，可逐渐揭去草苫，揭去薄膜，转入露地管理。

（3）水肥管理　定植时浇一次缓苗水，开花坐瓜前尽量不浇水，如天气干旱，可浇 1～2 次小水。开花期尽量不浇水，幼瓜坐住后，为促进果实发育，应及时浇大水，结合浇水，每亩应追施磷酸二铵 15kg，硫酸钾 25kg，壮秧促瓜。果实膨大期，可追施三元复合肥每亩 30kg，促果实膨大。在开花期喷一次根外追肥，以磷酸二氢钾为主，浓度 0.3%～0.4%。追肥后立即浇水，一般 7～10 天浇一次水。后期是否浇水，视土壤墒情而定，不干不能浇，忌水涝。

（4）光照管理　在确保温度的前提下，应早揭草苫晚盖草苫，延长光照时间。

(5) 吊蔓整枝 在大棚棚架内设立塑料带。地梢瓜生长期蔓每长30cm，应人工绑蔓一次。在植株4～5叶时摘心，促发子蔓。每株留3条有效子蔓，保持每株结3～6个瓜，大瓜品种3个，小瓜品种6个。初花期打顶，防止徒长。

(6) 辅助授粉 地梢瓜早熟栽培，必须进行人工辅助授粉。在开花期上午8～10时，去取当日开花的雄花，去掉花冠后用花药在雌花柱头上轻轻涂抹，并用10～15mg/kg的2，4-D溶液蘸花，防止落花落果，提高结瓜率。

**5. 繁殖方式**

种子繁殖。

**6. 种子收集**

采集时间在9月初至10月初。采集时，要选择发育成熟、饱满、色泽黄褐色、大小基本一致、无病虫害的地梢瓜果实。之后，放置在阴凉干燥处自然晾干，等果实基本干燥，果实含水量在20%左右时，剥开果皮进行人工清选种子。将清选好的种子进行晾晒，含水量在15%以下的种子贮藏保存。

**7. 病虫害防治**

(1) 白粉病防治 ①合理密植。②雨后注意排水。③采用以有机肥为主，有机肥和无机肥结合的施肥方式，氮、磷、钾肥配施。④化学药剂防治：速净按500倍液稀释喷施，7天用药1次。

(2) 疫病防治 ①轮作。②清除菌源。③合理密植。④雨后及时排水，控制田间湿度。⑤化学药剂防治：喷洒72%霜脲·锰锌（克露）可湿性粉剂700倍液，或50%烯酰吗啉（安克）可湿性粉剂2500倍液，或25%双炔酰菌胺（瑞凡）2500倍液，隔7～10天喷1次，连续防治3～4次。

(3) 霜霉病防治 ①选择地势较高，排水良好的地块种植。②施足底肥，生长期不要过多地追施氮肥，以提高植株的抗病性。③化学药剂防治：植株发病常与其体内“碳氮比”失调有关，加强叶片营养，可提高抗病力，按奥力克霜贝尔50mL+大蒜油15mL，对水15kg，每3天用1次，连用2～3次。

(4) 炭疽病防治　①实行轮作。②合理施肥，减少氮素化肥用量，增施钾肥和有机肥料。③化学药剂防治：选用38%恶霜嘧铜菌酯800倍液，36%甲基硫菌灵悬浮剂500倍液、80%炭疽福美可湿性粉剂800倍液，隔7～10天喷施1次，连续防治2～3次。

(5) 蚜虫防治　①清洁田园及周围杂草，消灭越冬蚜虫。②瓜蚜点片发生时，用30%乙酰甲胺磷加水5倍涂瓜蔓，挑治中心蚜虫，能有效控制蚜虫的扩散。当瓜蚜普遍发生时，用10%吡虫啉可湿性粉剂1000倍液等药剂防治。

(6) 瓜实蝇防治　①实行合理的轮作倒茬。②杜绝使用未腐熟的有机肥料。③及时清理田园。④化学药剂防治：1.8%阿维菌素乳油3000倍液与20%的速灭杀丁乳油3000倍液混合，加入糖醋液（药液量的3%），喷洒叶面，每隔6～7天1次，连用2～3次。喷洒药液须在上午11时前或下午5时以后进行。

**8. 采收及加工**

如温度适宜，从开花到果实成熟，早熟品种约24天，中熟品种约27天，晚熟品种约32天，当地梢瓜长到8月下旬时，果实长达4cm，直径达2cm，果实幼瓜翠绿色，成熟瓜淡青色、鱼肚白色，光泽度好时即可采收。果实皮薄不耐储运，因此采收和出售时要轻拿轻放。采摘时用剪刀进行，在上午露水稍干时采摘，避免烈日暴晒。采下的瓜要在1～2天内销售和加工，以保证其质量。采收过迟，适口性下降。

## 第四十七节 落葵

**一、拉丁文学名：** *Basella alba* L.

**二、科属分类：** 落葵科落葵属

**三、 别名：** 蘩露（尔雅）、藤菜、木耳菜，潺菜、豆腐菜、紫葵、胭脂菜、染绛子

**四、植物学形态特征**

一年生缠绕草本。茎长可达数米，无毛，肉质，绿色或略带紫红色。叶片卵形或近圆形，长 3～9cm，宽 2～8cm，顶端渐尖，基部微心形或圆形，下延成柄，全缘，背面叶脉微凸起；叶柄长 1～3cm，上有凹槽。穗状花序腋生，长 3～15（20）cm；苞片极小，早落；小苞片 2，萼状，长圆形，宿存；花被片淡红色或淡紫色，卵状长圆形，全缘，顶端钝圆，内折，下部白色，连合成筒；雄蕊着生花被筒口，花丝短，基部扁宽，白色，花药淡黄色；柱头椭圆形。果实球形，直径 5～6mm，红色至深红色或黑色，多汁液，外包宿存小苞片及花被。

**五、生境**

原产于亚洲热带地区，现我国各地广泛栽培。

## 六、花果期

花期 5～9 月，果期 7～10 月。

## 七、采集时间

播种后 50 天左右。

## 八、营养水平

每 100g 食用部分含蛋白质 1.7g、脂肪 0.2g、碳水化合物 3.1g、钙 205mg、磷 29mg、铁 2.2mg、胡萝卜素 4.55mg、尼克酸 1.0mg、维生素 C 102mg。可见落葵是富含维生素 C 和钙的蔬菜。

## 九、食用方式

落葵适于做汤，如落葵豆腐汤、落葵鸡蛋汤。落葵豆腐汤做法：将豆腐切成小块，放入汤内，加热至沸，然后将落葵切大块放入沸腾的汤锅中，加上调味料、精盐煮沸即可。落葵鸡蛋汤做法：汤中加入切好的落葵，煮沸，加入调味料，将鸡蛋甩入煮沸的汤锅内即可。炒食：将猪肉切片，在锅里放少许油烧热，先炒肉片，然后放入切成块的落葵，加入调料、精盐，翻炒，即可食用。包馅：将落葵用水焯一下，捞出，去掉水分、切碎，与切碎的猪肉一起放上调料和精盐，拌匀，即可做饺子或包子馅。另外还可凉拌、炝菜、吃火锅等。

## 十、药用价值

落葵味甘、酸，性寒，归心、肝、脾、大肠、小肠经，具有清热、解毒、滑肠、润燥、凉血、生肌的功效，可用于治疗便秘、痢疾、疖肿、皮肤炎症等。

## 十一、栽培方式

### 1. 栽培季节时间

露地栽培自春季终霜后至夏末可以分期播种，但以 4～5 月份和 7～8 月份播种的产量较高，品质较好。

### 2. 播种技术

(1) 整地做畦　播种前先整地施肥，每 667$m^2$ 施用腐熟优质粗肥 5000kg 左右，普撒后耕翻做畦，畦宽 1～1.2m。在春季播种时，为了提高地温，还可在播前 1 周覆膜烤地。当地温稳定在 15℃以上时，才可播种。

（2）播种

① 浸种催芽：由于落葵的种壳厚而且坚硬，播种前应先浸种催芽。可用 50℃水搅拌浸种 30 分钟，然后在 28～30℃的温水里浸泡 4～6 小时，搓洗干净后在 30℃条件下保湿催芽。当种子露白时，即可播种，每 $667m^2$ 用种量 5～6kg。

② 播种技法：如果采用条播法播种，可先在畦内开沟，沟深 2～3cm，沟宽 10～15cm，沟距 20cm，按沟条播。播种后，将畦搂平，稍作镇压后，按畦浇水，以水能洇湿畦面为度；如果撒播，可先按畦浇足底水，在水渗下后再撒 0.5cm 厚的细土，随后播种，播种后再覆盖 1.5～2cm 厚的细土，然后覆盖塑料膜保温保湿。一般经 3～5 天，即可出苗。

**3. 田间管理**

（1）间苗定苗　播种约一周后齐苗，此时要除去过密苗，并适时浇水保持土壤湿润。在苗长到 5～6 片叶时，按每 30cm 留苗 1～3 株进行间苗采收。

（2）适时采收　株高 30～35cm 时，留 3～4 片叶收割头梢，然后选留 2 个强壮旺盛的腋芽成梢，其余芽抹去。收割 2 道梢后，再留 2～4 个强壮侧芽成梢，其余抹去。在生长旺盛期可选留 5～8 个强壮侧芽成梢。生长中后期应随时抹去花蕾，以利于叶片肥大，提高产量。到了收割末期，可留 1～2 个强壮侧芽成梢，以发新梢。

（3）及时追肥　每次采收后，每 $667m^2$ 追施尿素 10kg 和少量复合肥，随水冲施。此后要小水勤浇，保持土壤湿润，做到见干见湿，雨季应及时排水防涝，忌积水烂根。

**4. 繁殖方式**

落葵可以用种子繁殖，也可用老茎扦插繁殖。在生产上多用种子繁殖，以条播或撒播方法进行畦作栽培。

**5. 种子收集**

搭架栽培的落葵果实老熟后变成紫红色时，可陆续采收落葵种子。一般每5.0kg鲜果实，可晒0.5kg种子。落葵单株采种量可达130g以上。

**6. 病虫害防治**

落葵的主要病害是落葵紫斑病，又称鱼眼病，从幼苗到收获结束均可发病。此病主要危害叶片。被害叶初有红色水浸状小圆点，凹陷，但不易穿孔，之后互相汇合成大病斑，直径1～2cm，最大4cm。发现病害后及时用1∶3∶200～300波尔多液或75%百菌清可湿性粉剂1000倍液加70%甲基硫菌灵可湿性粉剂1000倍液、40%多硫悬浮剂600倍液、50%速克灵可湿性粉剂2000倍液叶面喷洒，7～10天一次，连续喷2～4次。落葵的虫害有小地老虎和蛴螬，发现后及时用90%敌百虫晶体1000倍液或50%辛硫磷乳油1500倍液、20%杀灭菊酯2000倍液叶面喷洒。

**7. 采收及加工**

落葵的采收，一般在株高20～25cm时采收嫩茎叶，只留茎基部3片叶，以促腋芽发新梢。采摘嫩茎叶，应选择无露珠时进行，阴雨天还可提前采摘：对于枝叶密集，有郁闭现象的枝蔓，可从茎基部掰下，以达到疏枝通风和透光的目的。在气温高于25℃的条件下，一般每隔10～15天采收1次，或者每次都采大留小，实施连续采收。落葵嫩茎叶，一般667$m^2$产量可达2000～3000kg。

# 第四十八节　马齿苋

## 一、拉丁文学名：*Portulaca oleracea* L.

## 二、科属分类：马齿苋科马齿苋属

## 三、 别名：马苋、五行草、长命菜、五方草、瓜子菜、麻绳菜、马齿草、马苋菜、蚂蚱菜、马齿菜、瓜米菜、马蛇子菜、蚂蚁菜、猪母菜、瓠子菜、狮岳菜、酸菜、五行菜、猪肥菜、长寿菜

## 四、植物学形态特征

一年生草本，全株无毛。茎平卧或斜倚，伏地铺散，多分枝，圆柱形，长 10～15cm 淡绿色或带暗红色。茎紫红色，叶互生，有时近对生，叶片扁平，肥厚，倒卵形，似马齿状，长 1～3cm，宽 0.6～1.5cm，顶端圆钝或平截，有时微凹，基部楔形，全缘，上面暗绿色，下面淡绿色或带暗红色，中脉微隆起；叶柄粗短。花无梗，直径 4～5mm，常 3～5 朵簇生枝端，午时盛开；苞片 2～6，叶状，膜质，近轮生；萼片 2，对生，绿色，盔形，左右压扁，长约 4mm，顶端急尖，背部具龙骨状凸起，基部合生；花瓣 5，稀 4，黄色，倒卵形，长 3～5mm，顶端微凹，基部合生；雄蕊通常 8，或更多，长约 12mm，花药黄色；子房无毛，花柱比雄蕊稍长，柱头 4～6 裂，线

形。蒴果卵球形，长约 5mm，盖裂；种子细小，多数偏斜球形，黑褐色，有光泽，直径不及 1mm，具小疣状凸起。

## 五、生境

我国南北各地均产。性喜肥沃土壤，耐旱亦耐涝，生活力强，生于菜园、农田、路旁，为田间常见杂草。广布全世界温带和热带地区。

## 六、花果期

花期 5～8 月，果期 6～9 月。

## 七、采集时间

夏、秋两季采收。

## 八、营养水平

马齿苋营养丰富，据测定，每 100g 鲜茎叶中含维生素 C 23mg，维生素 $B_1$ 0.03mg，维生素 $B_2$ 0.11mg，胡萝卜素 2.23mg，蛋白质 2.3g，脂肪 0.5g，碳水化合物 3g，粗纤维 0.7g，钙 85mg，磷 56mg，铁 1.5mg 及钾、锰、镁、锌、铜等。含有大量的去甲肾上腺素和多量钾盐、苹果酸、葡萄糖等对人体有益物质。马齿苋在营养上有一个突出的特点，它的 $\omega$-3 脂肪酸含量高，$\omega$-3 脂肪酸能抑制人体对胆固醇的吸收，降低血液胆固醇浓度，抑制胆固醇和甘油三酯的生成，改善血管壁弹性，对防治心血管疾病很有利。

## 九、食用方式

焯过水之后炒食、凉拌、做馅都可以。如大蒜拌马齿苋、蒸马齿苋馅包子、马齿苋炒鸡蛋、马齿苋粥等。

## 十、药用价值

全草供药用，有清热利湿、解毒消肿、凉血止血、消炎、止渴、利尿作用；种子明目。

### 1. 利水消肿

马齿苋含有大量的钾盐，有良好的利水消肿作用；钾离子还可直接作用于血管壁，使血管壁扩张，阻止动脉管壁增厚，从而起到降低血压的作用。

### 2. 消除尘毒

马齿苋能消除尘毒，防止吞噬细胞变性和坏死，还可以防止淋巴管发炎和阻止纤维性变化，杜绝矽结节形成，对白癜风也有一定的疗效；马齿苋还含有较多的胡萝卜素，能促进溃疡的愈合。

### 3. 杀菌消炎

马齿苋对痢疾杆菌、伤寒杆菌和大肠杆菌有较强的抑制作用，可用于各种炎症的辅助治疗，素有“天然抗生素”之称。

### 4. 防治心脏病

马齿苋中含有丰富的 $\omega$-3 脂肪酸，它能抑制人体内血清胆固醇和甘油三酯的生成，促进血管内皮细胞合成前列腺素增多，抑制血小板形成血栓素 A2，使血液黏度下降，促使血管扩张，可以防止血小板聚集、冠状动脉痉挛和血栓形成，从而起到防治心脏病的作用。

### 5. 治疗糖尿病

因为它含有丰富的去甲肾上腺素，能促进胰腺分泌胰岛素，调节人体糖代谢过程、降低血糖浓度、保持血糖稳定，所以对糖尿病有一定的治疗作用。脾胃虚寒、肠滑腹泻者，便溏及孕妇禁服，禁与鳖甲同用。

## 十一、栽培方式

### 1. 品种选择

马齿苋进行种子繁殖所用种子都是头年从野外采集或栽培时留的种。

### 2. 栽培季节时间

秋播和春播。秋播在 10 月中、下旬；春播在 4 月中、下旬。

### 3. 繁殖技术

（1）种子繁殖　其种子极小，整地一定要精细。采用撒播的方式，温室播种时间在 3 月上中旬。马齿苋目前尚无人工培育栽培品种，因此所用种子都是上一年从野外采集或栽培时留的种。施腐熟粪肥 30t/hm$^2$，耕翻 15～20cm 深，使畦田达到平、松、软、细的要求。做宽 1～1.2m 的畦，沟宽 40cm，撒播种子 15～30kg/hm$^2$。马齿苋种子细小，为了使播种密度均匀，应将种子与其重量 50～100 倍的细沙混匀后再播。播后轻耙畦面，浇足底水。播种后至出苗遇干旱要喷水保持土壤湿润，7～10 天即可出苗。

**(2) 扦插繁殖**　扦插枝条从当年播种苗或野生苗上采集，从发枝多、长势旺的强壮植株上采集为好，每段要留有 3～5 个节。扦插前精细整地；结合整地施足充分腐熟的农家肥。扦插密度（株行距）3cm×5cm，插穗入土深度 3cm 左右，插后保持一定的湿度和适当的荫蔽，一周后即可成活。

**4. 田间管理措施**

播种或扦插后 15～20 天即可移入大田栽培，栽培面积较小时也可直接扦插到大田。移栽前将田土翻耕，结合整地每亩施入 1500kg 充分腐熟的人粪或 15～20kg 三元复合肥，然后按 1.2m 宽开厢，按株行距 12cm×20cm 定植，栽后浇透定根水。为保证成活率，移栽最好选阴天进行，如在晴天移栽，栽后 2 天内应采取遮阴措施，并于每天傍晚浇水一次。移栽时按要求施足底肥后，前期可不追肥，以后每采收 1～2 次追一次稀薄人畜粪水，形成的花蕾要及时摘除，以促进营养枝的抽生。干旱时适当浇水抗旱。马齿苋整个生育期间病虫害极少，一般不需喷药。

**5. 种子收集**

马齿苋留种的地块一开始就应从生产商品菜的地块中划出，栽培管理措施与商品菜生产相同，所不同的是留种的地块不采收商品菜，任其自然发枝、开花、结籽。开花后 25～30 天，蒴果（种壳）呈黄色时，种子便已成熟，应及时采收，否则便会散落在地。此外，还可在生产商品菜的大田中有间隔地选留部分植株，任其自然开花结籽后散落在地，第 2 年春季待其自然萌发幼苗后再移密补稀进行生产。

**6. 病虫害防治**

主要有蜗牛为害，可在早晨撒生石灰防治。

**7. 采收及加工**

当苗高15cm左右时间拔幼苗上市，使株距保持9～10cm；当株高20～24cm时，在植株距地面10cm处收割取嫩梢上市，留下节位的腋芽继续生长。一般可连续采收2～3次。马齿苋商品菜采收标准为开花前10～15cm长的嫩枝。如采收过迟，不仅嫩枝变老，食用价值差，而且影响下一次分枝的抽生和全年产量。采收1次后隔15～20天又可采收，如此可一直延续到10月中下旬。生产上一般采用分期分批采收。

## 第四十九节　展枝唐松草

**一、拉丁文学名：** *Thalictrum squarrosum* Steph.

**二、科属分类：** 毛茛科唐松草属

**三、别名：** 猫爪子

**四、植物学形态特征**

植株全部无毛。根状茎细长，自节生出长须根。茎高60～100cm，有细纵槽，通常自中部近二歧状分枝。基生叶在开花时枯萎。茎下部及中部叶有短柄，为二至三回羽状复叶；叶片长8～18cm；小叶坚纸质或薄革质，顶生小叶楔状倒卵形、宽倒卵形、长圆形或圆卵形，长0.8～2（3.5）cm，宽0.6～1.5（2.6）cm，顶端急尖，基部楔形至圆形，通常三浅裂，裂片全缘或有2～3个小齿，表面脉常稍下陷，背面有白粉，脉平或稍隆起，脉网稍明显；叶柄长1～4cm。花序圆锥状，近二歧状分枝；花梗细，长1.5～3cm，在结果时稍增长；萼片4，淡黄绿色，狭卵形，长约3mm，宽约0.8mm，脱落；雄蕊5～14，长3～5mm，花药长圆形，长约2.2mm，有短尖头，花丝丝形；心皮1～3（5），无柄，柱头箭头状。瘦果狭倒卵球形或近纺锤形，稍斜，长4～5.2mm，有8条粗纵肋，柱头长约1.6mm。

## 五、生境

在我国分布于陕西北部、山西、河北北部、内蒙古、辽宁、吉林、黑龙江。生于海拔200～1900m平原草地、田边或干燥草坡。在蒙古国，俄罗斯远东地区也有分布。

## 六、花期

花期7～8月。

## 七、采集时间

春季，采摘唐松草幼嫩茎叶。

## 八、营养水平

每百克鲜品含水分72g，蛋白质5.8g，粗纤维1.4g，胡萝卜素6.85mg，维生素$B_2$ 0.19mg，维生素C 45mg，是著名的山野菜之一。

## 九、食用方式

它幼嫩的叶茎，炒食、煮汤、炝拌、盐渍，清淡鲜美。用热水略烫一下就可食用，也可晒成干菜或用盐渍长期保鲜。

## 十、药用价值

展枝唐松草地上茎叶部分具有清热、解毒、健胃、治酸的功效，地下根系部分中含有抑制癌细胞特效药的重要组成元素，可谓是非常有发展前景的药用植物。

## 十一、栽培方式

### 1. 栽培季节时间

播种宜在4月中旬进行，种子无需处理。

### 2. 播种技术

（1）选地做畦　选土质肥沃、疏松、排水良好的地块。结合深翻20～35cm，每667$m^2$施入3000kg农家肥和15～20kg复合肥，床畦宽度为1.2m。

（2）播种

①条播。床畦做好后，与床畦的走向相垂直开出播种沟。

沟深 2cm、宽 6～8cm，将种子均匀地撒入沟内。种子用量以每平方米 25～30g 为宜，覆土厚度为 1～1.5cm，踩实。覆土后最好再铺一层 2cm 厚的树叶或稻草等，保持土壤的湿润。

② 撒播。床畦做好后，先在床面上浇足底水，使 8～10cm 表土层达到饱和。然后将种子均匀撒在床面上，种子用量以每平方米 40g 左右为宜。撒播时种子用量略大于条播时的用量。撒种后，用平底铁锹将种子压入土中，使种子与土壤密切结合。然后盖土，覆土厚度与条播相同。

**3. 田间管理**

(1) 间苗　为防止苗间拥挤，应分两次间苗。当苗高 4～5cm 时，间苗一次，株距保持在 5cm；当苗高 8～10cm 时，第二次间苗，株距为 10cm。两次间苗前后均需浇水。第二次间苗时，可将多余的苗进行移栽。间苗不可过晚，若过晚，苗间过密，株间不通风，会引起黄叶。又因苗茎很短，复叶叶柄较长，间苗过晚，过密的苗很难分出彼此，会伤到留下的苗。

(2) 施肥　在 5 月下旬至 6 月上旬，床表追施尿素 30～40kg/667$m^2$，或追施生物有机肥 200kg/667$m^2$，进行第一次追肥。在 7 月下旬至 8 月中旬，苗高 5～6cm 时，进行第二次追肥，追施尿素 10kg/667$m^2$。

(3) 浇水　播后到出苗前经常浇水，保持床土湿润。播后 7～10 天即可出苗，出苗后需水量减少，以土壤不干旱为主。

**4. 繁殖方式**

种子繁殖（条播和撒播）、根蘖繁殖。

**5. 种子收集**

展枝唐松草种子成熟时间一般在 9 月中旬前后，成熟后的种子应及时采收，防止种子脱落。采收时将结有种子的花枝采下放入布袋中，然后置于日光下晾晒，待种子晾干后，用木条轻轻敲打，使种子落下，将种子清除杂质后收集起来，置于通风干燥处保存。

**6. 病虫害防治**

展枝唐松草的病虫害较少，平日要加强田间管理，增加植株的抗病能力。病虫害的防治以预防为主，如有发生提倡用物理方法进行防治。病害采取及早清除受害植株，集中销毁等办法进行防治。虫害提倡采用人工杀灭害虫的方法进行防治。如害虫危害程度较重时，可喷洒高效、低毒的溴氰菊酯或生物杀虫剂进行防治。

**7. 采收及加工**

当年幼苗，由于根系发育不足，幼茎也较瘦小，当年不宜采收。定植苗第二年 5 月上中旬，苗高长到 15～20cm 时即可采收，采收时可用镰刀在地面以上 2～3cm 处割下或用手沿地表掐掉，捆成 500g 左右的小捆出售。第一次采收后的 20 天左右，长出第二茬茎叶，这时只能采收一半的茎叶。过度采收影响当年生长，也影响以后的年产量。

## 第五十节　兴安升麻

**一、拉丁文学名：** *Cimicifuga dahurica* (Turcz.) Maxim.

**二、科属分类：** 毛茛科升麻属

**三、别名：** 北升麻、虻牛卡根

### 四、植物学形态特征

雌雄异株。根状茎粗壮，多弯曲，表面黑色，有许多下陷圆洞状的老茎残基。茎高达 1m 以上，微有纵槽，无毛或微被毛。下部茎生叶为二回或三回三出复叶；叶片三角形，宽达 22cm；顶生小叶宽菱形，长 5～10cm，宽 3.5～9cm，三深裂，基部通常微心形或圆形，边缘有锯齿，侧生小叶长椭圆状卵形，稍斜，表面无毛，背面沿脉疏被柔毛；叶柄长达 17cm。茎上部叶似下部叶，但较小，具短柄。花序复总状，雄株花序大，长达三十余厘米，具分枝 7～20 条，雌株花序稍小，分枝也少；轴和花梗被灰色腺毛和短毛；苞片钻形，渐尖；萼片宽椭圆形至宽倒卵形，长 3～3.5mm；退化雄蕊叉状二深裂，先端有两个乳白色的空花药；花药长约 1mm，花丝丝形，长 4～5mm；心皮 4～7，疏被灰色柔毛或近无毛，无柄或有短柄。蓇葖生于长 1～2mm 的心皮柄上，长 7～8mm，宽 4mm，顶端近截形被贴伏的白色柔毛；种子 3～4 粒，椭圆形，长约 3mm，褐色，四周生膜质鳞翅，中央生横鳞翅。

## 五、生境

在我国分布于山西、河北、内蒙古、辽宁、吉林、黑龙江。生于海拔 300～1200m 间的山地林缘灌丛以及山坡疏林或草地中。在俄罗斯远东地区以及蒙古国也有分布。

## 六、采集时间

采收季节主要在秋季。

## 七、花果期

7～8 月开花，8～9 月结果。

## 八、食用方式

展叶前的幼嫩兴安升麻茎水焯后可食用，清香爽口，略带苦味。幼叶可做凉拌菜、炒菜或主食菜馅。

## 九、药用价值

具有清热解毒作用，对于时疫火毒、口疮、咽痛、头痛寒热、痈肿有很好的治疗作用。

## 十、栽培方式

### 1. 栽培季节时间

4 月初播种。

### 2. 播种、育苗技术

(1) 选地、整地 栽培地应选土层深厚、地势稍高的半阴半阳山坡地或排水良好的沙质壤土平地，先除去田间杂物，翻地深 30～40cm，每 667$m^2$ 施农家肥 1000～2000kg，打碎土块，整平地面做畦，畦高 20cm，畦宽 100～120cm，作业道宽 30cm，移栽地也可以做成 60～70cm 的大垄。

(2) 育苗播种 兴安升麻幼苗生长慢，为节省耕地和便于管理，栽培时先集中育苗，生长一年后再移栽。育苗播种时间春秋两季均可，秋季在 10 月中旬至 11 月上旬，春季在 4 月中旬至 5 月上旬。播种时先在畦面上按行距20～25cm顺畦开沟，沟深4～5cm，把种子均匀地条播在沟内，覆土1.5～2.0cm，稍镇压，土壤干旱时用喷壶浇一次透水，畦面盖一层稻草保湿。

（3）**苗期管理**　幼苗开始出土时逐次除去畦面稻草，保持床土湿润，干旱时早、晚用喷壶浇水。苗期杂草较多，应随时松土除草。6～7月份根据幼苗生长情况适量追施氮肥，幼苗因怕强光，在畦面上部用简易苇帘遮阴。

（4）**移栽**　幼苗生长一年后进行移栽，移栽时间在秋季地上部分枯萎后或春季返青之前，在畦面上按株距25～30cm，行距40～50m开穴，穴深10～15cm，每穴栽苗一株，覆土以盖上顶芽4～5cm为度，栽后浇一次透水。

**3. 田间管理措施**

二年生升麻结果较少，种子质量差。为了不影响根状茎生长，在花蕾初期提前剪去花序。7～8月雨季到来之前向根部适当培土。

（1）**肥水管理**　追肥一般分两次：第一次追肥是在幼苗长出2～3片真叶时进行，可用人畜粪水浇于床间；第二次追肥是当幼苗长到5～6cm高时进行，追肥量应略大于第一次追肥的用量。春季气候干旱时要及时浇水保湿，生长期经常松土除草。

（2）**间苗**　当幼苗长到3～4cm高时，保持株行距3～4cm间苗。间苗后要进行浇水，以增加床土密度，防止土壤通风透气。

（3）**中耕除草**　播种后床面出现杂草，要经常除草，除草做到除早、除小。结合除草进行松土，以促进幼苗的正常生长。

**4. 繁殖方式**

种子繁殖、分根茎繁殖。

**5. 种子收集**

果实成熟时果瓣自然开裂，种子随风飘落，因此要随熟随采。当果实由绿开始变黄，果皮开始枯干，果瓣快开裂时将果穗剪下，晒干后果皮全部裂开，除去果皮及杂质，种子再晒干后即可秋季播种。若来年春季播种，将种子拌2～3倍体积的过筛细沙，浇水保持湿润，冬季放在室外经低温冷冻贮存。栽培中不能选用隔年的旧种子。

**6. 病虫害防治**

兴安升麻虫害很少，仅有少量蛴螬为害根茎，一般发生在5～6月，可用50％辛硫磷1500倍液灌根防治。病害主要有灰斑病，危害叶片，发生在8～9月，可在发病前喷1∶1∶120波尔多液预防，发病初期用65％代森锌500倍液防治。

**7. 采收**

生长4年后采收入药，采收季节主要在秋季。地上部分枯萎后先除去地上茎叶，将根茎挖出，去掉泥土，晒至八成干时用火燎去须根，再晒至全干，除去表皮及残存须根。每亩可收鲜根茎240～280kg，折干品90～100kg。

# 第五十一节　泽泻

**一、拉丁文学名：** *Alisma plantago-aquatica* Linn.

**二、科属分类：** 泽泻科泽泻属

**三、植物学形态特征**

多年生水生或沼生草本。块茎直径1～3.5cm，或更大。叶通常多数；沉水叶条形或披针形；挺水叶宽披针形、椭圆形至卵形，长2～11cm，宽1.3～7cm，先端渐尖，稀急尖，基部宽楔形、浅心形，叶脉通常5条；叶柄长1.5～30cm，基部渐宽，边缘膜质。花茎高78～100cm，或更高；花序长15～50cm，或更长，具3～8轮分枝，每轮分枝3～9个。花两性，花梗长1～3.5cm；外轮花被片广卵形，长2.5～3.5mm，宽2～3mm，通常具7脉，边缘膜质，内轮花被片近圆形，远大于外轮，边缘具不规则粗齿，白色，粉红色或浅紫色；心皮17～23枚，排列整齐，花柱直立，长7～15mm，长于心皮，柱头短，约为花柱的1/9～1/5；花丝长1.5～1.7mm，基部宽约0.5mm，花药长约1mm，椭圆形，黄色或淡绿色；花托平凸，高约0.3mm，近圆形。瘦果椭圆形或近矩圆形，长约2.5mm，宽约1.5mm，背部具1～2条不明显浅沟，下部平，果喙自腹侧伸出，喙基部凸起，膜质。种子紫褐色，具凸起。

## 四、生境

我国产于黑龙江、吉林、辽宁、内蒙古、河北、山西、陕西、新疆、云南等省、自治区。生于湖泊、河湾、溪流、水塘的浅水带，沼泽、沟渠及低洼湿地亦有生长。俄罗斯、日本，欧洲、北美洲、大洋洲等均有分布。

## 五、花果期

花果期 5～10 月。

## 六、营养水平

泽泻梗（每 100g 干样）含粗蛋白 26.10g、粗脂肪 2.20g、总膳食纤维 27.56g、灰分 8.70g、多糖 4.22g、还原糖 4.87g、维生素 C 406.30mg、胡萝卜素 380.00μg，其营养素种类齐全，并且比例合理，是一种营养丰富的食物。泽泻梗的必需氨基酸种类齐全，组成比例不均衡，含硫氨基酸是其限制氨基酸，但其赖氨酸含量较高，与谷类食物搭配食用可起到蛋白质互补的作用；泽泻梗含有丰富的天门冬氨酸、谷氨酸和甘氨酸等鲜味氨基酸，口感鲜美。

## 七、食用方式

可以煲汤，制酒。

## 八、药用价值

泽泻具有抑制动脉粥样硬化和活血化瘀以及利尿、降血压、抗脂肪肝等作用。动物实验证明，泽泻提取物对家兔实验性高脂血症有防治作用，抗脂肪肝作用比山楂、地骨皮效果更好。

## 九、栽培方式

### 1. 栽培季节时间

6～7 月。

### 2. 整地施肥技术

育苗地宜选择阳光充足、土层深厚、土壤肥沃而稍带黏性、水源充足、排灌方便的早稻田。于播前3天，排除过多的田水，每亩施腐熟堆肥或人粪水200～300kg，进行深犁细耙，把肥料翻入土中。然后把泥土耙烂耙平，做成宽100～120cm、高10～13cm的东西向的苗床。苗床一般要呈瓦背形，以利排灌水。移栽地宜选土壤肥沃、土层深厚，前茬为早稻或莲子等的水田。要施足基肥，每亩施用腐熟的畜粪或土杂肥3000～4000kg、磷肥30～50kg，然后进行深耕、细耙、整平，以待栽种。

**3. 田间管理**

（1）苗期管理　泽泻苗期需遮阴，可在苗床上搭棚或插杉树条遮阴，遮光率控制在60%左右。1个月后可逐步拆除荫棚。当苗高3～4cm时，即可进行间苗，拔除稠密的弱苗，保持株距2～3cm。结合间苗进行除草和追肥2次。第一次每亩施稀薄人畜粪l000kg或硫酸铵5kg对水1000kg浇苗床，浇时勿浇在苗叶上；第二次可在20天后再追施1次，追肥前排尽田水，肥液下渗后再灌浅水。

补苗，泽泻移栽后的1～2天内，要仔细检查田里的苗情，发现有未栽好或被风吹倒或缺株的，应立即扶正和补齐，以保证全苗。

（2）定植后管理

①中耕施肥。泽泻中耕主要是耘田除草，并结合施肥，一般进行3次左右。通常先追肥后耘田，拔除杂草连同剥掉黄枯叶踏入泥中。第一次中耕追肥于移植后15天左右进行，第二次追肥耘田在第一次追肥后20天进行，以上2次追肥均是每亩施粪水1000～1500kg，第二次追肥适当增施磷肥和饼肥50kg；第三次在封行前进行，亩施人畜粪水1000kg、磷肥和饼肥60kg、草木灰100kg，施后耘田。

②灌溉排水。泽泻在整个生长期需要保持田内有水，灌水的深浅要根据泽泻的不同生长期确定：在插秧后至返青前宜浅

灌，水深为3cm，以后逐渐加深，经常保持3～5cm的深水。采收前的1个月内，可视泽泻生长发育情况进行排水、晒田，以利块茎生长和采收。

③ 摘薹除芽。泽泻的侧芽和抽薹要消耗大量养分，影响块茎生长，在植株周围长出侧芽时要及时摘除。一些过早抽薹的植株和非留种田应及早将其花薹打掉，打薹时应摘至薹基部，免得以后又发侧芽。

**4. 繁殖方式**

主要用种子繁殖，先育苗后定植。

**5. 病虫害防治**

（1）白斑病 危害叶、叶柄，产生红褐色病斑，一般多在高温多湿条件下发病，8～9月发病严重。防治方法：播前用40%的福尔马林80倍液浸种5分钟，洗净晾干待播；发病期用50%的托布津或代森铵可湿性粉剂500～600倍液喷洒。每隔7～10天喷1次，连续喷2～3次。发现病叶立即摘除，用1∶1∶100波尔多液进行喷雾保护。

（2）猝倒病 为苗期病害，发病时在幼苗茎基腐烂，幼苗猝倒，致使植株枯死。防治方法：发病后用1∶1∶200的波尔多液喷洒；肥料要充分腐熟；灌溉水深要适度。

（3）银纹夜蛾 幼虫咬食泽泻叶片，7～8月为害秧田，9月上旬为害本田。防治方法：利用幼虫的假死性进行人工捕捉；也可使用80%敌百虫1000～1500倍液进行喷施，每7天喷1次，连喷2～3次。

（4）缢管蚜 无翅成虫群集于叶背和嫩茎上吸吮汁液，导致叶片枯黄，影响块茎生长和开花结果。9～11月危害严重。防治方法：在蚜虫发生初盛期，用10%吡虫啉粉剂3000倍液或者用3%啶虫脒乳油2000～2500倍液喷雾，杀蚜速效性好。

**6. 采收**

移植后120～140天即可采收，秋种泽泻可于当年12月下旬采收；冬种泽泻在次年2月份未抽薹时采收。采收时，全株挖起，剥除叶片，留下3cm长的顶芽，避免烘晒时流出汁液，然后洗去须根上的附泥。可先晒1～2天，然后用火烘焙。第一天火力要大，第二天火力可稍小，每隔1天翻动1次，第三天取出放在撞笼内撞去须根及表皮，然后用炭火焙，焙后再撞，直到须根、表皮去净及相撞时发出清脆声即可，以个大、色黄白、光滑、粉性足者为佳。

## 第五十二节　平车前

**一、拉丁文学名：** *Plantago depressa* Willd.

**二、科属分类：** 车前科车前属

**三、别名：** 车前草、车茶草、蛤蟆叶

**四、植物学形态特征**

二年生或多年生草本。直根长，具多数侧根，多少肉质。根茎短。叶基生呈莲座状，平卧、斜展或直立；叶片纸质，椭圆形、椭圆状披针形或卵状披针形，长3～12cm，宽1～3.5cm，先端急尖或微钝，边缘具浅波状钝齿、不规则锯齿或牙齿，基部宽楔形至狭楔形，下延至叶柄，脉5～7条，上面略凹陷，于背面明显隆起，两面疏生白色短柔毛；叶柄长2～6cm，基部扩大成鞘状。花序多为3～10个；花序梗长5～18cm，有纵条纹，疏生白色短柔毛；穗状花序细圆柱状，上部密集，基部常间断，长6～12cm；苞片三角状卵形，长2～3.5mm，内凹，无毛，龙骨突宽厚，宽于两侧片，不延至或延至顶端。花萼长2～2.5mm，无毛，龙骨突宽厚，不延至顶端，前对萼片狭倒卵状椭圆形至宽椭圆形，后对萼片倒卵状椭圆形至宽椭圆形。花冠白色，无毛，冠筒等长或略长于萼片，裂片极小，椭圆形或卵形，长0.5～1mm，于花后反折。雄蕊着生于冠筒内面近顶端，同花柱明

显外伸，花药卵状椭圆形或宽椭圆形，长 0.6～1.1mm，先端具宽三角状小突起，新鲜时白色或绿白色，干后变淡褐色。蒴果卵状椭圆形至圆锥状卵形，长 4～5mm，于基部上方周裂。种子 4～5，椭圆形，腹面平坦，长 1.2～1.8mm，黄褐色至黑色；子叶背腹向排列。

## 五、生境

生于草地、河滩、沟边、草甸、田间及路旁，海拔 5～4500m。

## 六、花果期

花期 5～7 月，果期 7～9 月。

## 七、营养水平

每 100g 平车前含能量 87kJ、硫胺素 0.09mg、核黄素 0.25mg、脂肪 1000mg、蛋白质 4000mg、铁 25.3mg、钙 309mg、磷 175mg。

## 八、食用方式

春季或夏季采集幼苗及嫩株，洗净后用开水烫熟，捞出切碎，加盐、味精、蒜泥、醋、香油或花椒油凉拌食用。或将平车前苗去除杂质，洗净，用开水烫一下，挤干水分稍晾，用花椒、蒜片、葱花末炝锅后，放入该菜快速煸炒，其味亦很鲜美；或将洗净的平车前苗，用开水烫后，加入到鸡蛋、排骨汤中做汤食用；或者将洗净、烫过的平车前去除水分，晾干，切碎，拌入肉馅及调味品做馅，可蒸包子、煮饺子、烙馅饼等，其馅十分鲜嫩；或者将平车前与大米同煮做菜粥食之。

## 九、药用价值

平车前的全株入药，味甘、性寒，具有清热利尿、凉血、解毒、明目、祛痰的功效。主治热结膀胱、小便不利、淋浊带下、暑湿泻痢、咽喉肿痛、痈肿疮毒、肝热目赤、尿血、黄疸、水肿、泄泻、鼻衄、喉痹、咳嗽、皮肤溃疡等。

## 十、栽培方式

### 1. 栽培季节时间

车前草以春、夏、秋季播种为宜。

**2. 播种、育苗技术**

**(1) 直播栽培** 在播种前进行整地施肥，每亩施腐熟农家肥2000kg，翻耕耙平，按1.5m宽开沟做畦，畦面宽120cm，沟间走道30cm，沟深15～20cm。每亩播种量300g，为撒播均匀，种子中可掺入20倍量的过筛细土和细沙，混匀后再播。在畦面按行距25cm开播种沟，种子撒入沟内，播后覆1cm厚的细土。土壤墒情好的第二天稍压实覆土，墒情不好的覆土后及时浇水，以保持土壤湿润。幼苗2～3叶期间苗，株距10cm左右，4～5叶期定苗，株距20～25cm。结合间苗和定苗进行除草。

**(2) 育苗移栽** 育苗：车前草对土壤要求不严，在各种土壤中均能生长。以选择背风向阳，土质肥沃、疏松、微酸性的沙壤土做苗床为好。一般每种植1亩地需整理苗床30m$^2$，播种前每平方米苗床施腐熟优质细碎农家肥10kg、氮磷钾复合肥（15-15-15）100g做基肥，耕翻、耙细、整平，做成畦面宽100cm，高15cm，沟间走道35cm的苗床。每亩用种量60g（即按每亩大田需苗床地30m$^2$计算，每平方米苗床播种2g），由于车前草种子细小，播种前可将种子拌入6～10kg细沙和草灰，充分拌匀后，均匀撒播在畦面，播种后覆盖0.5～1.0cm厚的过筛细土和草灰，以不见种子露出土面为适度。

苗床管理：播种覆土后，立即喷水，盖上稻草和薄膜，保持湿润，以利于发芽。每天傍晚揭膜喷水1次，保持床土湿润，6～7天即可出苗。出苗后立即揭除稻草和薄膜，以增加光照，防止长成高脚苗。车前草种子细小，出苗后生长缓慢，易被杂草抑制，因此幼苗期应及时除草，一般苗期进行2～3次除草，待苗长出4～5片叶时即可移栽。

**(3) 大田栽植** 选地、整地、施肥：选择地势平坦、排灌方便、土质疏松的沙壤土地块作为栽植田产量较高。每亩施腐熟农家肥1500～2000kg、25%复合肥（13-5-7）40kg做基肥，耕翻、耙细、整平、做畦，畦面宽120cm，畦高15～20cm，沟间走道

30cm，便于排灌。

移栽：在畦面开沟移栽，每畦种植 4 行，行距 30cm，穴距 25cm，每穴栽 1 株，定植后立即浇定根水，连浇 2～3 次，促进活棵。

**3. 田间管理措施**

车前草出苗后生长缓慢，易被杂草抑制，幼苗期应及时除草，除草结合松土进行，一般 1 年进行 3～4 次松土除草。苗高 3～5cm 时进行间苗，条播按株距 10～15cm 留苗。车前草喜肥，施肥后叶片多，生长旺盛且抗性增强，穗多穗长，产量高。第 1 次施肥在 5 月份，每公顷施清淡人畜粪水 22500kg，以增强其长势；第 2 次于 7 月上旬进行，此时车前草进入幼穗分化阶段，部分幼穗从叶腋抽出，要控氮补磷、钾、硼肥与激素等，为开花结籽创造条件。车前草抽穗期必须及早疏通排水沟，防止积水烂根。封垄后切勿中耕松土，否则伤根及土壤渍水造成烂根。在车前草抽穗前后应加强调查，发现中心病株，及时拔除、集中烧毁，控制车前草白粉病、穗枯病、褐斑病、白绢病等扩展蔓延，并用 50%多菌灵可湿性粉剂 150g 对水 30～40kg 喷洒花穗，每隔 4～5 天 1 次，连喷 3～5 次防止病菌侵染穗部。

**4. 种子收集**

车前草果穗下部果实外壳初呈淡褐色、中部果实外壳初呈黄色、上部果实已收花时，即可收获。车前草抽穗期较长，先抽穗的早成熟，所以要分批采收，每隔 3～5 天割穗 1 次，半个月内将穗割完。宜在早上或阴天收获，以防裂果落粒。用刀将成熟的果穗剪下，在晒场晒穗裂果、脱果。晒干后搓出种子，簸净杂质。种子晒干后在干燥处贮藏。

**5. 病虫害防治**

白粉病病害症状：叶的表面或背面出现一层灰白色粉末，最后叶枯死亡。

防治方法：发病初期用 50%甲基托布津 1000 倍液喷雾防治。

**6. 采收加工**

（1）做蔬菜食用　车前草幼苗和嫩茎可供食用。在播种后 35～

40 天，株高 15～20cm，叶色黑绿、叶芽幼嫩、还没抽生花茎时即可采收。采收时可连根拔起，也可从根颈处割下，用清水洗净后即可加工食用或捆把上市销售。

(2) 药用　车前草是二年生或多年生草本植物，叶片丛生，夏秋季从叶丛中抽出几条花茎，茎上有许多淡绿色小花，花后结果。车前草抽穗期较长，须进行分批多次采收，成熟一批采收一批，穗茎子粒呈深褐色时即可采收。车前草种子、全草均可入药。以种子入药，果穗成熟时，割取果穗，晒干后搓出种子，簸净杂质即可。以全草入药，在秋季采收全草，采收时挖起全株，洗净泥沙，除去枯叶，晒干即可。晒干后在干燥处储藏。

# 第五十三节　地锦

**一、拉丁文学名：***Euphorbia humifusa* Willd. ex Schlecht.

**二、科属分类：**葡萄科地锦属

**三、别名：**地锦草、铺地锦、田代氏大戟、草血竭、血见愁草、铁线草、猢狲头草、奶汁草。

**四、植物学形态特征**

一年生草本。根纤细，长10～18cm，直径2～3mm，常不分枝。茎匍匐，自基部以上多分枝，偶尔先端斜向上伸展，基部常红色或淡红色，长达20（30）cm，直径1～3mm，被柔毛或疏柔毛。叶对生，矩圆形或椭圆形，长5～10mm，宽3～6mm，先端钝圆，基部偏斜，略渐狭，边缘常于中部以上具细锯齿；叶面绿色，叶背淡绿色，有时淡红色，两面被疏柔毛；叶柄极短，长1～2mm。花序单生于叶腋，基部具1～3mm的短柄；总苞陀螺状，高与直径各约1mm，边缘4裂，裂片三角形；腺体4，矩圆形，边缘具白色或淡红色附属物。雄花数枚，近与总苞边缘等长；雌花1枚，子房柄伸出至总苞边缘；子房三棱状卵形，光滑无毛；花柱3，分离；柱头2裂。蒴果三棱状卵球形，长约2mm，直径约2.2mm，成熟时分裂为3个分果爿，花柱宿存。种子三棱状卵球形，长约1.3mm，直径约0.9mm，灰色，每个棱面无横沟，无种阜。

## 五、生境

除海南外，分布于全国各地。生于原野荒地、路旁、田间、沙丘、海滩、山坡等地，长江以北地区较常见。广布于欧亚大陆温带。

## 六、花果期

花果期 5～10 月。

## 七、药用价值

一年生匍匐草本植物，以全草入药，有清热解毒、利湿退黄、活血止血、通乳及杀虫的功效，还可用于痢疾、泄血、咳血、尿血、便血、崩漏、疮疖痈肿，也可配制蛇药；茎叶含鞣质，可提取栲胶，是中医、维医常用药材。

## 八、栽培方式

地锦草性喜温暖湿润的气候，稍耐荫蔽环境，有较强的耐湿力，种植时应该选择土质疏松、肥沃、排水良好的沙壤土或壤土种植，也可以和玉米套作。如果是荒地种植，要对其进行深翻多次，使土壤充分风化，再根据土壤的养分状况施入基肥，基肥以有机肥为主，将其均匀地撒在土壤上，结合翻耕混合均匀，然后做畦或起垄等待播种。

### 1. 播种

用种子繁殖。春播在 3～4 月，播种时为了减少病虫害的发生概率，对种子进行消毒灭菌处理。播种时将其和草木灰混合均匀后，进行条播。在畦面上按行距 15 厘米开沟，将种子均匀地撒入沟内，覆土后用手轻轻镇压。

### 2. 田间管理（肥水管理）

当幼苗出土后，要及时拔除杂草，以免杂草影响到幼苗的生长。当幼苗生长到一定高度时，要及时间苗，间去一些弱苗、病苗，留取壮苗。在每次除草后可施肥一次，苗期追肥以人畜粪水为主，促进幼苗生长。如果是和玉米套作的，在玉米收获后要加强田间管理，促进其生长旺盛，提高产量。

**3. 采收加工**

在7～9月采收为宜，采收时注意采大留小，生长期长结子多的先采，幼苗小苗不采，在霜期前一次性采集，采收时使用镰刀从贴地面的根部割下晒干，统一打包即可。

**4. 种子收集**

在秋季9～10月是地锦草的果实成熟期，这时采集果实，晒干后取出种子，储藏备用。

**5. 病虫害防治**

地锦草的病害主要有煤污病，要加强田间管理，适当密植，及时修剪掉病枝和密枝，增加植株间的通透性，在夏季高温多雨时，降低田间湿度，及时排水，发病时可喷洒药剂防治。虫害有蚜虫、椿象、木虱等刺吸式口器害虫危害，可喷洒吡虫啉、敌百虫防治。

## 第五十四节　千屈菜

**一、拉丁文学名：** *Lythrum salicaria* L.

**二、科属分类：** 千屈菜科千屈菜属

**三、别名：** 水枝锦、水芝锦、水柳

**四、植物学形态特征**

多年生草本，根茎横卧于地下，粗壮；茎直立，多分枝，高30～100cm，全株青绿色，略被粗毛或密被茸毛，枝通常具4棱。叶对生或三叶轮生，披针形或阔披针形，长4～6（10）cm，宽8～15mm，顶端钝形或短尖，基部圆形或心形，有时略抱茎，全缘，无柄。花组成小聚伞花序，簇生，因花梗及总梗极短，因此花枝全形似一大型穗状花序；苞片阔披针形至三角状卵形，长5～12mm；萼筒长5～8mm，有纵棱12条，稍被粗毛，裂片6，三角形；附属体针状，直立，长1.5～2mm；花瓣6，红紫色或淡紫色，倒披针状长椭圆形，基部楔形，长7～8mm，着生于萼筒上部，有短爪，稍皱缩；雄蕊12，6长6短，伸出萼筒之外；子房2室，花柱长短不一。蒴果扁圆形。

**五、生境**

生于河岸、湖畔、溪沟边和潮湿草地。分布于亚洲、欧洲、非洲

的阿尔及利亚、北美和澳大利亚东南部。本种为花卉植物，在我国华北、华东常栽培于水边或作盆栽，供观赏。

## 六、花果期

花期为7～10月。

## 七、采集时间

7～8月割取全草。

## 八、食用方式

(1) 煮粥　千屈菜马齿苋粥，味道甜润，糯软爽口，可清热凉血、解毒利湿。

(2) 煎茶　千屈菜水煎后饮用，可辅助治疗痢疾。

(3) 涮火锅　是很好的火锅配菜。

(4) 其他食法　千屈菜水焯后可凉拌、炒食或煮汤做馅。

## 九、药用价值

千屈菜全草均可入药，经多部中草药典籍记载，千屈菜具有清热、凉血、收敛、通瘀、止泻等多种功效。内服可以治疗肠炎痢疾、血瘀、闭经等疾病，外用有外伤止血功效，同时也是一种不错的食疗选择。

## 十、栽培方式

### 1. 栽培季节时间

5月中旬播种，扦插在夏季进行，分株繁殖在春秋两季。

### 2. 播种技术

(1) 选地整地　千屈菜宜于肥沃壤土中栽培，荒地、熟地均可利用。

(2) 播种　播种一般以条播和穴播为宜，条播时按行距为50cm播撒后覆土一薄层。播后注意用稻秆覆盖，以利于种子保湿发芽。东北地区一般在5月中旬播种。若在温室内育苗可在3月中旬播种。穴播时株行距为35cm×50cm，播种后覆土一薄层，在

15～20℃下经10天左右即可发芽。

**3. 田间管理**

（1）苗期管理　在6月份以前，小苗生长缓慢，应少浇水，不需施肥。当苗高5～10cm时疏除细弱的幼苗和过密的幼苗。当苗高15cm左右时即可定苗。由于植株对风雨的抵抗能力弱，应该密植，按株距15cm定苗，保持土壤湿润、阳光充足。进入7月份后，植株进入旺盛生长阶段，此时要及时灌水及中耕，保持土壤湿润，以满足植株生长所需要的水分。进入盛花期应及时除草、松土及追肥。

（2）中耕除草　幼苗出土后，要及时松土除草1次，之后结合间苗、定苗分别进行1次松土及除草。在植株封垄前需进行中耕除草，在植株封垄后停止除草。

（3）追肥　定苗后，在幼苗行间开沟，每亩追施尿素8kg，施肥后适当增加浇水次数，以利幼苗生长。6月初施1次人畜粪水1000kg，施后浇1次清水，一般1个生长周期需要追肥3次。

**4. 繁殖方式**

（1）播种繁殖　千屈菜的种子特别小，对发芽时的湿度、温度要求较严。9月中旬种子成熟时采集种子并晾干，放入纸袋里，12月中旬在温室里进行播种。因种子小一般用播种箱进行播种，首先浇好底水，播种后用筛子筛土进行覆土，覆土的厚度为种子直径的2倍。然后用玻璃盖好，必须用报纸等物品遮光，昼夜温度控制在20～25℃，保持此温度15～20天出苗。3月份分苗，5月末移栽定植，7月初开花。播种繁殖的特点是繁殖量大，当年开花较晚，成型较慢。

（2）分株繁殖　分株繁殖的季节应选在春秋两季最好。春季在4月初，秋季在10月末。选地上茎多的植株，挖出根系，辨明根的分枝点和休眠点，用手或刀把它分成数株。注意每个新植株上有一个芽点和休眠点。分株繁殖的特点是繁殖量小，生长速度快，当年开花早，成型快，6月初开花。

(3) 扦插　千屈菜的扦插繁殖应在生长旺盛的 6～8 月进行。扦插可在扦插床上进行，也可在无底洞的盆中进行。扦插的基质可用沙子也可用塘泥。首先做好准备工作，对扦插床进行整理，然后用 0.05%的高锰酸钾消毒杀菌，覆盖薄膜。一个月后剪取嫩枝长 7～10cm，去掉基部 1/3 的叶子插入扦插床中，扦插株行距 10cm×10cm，深 3～5cm。如果是塘泥，插后往床内灌 5cm 深的水，生根前不能缺水。插穗插好后，要用遮阳网遮光，这样利于插穗生根。一般 6～10 天生根。扦插繁殖的特点是方法简便、操作容易、繁殖量大，移植成活率低，成型较慢。

**5. 种子收集**

播种当年植株全部开花结实，9 月中旬果实陆续成熟。由于成熟期较长应随熟随收，果实晒干后搓出种子，簸净，待用。

**6. 病虫害防治**

如果生长环境极佳，光照充足且通风良好，千屈菜通常不会发生病虫害，一般认为不需要进行病虫害的防治工作。但是若生长环境密闭，通风透光性不好，植株间行株距过小或者没有及时修剪掉过密枝条，也会发生叶螨虫害。如果叶螨虫害不严重，仅有个别叶片受害，只需摘除受害叶片。如果植株受叶螨侵扰严重，可使用 15%哒螨灵乳油、73%克螨特乳油、阿维菌素等，在叶片正反两面均匀喷雾防治。

**7. 采收**

千屈菜以全草入药，在 7～8 月割取全草，摊在地里或水泥地面上晾晒，中午翻动--次，待晒到七八成干时，扎成小把，放到阴凉通风处晒干或阴干。避免雨淋或露水打湿。

## 第五十五节　地榆

**一、拉丁文学名：** Sanguisorba officinalis L.

**二、科属分类：** 蔷薇科地榆属

**三、别名：** 黄爪香、玉札、山枣子

**四、植物学形态特征**

多年生草本，高 30～120cm。根粗壮，多呈纺锤形，稀圆柱形，表面棕褐色或紫褐色，有纵皱及横裂纹，横切面黄白或紫红色，较平正。茎直立，有棱，无毛或基部有稀疏腺毛。基生叶为羽状复叶，有小叶 4～6 对，叶柄无毛或基部有稀疏腺毛；小叶片有短柄，卵形或长圆状卵形，长 1～7cm，宽 0.5～3cm，顶端圆钝稀急尖，基部心形至浅心形，边缘有多数粗大圆钝稀急尖的锯齿，两面绿色，无毛；茎生叶较少，小叶片有短柄至几无柄，长圆形至长圆披针形，狭长，基部微心形至圆形，顶端急尖；基生叶托叶膜质，褐色，外面无毛或被稀疏腺毛，茎生叶托叶大，草质，半卵形，外侧边缘有尖锐锯齿。穗状花序椭圆形、圆柱形或卵球形，直立，通常长 1～3(4)cm，横径 0.5～1cm，从花序顶端向下开放，花序梗光滑或偶有稀疏腺毛；苞片膜质，披针形，顶端渐尖至尾尖，比萼片短或近等长，背面及边缘有柔毛；萼片 4 枚，紫红色，椭圆形至宽卵形，背面被疏柔毛，中央

微有纵棱脊，顶端常具短尖头；雄蕊 4 枚，花丝丝状，不扩大，与萼片近等长或稍短；子房外面无毛或基部微被毛，柱头顶端扩大，盘形，边缘具流苏状乳头。果实包藏在宿存萼筒内。

## 五、生境

我国产于黑龙江、吉林、辽宁、内蒙古、河北、山西、陕西、甘肃、青海、新疆、山东、河南、江西、江苏、浙江、安徽、湖南、湖北、广西、四川、贵州、云南、西藏。生于草原、草甸、山坡草地、灌丛中、疏林下，海拔 30～3000m。广布于欧洲、亚洲北温带。

## 六、花果期

花果期 7～10 月。

## 七、采集时间

野生地榆于每年春、夏季采集其嫩苗、嫩叶或花穗。

## 八、营养水平

地榆的营养成分含量之高令人刮目相看。每 100g 嫩叶中含粗蛋白 4.2g、粗脂肪 1.1g、碳水化合物 0.67g、粗纤维 1.8g、胡萝卜素 8.30mg、维生素 $B_2$ 0.72mg、维生素 C 229mg；每 100g 干品中含钾 1860mg，钙 1460mg、镁 450mg、磷 216mg、钠 77mg、铁 11.6mg、锰 4.6mg、锌 2.5mg、铜 0.9mg。另外还含有鞣酸和地榆皂苷等成分。

## 九、食用方式

野生地榆于每年春、夏季采集其嫩苗、嫩叶或花穗。用沸水焯后换清水浸泡一天，去掉苦味后食用。我国广大地区居民一般用于炒食、做汤或腌酸菜。欧美国家吃法较多，主要有做沙拉，具有黄瓜的清香；做汤时放几片地榆叶，味道更加鲜美；烧鱼时放入地榆叶可使鱼色、香、味俱全；还可将其浸泡在啤酒或夏季清凉饮料里，增加风味。

## 十、药用价值

根供药用，性能凉血、止血。用于治疗便血、尿血及水火煲伤等症。

## 十一、栽培方式

### 1. 栽培季节时间

春播或秋播均可，北方露地栽培，可从春季至夏末直播。

### 2. 播种技术

（1）选地整地　地榆的分布区域极为广泛，适生性、抗生性强，对土壤要求不十分严格，只要在不致严重干旱、浸渍积水的地类均得以较好的生长。但作为人工栽培，在不与粮争地的前提下，可选择交通管理较为方便，生产设施条件较好，土壤耕层较厚、肥力尚好，远离污染源，水源、空气洁净的缓坡地、经济林园、疏林地、林缘地带、荒草地、滩湖边、田头地角、山边田、岗背易旱田等处为佳，以达到优质高产、经济安全的生产目的。

（2）做畦　各种地类一般于播种移栽前的 2～3 天进行整地施肥，根据土壤肥力和各类肥料养分含量，结合翻耕每 $667m^2$ 施栏粪肥 1750～2000kg 或商品有机肥 175～200kg 或三元复合肥 70～80kg 加草木灰 400～500kg 作基肥，敲碎土块整成连沟 1.3～1.5m 的垄畦待播种或移栽。

（3）播种　为了减少育苗环节，地榆也可进行直播栽培，在经翻耕、施肥、整平好的畦面上按行株距 50cm×30cm 开深 3～4cm 的浅穴后，视土壤墒情每 $667m^2$ 用人粪尿 400～500kg 或沼液 600～700kg 对水点穴后，每穴播入 3～4 粒种子，播后盖以细肥土约 1cm。育苗移栽、分根繁殖的在垄畦上按 50cm×30cm 的行株距开穴，每穴栽入 1～2 株种苗，轻轻压实根基部土壤后，用 3%～5%的稀薄人粪尿或 5%～8%的沼液水浇施定根水，以便根系与土壤紧密接触，便于成活。

### 3. 田间管理

（1）定苗　直播苗在幼苗高 5～7cm 时，按株距 10cm 间苗，待苗高 10～13cm 时，按株距 20～25cm 定苗。

（2）施肥　生长期间要少量多次施用氮肥。

（3）浇水　虽然地榆对生长环境要求不严，也少见病虫害，但若长期干旱，会使植株提早抽薹开花，趋向野生状态。为取得品质好、产量高的产品，需适时灌溉，使土壤保持见干见湿状态。

**4. 繁殖方式**

主要采用播种和分根繁殖。

**5. 种子收集**

由于地榆花果期长，花被宿存，观察种子成熟度比较困难；同时野生植物种子具有成熟期不一致的特性，如果采种时间把握不好，会造成野外采收的种子成熟度不整齐，杂质多，进而造成播种出苗率低。一般野外地榆种子的采集时间应在9月中下旬，既可保证种子的数量，又有相对质量保证。经观察实验，引种栽培的地榆，由于受环境条件影响小，种实不易脱落，适当延迟采种，即10月上、中旬采种，可提高种子品质。

**6. 病虫害防治**

地榆在自然生长过程中一般少有病虫造成损失。但由于栽培环境内物种指数趋向单一，增加了病虫害的发生概率，在生产上时而可见蚜虫、红蜘蛛、金龟子、地老虎、白粉病、叶斑病、根腐病的发生危害。实行地榆人工栽培，目的在于提供优质的药材资源并兼供食用，为了保障产品质量安全，在生产上应致力于通过以下措施进行病虫防治：种植基地严格选择；加强设施建设，改良生产条件；加强栽培管理，合理肥水运筹；增施有机肥，控制氮肥用量，培肥土壤地力；深耕翻埋，搞好园地卫生，压低病虫基数，及时处理发病中心，切断传播感染源；推广应用灯光、色板、性诱诱杀技术；落实生境调节措施，合理间作套种，翻蔸倒茬，不搞园内“光秃”铲锄除草，为天敌创建更为适宜的栖养场所，发挥天敌的自然控害作用；加强病虫监测调查，掌握病虫发生动态，适时选用有效、低毒、低残留环境友好型农药将病害防治于初始之期，害虫防治于低龄阶段等综合生态防控措施控制病虫害的发生危害。当某一病虫害偏重发生，确需用药防治时，在严格按照安全间隔期用药的情况下，蚜虫可选用噻虫胺、吡蚜酮喷雾防治；红蜘蛛可用炔螨特、螺螨酯、哒螨酮喷雾防治；金龟子、地老虎可用敌百虫制毒饵诱杀或喷雾，氰戊菊酯喷雾，辛硫磷灌根防治；叶斑病可用多·硫悬乳剂、百菌清、代森锰锌喷雾防治；白粉病选用嘧菌酯、三唑酮、枯草芽孢杆菌喷雾防治；根腐病可用噁霉灵、叶宝绿4号、多黏芽孢杆菌灌根防治，以免造成产量损失和农药残留超标，达到优质高产的生产目的。

**7. 采收及加工**

地榆的嫩苗、嫩茎叶及花穗均可食用，当播种出苗或种根萌芽成苗后可间拔苗株；随着植株长大后，以手折可断为度摘取上部嫩茎叶；现蕾期采收花穗去杂洗净后，用沸水掉软捞出，放在清水中换水2～3次浸泡1天，去掉苦辛味后，用于炒食、腌渍、烧鱼，制作地榆粥、猪肠汤、槐花蜜等菜肴；将地榆浸泡在啤酒或夏季清凉饮料中，可使其风味更佳。供作药用的，用种子繁殖的2～3年、用分根繁殖的1年后，于秋季地上部茎叶枯萎前后、春季种根萌芽前挖起地下根茎，去除茎叶、须根、杂物，洗去泥沙后摊开晒干，或趁新鲜用刀具将其切成约0.3cm厚的斜片后摊开晒干储藏待售。采收种子可于9月中旬至10月中旬种子成熟时及时采集花穗，运回后晒干脱粒，晾晒至干燥，用罐或袋装起置于阴凉干燥处备用。

# 第五十六节　枸杞

## 一、拉丁文学名：Lycium chinense Mill.

## 二、科属分类：茄科枸杞属

## 三、别名：枸杞菜、红珠仔刺、狗牙子、狗牙根、狗奶子

## 四、植物学形态特征

多分枝灌木，高 0.5～1m，栽培时可达 2m 以上。枝条细弱，弓状弯曲或俯垂，淡灰色，有纵条纹，棘刺长 0.5～2cm，小枝顶端锐尖成棘刺状。叶纸质，栽培者稍厚，单叶互生或 2～4 枚簇生，卵形、卵状菱形、长椭圆形、卵状披针形，顶端急尖，基部楔形，长 1.5～5cm，宽 0.5～2.5cm，栽培者较大，可长达 10cm 以上，宽达 4cm；叶柄长 0.4～1cm。花在长枝上单生或双生于叶腋，在短枝上则同叶簇生；花梗长 1～2cm，向顶端渐增粗。花萼长 3～4mm，通常 3 中裂或 4～5 齿裂，裂片有缘毛；花冠漏斗状，长 9～12mm，淡紫色，筒部向上骤然扩大，稍短于或近等于檐部裂片，5 深裂，裂片卵形，顶端圆钝，平展或稍向外反曲，边缘有缘毛，基部耳显著；雄蕊较花冠稍短，或因花冠裂片外展而伸出花冠，花丝在近基部处密生一圈茸毛并交织成椭圆状的毛丛，与毛丛等高处的花冠筒内壁亦密生一环茸毛；花柱稍伸出雄蕊，上端弓弯，柱头绿色。浆果红色，卵状，栽培

者可成长矩圆状或长椭圆状，顶端尖或钝，长 7～15mm，栽培者长可达 2.2cm，直径 5～8mm。种子扁肾脏形，长 2.5～3mm，黄色。

## 五、生境

常生于山坡、荒地、丘陵地、盐碱地、路旁及村边宅旁。枸杞喜冷凉气候，耐寒力很强。当气温稳定通过 7℃左右时，种子即可萌发，幼苗可抵抗－3℃低温。春季气温在 6℃以上时，春芽开始萌动。枸杞在－25℃条件下越冬无冻害。枸杞根系发达，抗旱能力强，在干旱荒漠地仍能生长。生产上为获高产，仍需保证水分供给，特别是花果期必须有充足的水分。长期积水的低洼地对枸杞生长不利，甚至引起烂根或死亡。

## 六、花果期

花期 5～10 月，果期 6～11 月。

## 七、采集时间

每年 6 月中旬至 7 月上旬，由老眼枝（二年生果枝）上结的果实称为春果；7 月中旬至 9 月上旬，由七寸枝（5 月上旬至 6 月上旬所萌发的当年生果枝）上结的果实称为夏果；9 月中旬至 10 月下旬，由秋梢（8 月上中旬萌发的秋梢果枝）上结的果实称为秋果。

## 八、营养水平

枸杞营养成分非常丰富，据测定，每百克枸杞果中含粗蛋白 4.49g，粗脂肪 2.33g，碳水化合物 9.12g，类胡萝卜素 96mg，硫胺素 0.053mg，核黄素 0.137mg，抗坏血酸 19.8mg，甜菜碱 0.26mg，还含有丰富的钾、钠、钙、镁、铁、铜、锰、锌等元素，以及多种维生素和氨基酸。氨基酸种类齐全，含量丰富，干果中氨基酸总量为 9.5%，其中必需氨基酸占总量的 24.74%；鲜果中氨基酸总量为 3.54%，其中必需氨基酸占 23.67%。

## 九、食用方式

早晚各取 20～30 粒嚼食，长期食用，养颜明目，延年益寿。

取枸杞 30～40 粒，泡于茶中，碧茶红果，色香俱佳，生津止渴，坚持饮用可益肝补肾。

煮八宝粥时放入适量枸杞，和胃养肾，滋肝养血，老人最宜。

炖肉时，出锅前10分钟放入枸杞60粒，身瘦体弱者食之最宜。

## 十、药用价值

《本草纲目》记载：枸杞，补肾生津，养肝明目，坚精骨，去疲劳，易颜色，明目安神，令人长寿。枸杞对于现代人来说最实用的功效就是抗疲劳和降血压。此外，枸杞能保肝、降血糖、软化血管，降低血液中的胆固醇、甘油三酯水平，对脂肪肝和糖尿病也具有一定疗效。据临床医学验证，枸杞还能治疗慢性肾衰竭。

## 十一、栽培方式

### 1. 品种选择

我国枸杞资源丰富，品种繁多，主要栽培品种有6个，即大麻叶枸杞、小麻叶枸杞、白条枸杞、黄果枸杞、圆果枸杞和黄叶枸杞。这些品种一般产量较低，果品质量稍差。近年，采用人工选优的方法培育的2个新品种“宁杞一号”和“宁杞二号”，由于栽培性状和经济性状均优于其他品种，而被农业推广部门列为优良品种推广。

### 2. 栽培季节时间

(1) 硬枝扦插　在枝条萌动前的3月下旬至4月初，选用采条圃里生长健壮、粗0.4～0.6cm的枝条或用优良植株上的徒长枝，剪成12～15cm长枝条，插条上端剪成平口，下端削成斜口。

(2) 嫩枝扦插　嫩枝扦插一般在5～6月，先从优良品种或单株上采集半木质化嫩枝条，粗度0.2cm以上，剪成有3～4节、长15～20cm的枝条，具有顶芽和侧芽，并去掉近基部2/3的叶片，以防蒸腾过强，利于成活。

### 3. 播种技术

(1) 选地整地　应选择地势平坦、高低差不超过5cm、土层深厚、土质肥沃、熟化程度高的沙质壤土，地下水位在1m以下、排灌方便、易于管理、多年生杂草少、地下病虫害少的地块。盐碱过重、地下水位高、土质黏重的胶泥土、白僵土地或土壤化不高的新垦地不能用作直插建园。选好地后进行深翻，并施好基肥，为了保证种条不受蛴螬、金针虫、地老虎、蝼蛄等地下害虫危害，直插建园必须进行土壤施药。施辛硫磷 12～15kg/hm$^2$，土壤施药可结合施肥一并进行，按照施药量掺入有机肥中均匀施入。根据确定的穴行距做深 10cm 的扦插穴，北高南低，有利于穴内升温。

（2）播种　一般采用条播，在整好的苗床上，每隔 40cm 定线，开沟播种，沟宽 5cm，深 2～3cm，将种子与 10 倍重量的细沙拌匀，撒在沟内，覆土 2cm，为减少跑墒，播后稍加镇压再盖上湿碎草。覆土后不立即灌水，如播种后遇天气干旱，土壤墒情差，较长时间不出芽，也可用小水浅灌，促进种子发芽出土。

**4. 田间管理措施**

（1）中耕除草　在定植后的前 3 年内进行松土除草、灌溉、施肥等田间管理措施，以促进幼树生长。深翻行间土层 15cm 左右，可起到保墒和提高土温的作用，有利于根系生长健壮。

（2）施肥　在生长期追施腐熟人畜粪水或尿素、硫酸铵等速效肥料 3 次，分别于 5 月上旬、6 月上旬和 6 月下旬施入，施后灌水、盖土。此外，5～7 月每月用 0.5％尿素和 0.3％磷酸二氢钾进行根外追肥 1 次。

（3）整形修剪　目标是修剪成骨架稳固、树冠圆整、通风透光、立体结果的丰产树形，对生长过密的枝条可适当疏除，对生长过旺的枝条进行短截，对枯枝、病虫枝予以剪除，以减少养分的无效消耗。

**5. 繁殖方式**

枸杞的繁殖方式主要有 2 种，即播种繁殖和扦插繁殖。

**6. 病虫害防治**

（1）枸杞炭疽病　又称黑果病，病株率在 15％～20％，严重时高达 70％，属真菌性病害，是枸杞生产中的主要病害。该病主要危害果实，也侵染嫩枝、叶、花。青果发病初期，果面出现针头大褐色小圆点，后扩大成不规则病斑。防治方法：加强田间管理，结合冬季剪枝整形除去病枝，并彻底清除田间枯枝落叶，集中烧掉。5～6月雨季，应喷一次1∶1∶100波尔多液，隔15天再喷一次。发病初期，用50%代森锰锌600倍液或70%甲基托布津500倍液喷3～5次，两种药剂交替使用，7～10天喷一次，如遇雨及时补喷。

(2) 枸杞灰斑病　属于真菌性病害，主要危害叶片，也侵染果实，常年发病率30%，损失在20%～30%。叶片上病斑圆形，中央灰白色至淡褐色，边缘色稍深，病部下陷，后期病斑变褐干枯，叶背面生淡黑色霉状物。果实发病也出现淡黑色霉状物。防治方法：冬季结合剪枝，彻底清除田间枯枝、落叶、病果，集中烧掉。加强田间管理，增施磷、钙肥，增强植株抗病力。发病前，喷施1∶1∶150波尔多液，预防病害发生。发病初期，喷施70%甲基托布津600倍液或50%多菌灵可湿性粉剂500倍液，10～15天喷一次，连喷3～4次。

(3) 枸杞蚜虫　是较常见的害虫之一，可造成减产20%～30%。主要以成蚜和若蚜聚集在嫩叶、嫩芽及幼果上刺吸汁液，造成嫩梢呈褐色枯萎状，使新梢生长停滞，果实畸形。防治方法：秋、冬季修剪有蚜虫的枝条，集中烧掉，以消灭越冬卵。也可用50%灭蚜净3000倍液或10%吡虫啉可湿性粉剂150倍液进行全面防治。

**7. 采收**

果实从6月下旬至10月陆续成熟，可随熟随摘，要轻采轻放。晾果厚度不能超过3cm，不能用手翻动，否则变黑，初采果不能在烈日下暴晒，待皱皮后才能见烈日后期晾晒，待水分降至12%时，才能收起封存。有条件的也可烘干，效果更好，每667$m^2$产干果250kg左右。

# 第五十七节　龙葵

## 一、拉丁文学名：*Solanum nigrum* L.

## 二、科属分类：茄科茄属

## 三、别名：野伞子、野海角、山辣椒、野茄秧、小果果、白花菜、地泡子、飞天龙、天茄菜

## 四、植物学形态特征

一年生直立草本，高 0.25～1m，茎无棱或棱不明显，绿色或紫色，近无毛或被微柔毛。叶卵形，长 2.5～10cm，宽 1.5～5.5cm，先端短尖，基部楔形至阔楔形而下延至叶柄，全缘或每边具不规则的波状粗齿，光滑或两面均被稀疏短柔毛，叶脉每边 5～6 条，叶柄长约 1～2cm。蝎尾状花序腋外生，由 3～6（10）花组成，总花梗长 1～2.5cm，花梗长约 5mm，近无毛或具短柔毛；萼小，浅杯状，直径 1.5～2mm，齿卵圆形，先端圆；花冠白色，筒部隐于萼内，长不及 1mm，冠檐长约 2.5mm，5 深裂，裂片卵圆形，长约 2mm；花丝短，花药黄色，长约 1.2mm，约为花丝长度的 4 倍，顶孔向内；子房卵形，直径约 0.5mm，花柱长约 1.5mm，中部以下被白色茸毛，柱头小，头状。浆果球形，直径约 8mm，熟时黑色。种子多数，近卵形，直径约 1.5～2mm，两侧压扁。

## 五、生境

我国几乎全国均有分布。喜生于田边、荒地及村庄附近。广泛分布于欧、亚、美洲的温带至热带地区。

## 六、花果期

花期6～9月，果期7～10月。

## 七、采集时间

7月中旬到下旬，9月中旬到下旬。

## 八、营养水平

龙葵每克茎含铁185.00μg、铜62.2μg、锌60.50μg、锰760.50μg、钙18012.5μg。

## 九、食用方式

食用部位为幼苗、嫩茎叶。采集幼苗及未开花的嫩茎叶，洗净，沸水烫一下，用清水漂泡，可凉拌、炒食、做汤。

## 十、药用价值

龙葵是茄科植物，其性寒、味苦、微甘、有小毒，具有清热解毒、消肿散结、活血化瘀、利水消肿、止咳祛痰的功效。

## 十一、栽培方式

### 1. 栽培季节时间

北方播种时间一般在4月下旬。

### 2. 播种、育苗技术

龙葵播种育苗可分为三个时期。

① 2～3月份播种，保持温度在15℃以上，播后30～40天，苗高20cm左右即可定植。

② 3～4月份育苗，苗床内温度不能过高，超过30℃要通风降温，秧苗由弱光到强光要循序渐进，避免中午突然接受强光而造成日光灼伤，4月末或5月初即可定植。

③ 6月下旬至7月初育苗，8月初定植，期间苗床播种后应盖杂

草保持湿度并搭荫棚，出苗后约10天撤掉荫棚。

龙葵对土壤条件的要求不严格，其适应性广、抗逆性强，较喜弱酸性的沙壤土，在土壤肥沃、排水好的地块种植，植株不但长势好产量也高，忌在过黏或低洼地种植，易引起根状茎腐烂。土壤要精耕细作，深翻15～25cm施以农家肥为主的底肥，除去土壤和农家肥中的病菌，在施肥的过程中可加入适量硫酸亚铁。

**3. 田间管理措施**

植物生长过程中要注意需水需肥及病虫害的发生规律，应制定相应的田间管理操作规程，包括除草、施肥、灌溉和农药使用等。施农家肥最好，每667$m^2$施3～5$m^3$优质农家底肥，最好为发酵好的鸡粪肥，其次为猪、马、牛等牲畜粪肥，忌施化肥。幼苗期应小水勤浇，浇水要轻，以免伤及嫩苗，保持土壤湿润，花期多浇水，果期应减少浇水次数，在雨季和低洼地还要注意排水，以防发生根腐病。出苗后进行除草。

**4. 繁殖方式**

繁殖方式多为种子繁殖。北方地区一般在4月中下旬播种，播种前要做畦，畦宽约1.5m，畦高约15cm，按20cm行距开沟直播，覆土约2cm厚，浇透水，用草帘覆盖，待有大约10%种子出苗后，揭去草帘，松土除草。至苗高5～8cm、具3～4片叶时即可进行移栽。

**5. 种子收集**

采集成熟的果实种子。将龙葵果实轻轻压破，释放出种子，将种子转移至容器中清洗，将清洗后的种子室温放置至干燥，放阴凉处贮藏备用。

**6. 病虫害防治**

龙葵常见白叶病、病毒病以及虫害。白叶病在高温、高湿的条件下易发生，发病初期可用50%甲基托布津800倍液，每周喷洒1次，雨季排水防涝可减轻病害的发生。病毒病在干燥、高温的天气易发生，主要由蚜虫传播。北方地区以夏、秋季发生严重，干旱天气应适当浇水，及时防治蚜虫，减少病害传染源。常见的虫害有蚜虫、菜青虫、棉铃虫等，生育期可用90%敌百虫600～800倍喷洒防治。

**7. 采收**

采收可进行多次，出苗后2个月即可采收嫩茎叶，采收主茎叶后的15～20天可再次采收，一般每667m$^2$产量可达1500kg以上。果实由绿色变为紫褐色后种子即具有发芽力，果实成熟后易脱落，应及时采收，并选取紫黑色的果实留种。

## 第五十八节　金银花

**一、拉丁文学名**：*Lonicera japonica* Thunb.

**二、科属分类**：忍冬科忍冬属

**三、　别名**：忍冬、金银藤、二色花藤、二宝藤、右转藤、子风藤、蜜桷藤、鸳鸯藤、老翁须

**四、植物学形态特征**

多年生半常绿藤本；幼枝红褐色，密被黄褐色、开展的硬直糙毛、腺毛和短柔毛，下部常无毛。叶纸质，卵形至矩圆状卵形，有时为卵状披针形，稀圆卵形或倒卵形，极少有一至数个钝缺刻，长3～5(9.5)cm，顶端尖或渐尖，少有钝、圆或微凹缺，基部圆或近心形，有糙缘毛，上面深绿色，下面淡绿色，小枝上部叶通常两面均密被短糙毛，下部叶常平滑无毛而下面带青灰色；叶柄长4～8mm，密被短柔毛。总花梗通常单生于小枝上部叶腋，与叶柄等长或稍短，下方者则长达2～4cm，密被短柔毛，并夹杂腺毛；苞片大，叶状，卵形至椭圆形，长达2～3cm，两面均有短柔毛或有时近无毛；小苞片顶端圆形或截形，长约1mm，为萼筒的1/2～4/5，有短糙毛和腺毛；萼筒长约2mm，无毛，萼齿卵状三角形或长三角形，顶端尖而有长毛，外面和边缘都有密毛；花冠白色，有时基部向阳面呈微红，后变黄

色，长（2)3～4.5(6)cm，唇形，筒稍长于唇瓣，很少近等长，外被倒生的开展或半开展糙毛和长腺毛，上唇裂片顶端钝形，下唇带状而反曲；雄蕊和花柱均高出花冠。果实圆形，直径6～7mm，熟时蓝黑色，有光泽；种子卵圆形或椭圆形，褐色，长约3mm，中部有1凸起的脊，两侧有浅的横沟纹。

## 五、生境

除黑龙江、内蒙古、宁夏、青海、新疆、海南和西藏无自然生长外，我国各省均有分布。生于山坡灌丛或疏林中、乱石堆、山路旁及村庄篱笆边，海拔最高达1500m。也常有人工栽培。日本和朝鲜也有分布。

## 六、花果期

花期4～6月（秋季亦常开花)，果熟期10～11月。

## 七、采集时间

5～6月间采收，选择晴天早晨露水刚干时摘取花蕾。

## 八、营养水平

每100g金银花中脂肪总量1.2g，碳水化合物总量62.1g，膳食纤维17.7g，蛋白质23.1g。

## 九、食用方式

将金银花、薄荷用沸水冲泡，加盖闷15分钟，加入蜂蜜即可做成金银花薄荷茶；将金银花先用猛火后改小火蒸30分钟，滤出汤汁加冰糖饮用。还可以直接用热水冲泡代茶饮用。

## 十、药用价值

金银花性甘寒，功能清热解毒、消炎退肿，对细菌性痢疾和各种化脓性疾病都有效，为清火解毒的良品，可治小儿胎毒、疮疖、发热口渴等症；暑季用以代茶，能治温热痧痘、血痢等。茎藤称“忍冬藤”，也供药用。

## 十一、栽培方式

### 1. 繁殖材料选择

扦插、压条时选择健壮的茎蔓，种子繁殖时从生长健壮、无病虫害的健康枝条上采集充分成熟的果实，洗去果皮和果肉，漂去瘪粒，捞出饱满种子阴干。

**2. 栽培季节时间**

春、秋两季均可进行扦插，春季扦插宜在新芽萌发前，秋季扦插要在9月至10月中旬。栽植时，应选择微风、阴天或雨后晴天进行，忌大风、大雨天栽植。

**3. 繁殖技术**

插条应从品种纯正、生长健壮、无病虫害的一至二年生植株上选取，要求长30cm左右，粗0.6cm以上，每个插条有2～3个节。芽的上方1～2cm处剪成平口，下端近节处剪成马耳形斜口，以利生根。插条上的叶片只保留上端2～4片。剪好的插条要按大小分级，每100根或50根扎成1捆，用500mg/kg吲哚丁酸（IBA）溶液快速浸蘸插穗下端斜面，或使用ABT2号生根粉或萘乙酸钠处理5～10秒，稍晾干后立即进行扦插。在整平耙细的苗床上，按行距30cm挖15～20cm深沟，将插穗按株距5～10cm均匀摆入沟内填土踏实，入土深度为插穗长度的1/2～2/3，直插、斜插均可，随即浇1次水。若在早春低温时扦插，苗床上要搭塑料薄膜拱棚，保温保湿。15天左右生根发芽，然后撤除塑料薄膜，进行苗期管理。春插育苗于当年冬季或第2年春季出圃定植，秋季扦插育苗于翌年春季移栽。

**4. 田间管理措施**

（1）中耕除草　每年中耕除草3～4次。第1次在春季萌芽发出新叶时；第2次在6月份；第3次在7～8月份；第4次在秋末冬初进行。中耕时，在植株根际周围宜浅，远处可稍深，避免伤根。保持花墩周围无杂草。第4次中耕除草后要在植株根际培土，防冻越冬。

（2）追肥　适时适量追肥是提高金银花产量的重要措施。结合松土除草，每年早春萌芽后和每次采收花蕾后都应进行1次追肥。春、夏、秋三季施用腐熟的人畜粪水或硫酸铵、尿素等氮肥，在花墩周围开环形沟施入，施后覆土盖肥。冬季每株施农家肥 5～10kg、硫酸铵 100g，过磷酸钙 200g，在根旁开环状浅沟施入，施后用土盖肥并进行培土。施肥后若无雨水要浇水。在花期，遇干旱天气和雨水过多时都会造成落花、沤花等现象，因此，要及时做好灌溉和排涝工作。

**5. 繁殖方式**

播种，扦插，分根，压条繁殖。

**6. 病虫害防治**

金银花是中草药，在防治病虫害时要使用高效生物制剂和低毒化学农药，同时注意在采花前 15～20 天停止喷药，以免造成花朵腐烂和污染。病害主要是白粉病，危害叶片和嫩茎。叶片发病初期，出现圆形白色绒状霉斑，后不断扩大，连接成片，形成大小不一的白色粉斑，最后引起落花、凋叶，使枝条干枯。防治方法如下。

① 合理密植、整形修剪、改善通风透光条件，可增强植株抗病力。

② 喷施 25%粉锈宁 1500 倍液或 50%托布津 1000 倍液，每 7 天喷施 1 次，连续喷施 3～4 次。

发生虫害时可用氧化乐果防治蚜虫，用辛硫磷防治天牛。

防治病虫害施药注意在花期前完成，以免造成花朵腐烂和污染。

**7. 采收及加工**

（1）采收　适时采摘是提高金银花产量和质量的关键，一般在 5 月下旬～6 月上旬采摘第 1 茬花，1 个月后陆续采摘第 2、第 3 茬。采收期一般在 5～9 月。采摘标准是：花朵基部呈现青绿色，顶部乳白色，花蕾色泽鲜艳，富有光亮，含苞待放。采摘时间性很强，选择晴天清晨和上午，先外后内、先下后上进行采摘，轻采轻放。到 16：00～17：00 时花蕾开放，会影响产量和质量。

（2）加工　金银花采收后应及时干燥，可晒干或烘干。在晾晒的过程中不宜翻动，否则花易变黑，影响产品外观及质量。晾晒至八成干时即可堆积。如遇阴雨可用炭火烘或烘箱烘，烘干比晒干质量好。经晒干或烘干的金银花放置阴凉干燥处保存，防潮防蛀。

# 第五十九节　鸭儿芹

**一、拉丁文学名：**Cryptotaenia japonica Hassk.

**二、科属分类：**伞形科鸭儿芹属

**三、别名：**山芹、野蜀芹

## 四、植物学形态特征

多年生草本，高 20～100cm。主根短，侧根多数，细长。茎直立，光滑，有分枝。表面有时略带淡紫色。基生叶或上部叶有柄，叶柄长 5～20cm，叶鞘边缘膜质；叶片轮廓三角形至广卵形，长 2～14cm，宽 3～17cm，通常为 3 小叶；中间小叶片呈菱状倒卵形或心形，长 2～14cm，宽 1. 5～10cm，顶端短尖，基部楔形；两侧小叶片斜倒卵形至长卵形，长 1. 5～13cm，宽 1～7cm，近无柄；所有的小叶片边缘有不规则的尖锐重锯齿，表面绿色，背面淡绿色，两面叶脉隆起，最上部的茎生叶近无柄，小叶片呈卵状披针形至窄披针形，边缘有锯齿。复伞形花序呈圆锥状，花序梗不等长，总苞片 1，呈线形或钻形，长 4～10mm，宽 0. 5～1. 5mm；伞辐 2～3，不等长，长 5～35mm；小总苞片 1～3，长 2～3mm，宽不及 1mm。小伞形花序有花 2～4；花柄极不等长；萼齿细小，呈三角形；花瓣白色，倒卵形，长 1～1. 2mm，宽约 1mm，顶端有内折的小舌片；花丝短于花瓣，花药卵圆形，长约

0.3mm；花柱基圆锥形，花柱短，直立。分生果线状长圆形，长4～6mm，宽2～2.5mm，合生面略收缩，胚乳腹面近平直，每棱槽内有油管1～3，合生面油管4。

## 五、花果期

花期4～5月，果期6～10月。

## 六、采集时间

当苗高15～20cm，颜色鲜绿时即可采收，在距地面2～3cm处平割，不可伤到生长点。分期采收嫩茎叶，一般每隔1个月可采收1次。

## 七、营养水平

鸭儿芹以采摘嫩苗及嫩茎叶作菜用，具有特殊的芳香味，翠绿，营养丰富。每1000g嫩茎叶的鲜品中含水分835g，碳水化合物90g，蛋白质15.0g，脂肪2.6g，糖类12.2g，维生素A 78.5mg，维生素$B_1$ 0.6mg，维生素$B_2$ 2.6mg，尼克酸7.0mg，维生素C 180mg，钙338mg，磷46mg，铁200mg，镁2.50mg，锌0.03mg。

## 八、食用方式

鸭儿芹无毒，符合食品安全标准，嫩叶、茎和花可生吃或烹饪，可以凉拌、做汤、炒肉、盐渍等，清脆可口。也可做调味香草或加入沙拉中，味同芹菜。根也可食。种子可做蛋糕、面包和饼干的调味料。

## 九、药用价值

鸭儿芹性味苦、辛、寒。民间将鸭儿芹全草入药，治虚弱、尿闭及肿毒等，全草捣烂外敷治蛇咬伤。鸭儿芹含有多种挥发油，具有清咽抗炎、消炎理气、活血化瘀、止痛止痒之功效、可调治虚弱劳累、消除无名肿毒，经常食用可增强人体免疫力。同时鸭儿芹还对感冒咳嗽、肺炎、肺脓肿、淋病、跌打损伤、风火牙痛，皮肤瘙痒等症有疗效。

## 十、栽培方式

### 1. 栽培季节时间

（1）播种繁殖　春播3月中旬，秋播9月初。

（2）分株繁殖　4月初至5月中旬。

（3）地下茎繁殖　此法可长年进行。

**2. 播种技术**

（1）选地　鸭儿芹性喜冷凉，耐寒、怕旱，如果在生长期受到连续高温影响，地上部分易老化，影响鸭儿芹的商品性能和品质。因此，要选择肥沃、疏松、有机质丰富、蓄水保肥能力强、相对潮润不黏重、微酸性、立地靠近山边的沙质壤土进行栽培为宜。

整地做畦：定植前深翻土壤25cm左右，每667m² 撒施腐熟有机肥2000～3000kg，根据田块大小按连沟1.3m宽做畦，畦面宽90cm，沟宽30cm，并于畦面横向按15cm宽开定植沟，每行定植穴距为10cm。

（2）播种　春播于3月中旬，秋播于9月初。苗床浇透底水后，将种子与少量细沙拌匀，按行距4～5cm进行条播，并用细土盖种，厚度以盖住种子为宜。春播要盖小拱棚，以保持床温，促发芽，并有防暴雨侵刷苗床的作用。每667m² 用种量约65g。苗期注意间苗和补苗。当秧苗具3～4片叶、株高6～8cm时即可定植。

**3. 田间管理**

2～3片真叶时要间去过密苗，并清除杂草。要经常浇水，以确保田间土壤湿度。定苗后追肥，每两周追速效氮肥1次，可用500g尿素加100kg水，溶化拌匀后施用。

**4. 繁殖方式**

播种繁殖、地下茎繁殖、分株繁殖、自繁。

**5. 种子收集**

从生长健壮的植株上采收充分成熟的种子，采收后及时晾干，去除杂质。

**6. 病虫害防治**

鸭儿芹整个生长期很少有病虫害发生，在人工栽培中有时会发生一些病虫害，可酌情对症防治。

（1）虫害防治　为防地下害虫，在整畦开定植沟时可选用50%辛硫磷乳油800～1000倍液喷洒定植沟。选用10%吡虫啉可湿性粉剂6000倍液喷雾防治蚜虫。

（2）病害防治　叶斑病可选用64%杀毒矾可湿性粉剂400倍液，或代森锰锌可湿性粉剂600～800倍液，或75%百菌清可湿性粉剂600～800倍液喷雾防治。

**7. 采收及加工**

采摘分嫩株全株采收和分期嫩茎叶采收两种。当苗高15～20cm，颜色鲜绿色时即可采收，距地面2～3cm处平割，不可伤到生长点。分期嫩茎叶采收一般每隔1个月可采收1次。叶片分支后进入花芽分化时期，不宜采收。如来不及上市可贮于1～3℃冷库内，能保鲜6周品质不变，也可制成冻干品运输和销售。

## 第六十节　防风

### 一、拉丁文学名：
Saposhnikovia divaricata（Trucz.）Schischk.

### 二、科属分类：
伞形科防风属

### 三、别名：
铜芸、回云、回草、百枝、百种

### 四、植物学形态特征

多年生草本，高30～80cm。根粗壮，细长圆柱形，分支，淡黄棕色。根头处被有纤维状叶残基及明显的环纹。茎单生，自基部分枝较多，斜上升，与主茎近于等长，有细棱。基生叶丛生，有扁长的叶柄，基部有宽叶鞘。叶片卵形或长圆形，长14～35cm，宽6～18cm，二回或近于三回羽状分裂，第一回裂片卵形或长圆形，有柄，长5～8cm，第二回裂片下部具短柄，末回裂片狭楔形，长2.5～5cm，宽1～2.5cm。茎生叶与基生叶相似，但较小，顶生叶简化，有宽叶鞘。复伞形花序多数，生于茎和分枝，顶端花序梗长2～5cm；伞辐5～7，长3～5cm，无毛；小伞形花序有花4～10；小总苞片4～6，线形或披针形，先端长，长约3mm，萼齿短三角形；花瓣倒卵形，白色，长约1.5mm，无毛，先端微凹，具内折小舌片。双悬果狭圆形或椭圆形，长4～5mm，宽2～3mm，幼时有疣状突起，成熟时渐平滑；每棱槽内通常有油管1，合生面油管2；胚乳腹面平坦。

## 五、生境

产黑龙江、吉林、辽宁、内蒙古、河北、宁夏、甘肃、陕西、山西、山东等省、自治区。生长于草原、丘陵、多砾石山坡。

## 六、花果期

花期8～9月，果期9～10月。

## 七、采集时间

8月下旬。

## 八、营养水平

防风根富含糖、淀粉，与大多数蔬菜一样含有丰富的膳食纤维，因此也常被人们作为蔬菜食用。防风叶不含蛋白质、脂肪、碳水化合物，零热量，富含钾、钙、镁、磷和维生素A等。

## 九、食用方式

做粥、做汤。

## 十、药用价值

其味辛、甘，性温，有解毒散风、除湿止痛、解痉、止泻等功效，用于治疗风寒感冒、头痛、风寒湿痹、关节疼痛、肢痉挛、破伤风等。

## 十一、栽培方式

### 1. 栽培季节时间

在春秋两季均可播种。

### 2. 播种技术

（1）选地　选择生态环境和地势适宜，不易发生水灾的地块；土壤结构通透性好，并且农田要远离交通干道和工厂；土壤pH值为6.5～8.5，如肥沃松散的沙土、黑钙土、草甸土、黑土、暗棕壤等。

（2）整地

①平播：秋收后或第二年春季进行机械整地深翻15cm以上，打

碎土块，可直接平播。

② 做畦：结合做畦施入充分腐熟的肥料，与土壤拌匀。畦长依地而定，宽1.1～1.3cm，畦高20～25cm。

③ 做垄：结合整地施入充分腐熟的肥料，与土壤拌匀，做垄。垄长依地而定，宽0.66cm，高20～25cm。

（3）播种

① 平播：在不做畦土地上开3～5cm深、10～12cm左右宽浅沟，将种子撒播入沟内，然后覆土镇压即可。

② 畦播：顺畦条播三行，每行沟深3cm左右，每行条幅10cm左右。

③ 垄播：顺垄上开一条深3～5cm的小沟，撒种后覆土镇压即可。

**3. 田间管理措施**

（1）间苗定苗　苗出齐后，间去过密苗；当苗高10～15cm时定苗，条播田株距15～20cm，穴播田每穴可留苗1～2株。如有缺苗要及时补苗，确保全苗。

（2）中耕除草　在6月份以前的生长前期进行，应保持田间无杂草。头两次中耕除草结合间苗定苗进行，以后可根据杂草长势情况进行。7月份以后防风即可封垄封行，不便除草，为通风透光，可将枯老底叶适当摘掉，同时进行培土壅根。秋后，植株地上部枯萎时，要清理田间、搂出残株落叶，之后再次培土，保护根部越冬。

（3）追肥　第一次追肥结合定苗进行，每亩追施尿素5kg，促进地上部生长。追肥时在行间开沟施入或在株旁开穴施入，肥料应与防风根部隔开一定距离，以防烧苗。第二次于7月下旬进行，每亩叶面喷施磷酸二氢钾0.25～0.5kg。

**4. 繁殖方式**

种子繁殖。

**5. 种子收集**

种子采收在秋季进行。当种子田的防风母株呈淡黄色时收割，在晾晒场上晒干后脱粒。将晒干后种子收藏贮存备用。贮存种子严禁堆放，以免种子发霉变黑，降低发芽率。

**6. 病虫害防治**

（1）防风叶斑病　发病时间为每年的7月下旬至8月末。发病症状：病株多由基部叶片开始发病，病叶由下而上、由外向内相继发病。发病初期，病斑呈不规则黑褐色小斑点，随着病斑逐渐扩大，最后整个叶片发黑，严重时影响植株生长。防治方法：及时铲除田间杂草，雨后及时排水，降低田间湿度，并及时摘除底部病叶集中深埋或烧毁；在发病初期可用70%代森锰锌可湿性粉剂400～500倍液，或75%百菌清可湿性粉剂500～600倍液，7～10天喷药一次，连续喷药3～4次。

（2）防风灰霉病　发病时间为7月中旬到9月上旬，发病症状：叶片上形成不明显黄绿色斑块，形状不规则，扩大后波及整个叶片，叶面上有灰白色霜霉层，后期病株叶片相继变黄绿色枯死。防治方法：降低田间湿度，防止草荒，使田间通风良好；在发病初期用50%多霉灵可湿性粉剂1000～1500倍液，每7～10天喷药一次，一般应喷药3～4次，中间可穿插使用25%甲霜灵500～700倍液喷药一次。

（3）防风白粉病　常在夏秋季发生，危害叶片。发病症状：叶片受害初期在叶面或叶背产生白色、近圆形的白粉霉斑，以叶面较多，在条件适宜时霉斑向四周蔓延连接成片，成为边缘不整齐的大片白粉斑，以后逐渐变为灰白色至灰褐色，上面散生黑色小点。病叶开始变黄萎，严重时引起早期落叶及茎干枯。空气相对湿度大、温度较高（如20～24℃）时，最利于白粉病的发生和流行。防治方法：在发病初期用70%甲基托布津可湿性粉剂1000倍液，或15%粉锈宁800倍液，或50%多菌灵1000倍液，每隔7～10天交替喷雾，共喷2～3次。

（4）防风根腐病　根腐病主要危害防风根部。被害初期须根发病，病根呈褐色腐烂，随着病情的发展，病斑逐步向茎部发展，维管束被破坏，失去输水功能，导致根际腐烂，叶片萎蔫、变黄枯死，严重影响防风产量和质量。一般在5月初发病，6～8月进入盛发期。温度较高，湿度较大，连续阴雨天气利于发病。防治方法：在翻地时，撒石灰粉750～900kg/hm$^2$，进行土壤消毒；发病初期，拔除病株，株穴内撒石灰粉消毒；也可用50%多菌灵可湿性粉剂500倍液灌根。

**7. 采收及加工**

（1）采收　于栽培第三年10月上旬地上部分枯萎时或春季萌芽前采收。春季根插的防风，生长好的，当年秋季即可采收，采收后摘去叶及叶残基，洗净。

（2）加工　将去除茎叶的根，放到晒场上晾干，晒至半干时去掉须毛。按根的粗细分级，扎成小捆，每捆1kg。每667m$^2$产干货150～200kg，折干率30%，有条件的可采取45℃烘干至含水量10%左右，其有效成分含量高于晒干。

# 第六十一节　白花菜

## 一、拉丁文学名：Gynandropsis gynandra（L.）Briq.

## 二、科属分类：山柑科白花菜属

## 三、别名：羊角菜、臭花菜、五梅草、白花仔

## 四、植物学形态特征

一年生直立分枝草本，高1m左右，常被腺毛，有时茎上变无毛，无刺。叶为具3～7小叶的掌状复叶，小叶倒卵状椭圆形、倒披针形或菱形，顶端渐尖、急尖、钝形或圆形，基部楔形至渐狭延成小叶柄，两面近无毛，边缘有细锯齿或有腺纤毛，中央小叶最大，长1～5cm，宽8～16mm，侧生小叶依次变小；叶柄长2～7cm；小叶柄长2～4mm，在汇合处彼此连生成蹼状；无托叶。总状花序长15～30cm，花少数至多数；苞片由3枚小叶组成，有短柄或几无柄；苞片中央小叶长达1.5cm，侧生小叶有时近消失；花梗长约1.5cm；萼片分离，披针形、椭圆形或卵形，长3～6mm，宽1～2mm，被腺毛；花瓣白色，少有淡黄色或淡紫色，在花蕾时期不覆盖着雄蕊和雌蕊，有爪，连爪长10～20mm，瓣片近圆形或阔倒卵形，宽2～6mm；花盘稍肉质，微扩展，圆锥状，长2～3mm，粗约2mm，果时不明显；雄蕊6，伸出花冠外；雌雄蕊柄长5～22mm；雌蕊柄在两性花中长

4～16mm，在雄花中长 1～2mm 或无柄；子房线柱形；花柱很短或无花柱，柱头头状。果圆柱形，斜举，长 3～8cm，中部直径 3～4mm。种子近扁球形，黑褐色，长 1.2～1.8mm，宽 1.1～1.7mm，高 0.7～1mm，表面有横向皱纹或更常为具疣状小突起，爪开张，但常近似彼此连生；不具假种皮。

## 五、生境

广域分布种，在我国自海南岛到北京都有分布。可能原产古热带，现在全球热带与亚热带都有。

## 六、花果期

花期与果期约在 7～10 月。

## 七、采集时间

白花菜采收要按标准及时分批采，在主侧枝的花瓣刚露出时采收。

## 八、营养水平

白花菜富含对人体有益的 17 种微量元素，氨基酸、钙、铁的含量明显高于其他阔叶蔬菜。

## 九、食用方式

腌制食用、制干菜。

## 十、药用价值

白花菜还具有较高的药用价值，具有清热解毒、祛风降湿、开胃益脾、增强食欲等多重功效。

## 十一、栽培方式

### 1. 栽培季节时间

3～9 月均可播种。

### 2. 播种、育苗技术

(1) 选地整地　白花菜对土壤要求严格，宜选择土壤疏松、肥沃、排水良好、2～3 年未种过十字花科作物的旱地或水田的沙质土或壤土，不宜选择冷水田或低湿地栽培。播种前要深耕施足基肥，施腐熟的猪牛栏肥 750～1000kg/667m$^2$。土地平整后做厢，厢宽 1～1.5m，沟宽约 33.3cm，深约 10cm，厢面平整，耙细，土壤湿度以手捏成团、落地能散为宜。

（2）品种选择　白花菜没有栽培种，只有红梗和绿梗两种野生类型，红梗白花菜以其独特的香气而优于绿梗白花菜，所以宜选择红梗品种。

（3）播种　播种前将种子晾晒 1 天，以提高发芽率；播种量为 150～200g/667m$^2$，用细土拌匀条播或撒播；清明后至 8 月中旬均可播种，如使用薄膜和大棚，可提前至 3 月上旬播种；由于白花菜幼苗出土力差，应选择晴天播种，切忌选择下雨时播种和播后即下雨的天气；播后第 2 天即打药除草，用 50% 乙草胺 100g/667m$^2$ 对水 50kg 喷雾。

（4）及时定苗间苗　出苗后 6～8 天，苗高 3.3cm 左右、2～3 片真叶时，为促进幼苗早发蔸，用 0.5% 尿素加 4% 蔗糖混合液进行叶面喷施 1～2 次。3～4 片真叶时应及时间苗定苗，株距 20cm 为宜。

**3. 田间管理措施**

（1）施肥　采取平衡施肥原则，要求增施充分腐熟的农家肥少施化肥。分期适时追肥，追肥以氮肥为主。生长前期追肥 2～3 次，一般定植后 10～15 天浇 1 次提苗肥，施稀水粪 15t/hm$^2$，以后每隔 5～10 天浇施腐熟稀水粪 15～22.5t/hm$^2$，或尿素 120～150kg/hm$^2$。当植株有 12～13 片叶时施 1 次花芽分化肥，施氮磷钾三元素复合肥（15-15-15）300～375kg/hm$^2$。现蕾时结合中耕培土，追施花球膨大肥，施氮磷钾三元素复合肥 375～450kg/hm$^2$，采收期每采收 1 次追肥 1 次，促进侧花球生长，施氮磷钾三元素复合肥 225～300kg/hm$^2$。

（2）水分管理　白花菜需水量较大，尤其在花球形成期要及时浇水或灌水，以保持土壤湿润，同时应注意种植白花菜的田块不能积水，雨季要及时排水，做到雨停田干。

**4. 繁殖方式**

种子繁殖。

**5. 种子收集**

农户自留种可在田间选留生长健壮的红梗白花菜植株不采摘，任其自然开花结果，不需任何隔离，种子成熟时采收，每亩可采收种子50kg，所收种子可当年或下年使用。

**6. 病虫害防治**

白花菜整个生育期病害较少，一般不需防治。虫害以菜青虫、小地老虎、蚜虫等为主。防治菜青虫可用20%三唑磷乳剂1.5kg/hm$^2$对水750kg喷雾，防治小地老虎可选用50%辛硫磷乳油或90%晶体敌百虫等800～1000倍液喷洒地面，防治蚜虫可用50%抗蚜威可湿性粉剂2000～3000倍液，或20%吡虫啉可溶性粉剂6000倍液喷施。

**7. 采收**

白花菜要按标准、及时、分批采收。按标准采就是在主侧枝的花瓣刚露出时采，能保持腌菜特有的色、香、味，采晚了则香味淡、粗纤维多、品质差。分批采就是在整个生育期分4～5批采。第1批是在播种后20天左右、株高20cm左右时采。采时将每株主茎离地面3cm处折断，主茎上留下的枝继续生长。采摘后施1次人粪尿，过5～6天采第2次。第2次采收时，只采摘标准的侧枝，其上的腋芽又萌发出二级侧枝，这样采摘1侧枝、增加1级侧枝而不断重复，可使采摘期延续到2个月左右。整个生育期以中期产量最高，每季产量可达19.5～22.5t/hm$^2$。待6月至7上旬产量下降时，可用上季的种子重新播种栽培，去掉上茬。

## 第六十二节　商陆

**一、拉丁文学名：** *Phytolacca acinosa* Roxb.

**二、科属分类：** 商陆科商陆属

**三、别名：** 章柳、山萝卜、见肿消、王母牛、倒水莲、金七娘、猪母耳、白母鸡

### 四、植物学形态特征

多年生草本，高0.5～1.5m，全株无毛。根肥大，肉质，倒圆锥形，外皮淡黄色或灰褐色，内面黄白色。茎直立，圆柱形，有纵沟，肉质，绿色或红紫色，多分枝。叶片薄纸质，椭圆形、长椭圆形或披针状椭圆形，长10～30cm，宽4.5～15cm，顶端急尖或渐尖，基部楔形、渐狭，两面散生细小白色斑点（针晶体），背面中脉凸起；叶柄长1.5～3cm，粗壮，上面有槽，下面半圆形，基部稍扁宽。总状花序顶生或与叶对生，圆柱状，直立，通常比叶短，密生多花；花序梗长1～4cm；花梗基部的苞片线形，长约1.5mm，上部2枚小苞片线状披针形，均膜质；花梗细，长6～10（13）mm，基部变粗；花两性，直径约8mm；花被片5，白色、黄绿色，椭圆形、卵形或长圆形，顶端圆钝，长3～4mm，宽约2mm，大小相等，花后常反折；雄蕊8～10，与花被片近等长，花丝白色，钻形，基部成片状，宿存，花药椭圆形，粉红色；心皮通常为8，有时少至5或

多至10，分离；花柱短，直立，顶端下弯，柱头不明显。果序直立；浆果扁球形，直径约7mm，熟时黑色；种子肾形，黑色，长约3mm，具3棱。

## 五、生境

我国除东北、内蒙古、青海、新疆外，普遍野生于海拔500～3400m的沟谷、山坡林下、林缘路旁。也栽植于房前屋后及园地中，多生于湿润肥沃地。朝鲜、日本及印度也有分布。

## 六、花果期

花期5～8月，果期6～10月。

## 七、采集时间

于每年10～11月采摘部分果实，将果实捏碎，取出种子在清水中淘洗，种子洗净晒干后作为次年播种材料。于第2年或第3年秋后，当地上茎叶枯萎后刨出地下根，去净泥土、晒干，即可出售入药。

## 八、食用方式

商陆有两种，茎紫红者有毒，不能食用，绿茎商陆是一种多功能的药菜同源野生蔬菜，嫩茎叶采摘作菜，去茎皮，与蚕豆瓣同煮，或切细与猪、牛肉同炒，或水煮至熟、漂洗凉拌，食味鲜美可口。

## 九、药用价值

商陆味苦性寒，可解热、化痰、止咳、利尿、利水消肿、解毒散结，用于水肿胀满，痈肿疮毒，脚气，喉痹等症。

## 十、栽培方式

### 1. 栽培季节时间

3月下旬至4月上旬。

### 2. 播种技术

（1）整地、施肥、做畦　选土层深厚、肥沃、含腐殖质较多的沙质壤土地块，施腐熟的鸡羊粪30000kg/hm$^2$，深翻25cm。随深翻撒施硫酸钾高效复合肥1500kg/hm$^2$。整平、耙细，做1.2m宽平畦。

（2）播种　商陆用种子繁殖。商陆种子种皮光滑致密，角质化，难吸水膨胀发芽，属需低温湿润打破休眠类型，故播种前应先对种子进行处理。11月下旬至12月上旬，将种子用60℃温水浸泡48小时，捞出，按1∶5与湿细沙（过筛）拌匀，装入透气袋内埋在背阴土坑中，越冬。春暖化冻后取出，倒入瓦盆内用塑料布密封，再放到室内或地窖里，保持湿润。待少数种子的胚芽刚刚突破种皮伸出时播入大田。在畦内按行距30cm开1.5～2cm深的浅沟，将种子均匀撒入浅沟内，覆细沙土盖平，浇水，保持畦内湿润。地温在15℃以上，约20天出全苗。苗高6～8cm时按株距12～15cm定苗。

**3. 田间管理**

（1）浇水与松土　除草、定苗、追肥后或干旱时连浇两遍水。墒情适宜时浅松土、除草，保持土表疏松、湿润、无杂草。

（2）追肥　定苗后用0.5%尿素喷洒叶面，少量多次，总量不超过225kg/hm$^2$。翌年春植株发芽之前，在两行苗中间开浅沟埋施硫酸钾高效复合肥1200kg/hm$^2$。7～8月喷1%硫酸钾或0.5%磷酸二氢钾1200kg/hm$^2$，隔15天喷1次，连喷3～4次。

（3）覆盖柴草　为使商陆根安全越冬及增加地内有机质含量，秋末冬初，在当年种植的大田内撒施麦稻糠之类柴草6000kg/hm$^2$。

（4）剪花茎　商陆6～8月开花，除留种者外，将花茎全部剪掉，减少养分消耗。

**4. 繁殖方式**

用种子繁殖。

**5. 种子收集**

可于8～9月果实变紫黑色时采收种子，放于水中搓去外皮，晾干备用。

**6. 病虫害防治**

商陆全生育期无病害，主要有蚜虫危害，可用40%克蚜星600倍液，25%抗蚜威1000倍液，最多使用次数分别为3次、2次，安全间隔期均为7天，经检测无农药残留。少量蚜虫，也可不用农药，采摘后可用稀盐水溶液浸泡10秒钟，再用清水清洗1次，更符合环保要求。

**7. 采收及加工**

采收宜选择清晨或傍晚，选择叶色青绿、肥嫩、株高20cm的嫩株及时采摘，下部留6片叶采摘主茎尖，茎尖长约10cm，洗净、晾干水分，然后将下部截整齐，即可包装上市。

# 第六十三节　诸葛菜

**一、拉丁文学名：** *Orychophragmus violaceus*（L.）O. E. Schulz

**二、科属分类：** 十字花科诸葛菜属

**三、别名：** 二月兰

**四、植物学形态特征**

一年生或二年生草本，高 10～50cm，无毛；茎单一，直立，基部或上部稍有分枝，浅绿色或带紫色。基生叶及下部茎生叶大头羽状全裂，顶裂片近圆形或短卵形，长 3～7cm，宽 2～3. 5cm，顶端钝，基部心形，有钝齿，侧裂片 2～6 对，卵形或三角状卵形，长 3～10mm，越向下越小，偶在叶轴上杂有极小裂片，全缘或有牙齿，叶柄长 2～4cm，疏生细柔毛；上部叶长圆形或窄卵形，长 4～9cm，顶端急尖，基部耳状，抱茎，边缘有不整齐牙齿。花紫色、浅红色或褪成白色，直径 2～4cm；花梗长 5～10mm；花萼筒状，紫色，萼片长约 3mm；花瓣宽倒卵形，长 1～1. 5cm，宽 7～15mm，密生细脉纹，爪长 3～6mm。长角果线形，长 7～10cm，具 4 棱，裂瓣有一个凸出中脊，喙长 1. 5～2. 5cm；果梗长 8～15mm。种子卵形至长圆形，长约 2mm，稍扁平，黑棕色，有纵条纹。

## 五、生境

我国产于辽宁、河北、山西、山东、河南、安徽、江苏、浙江、湖北、江西、陕西、甘肃、四川。生在平原、山地、路旁或地边。朝鲜有分布。模式标本采自中国。

## 六、花果期

花期4～5月，果期5～6月。

## 七、营养水平

诸葛菜为早春常见野菜，其嫩茎叶生长量较大，营养丰富。据测定，每100克鲜品中含水分89.18g、蛋白质4.29g、脂肪0.58g、糖1.38g、胡萝卜素3.32mg、维生素$B_2$ 0.16mg、维生素C 59mg。种子含油量高达50%以上，又是很好的油料植物，特别是其亚油酸比例较高，对人体极为有利。

## 八、食用方式

凉拌：凉拌时需要把采集的野菜二月兰用清水浸泡15分钟，取出以后洗净，放入开水中焯烫一下，捞出过冷水，再切成段状，加入食用盐、醋和香油等调味料调匀即可。

做馅：把新鲜的二月兰用开水焯烫，去掉水分以后与牛肉或者羊肉一起剁碎，加入生抽、盐以及香油和五香粉等，调制成馅料，再做成包子或者饺子。

炒食：野菜二月兰炒食是一种很常见的食用方法，只是在清洗时需要先用清水浸泡，去除一些有害成分，浸泡洗净以后切成段状，按个人的口味需要，直接炒制成各种菜品就可以。

## 九、药用价值

诸葛菜可以降低人体内的胆固醇含量，也可以清理血管，起到软化血管的作用。所以中老年等心脑血管疾病的高发人群可以经常食用诸葛菜，能起到保健的作用。

## 十、栽培方式

### 1. 栽培时间

10月中下旬。

### 2. 选地整地

人工栽培诸葛菜应选择背风向阳、地势平缓、土壤疏松肥沃的地段。在种植前要细致整地，按常规将生荒地翻耕，结合耕地施入基肥，以农家沤肥或厩肥为主，每亩500～1000kg，清除石块、杂草、树根等杂物，将土块捣碎耙平，然后做床，床宽1～1.2m，并修好灌水、排水沟。

### 3. 田间管理

（1）间苗与补苗　直播苗可在苗高8～10cm时间苗，株距10～15cm。移植苗在移栽1周后检查苗成活情况，如有缺苗要及时补栽。

（2）除草与松土　间苗和移栽成活后，要进行一次中耕除草，使表土疏松，保持下部土壤湿润，促进幼苗根系深扎。当叶片长到5cm以上时，即可摘取莲座外围叶片上市销售。

（3）施肥　摘除外围叶片后，要及时追施人畜粪水或速效氮肥促苗生长，以后根据条件可酌情再追施一次磷钾肥，提高开花和结果量。

### 4. 繁殖方式

采用种子繁殖，可直播亦可育苗移栽。

（1）直播　10月中下旬，按行距20～30cm，开沟2～3cm深，条播。播前可将种子浸泡2～3小时，晾一会儿，然后拌细沙均匀地撒入沟内，每亩0.5～0.8kg，然后覆细土，镇压，注意保持土壤湿润，防止表土板结、干旱而影响种子发芽。

（2）育苗移植　2月中下旬选择温暖、阳光充足的地方做苗床。施足底肥深翻细耙，做成1～1.2m宽的苗床。播前灌足底水，待水渗下床土湿润时将种子均匀撒于床面，并筛土覆盖，厚1～2cm，然后上盖麦秸或塑料薄膜。幼苗出齐后，适当通风，苗高

3～4cm 时逐渐撤除覆盖物，使幼苗直接接受光照。苗高 8～10cm 时，选择阴天或雨前移栽，行距 20～30cm，株距 10～15cm，栽后立即淋浇定根水。

**5. 种子收集**

诸葛菜收割后自然晾晒种子会自动爆出。种子呈黑色，卵形。

**6. 病虫害防治**

诸葛菜的病虫害少，偶有蚜虫、红蜘蛛及锈病危害。锈病多发生在天气干旱时，其病症始于植株下部叶片，叶背出现突起的黄褐色小斑，后期破裂散出黄褐色粉末，叶片正面相应部位产生黄绿色斑点，危害严重时叶片枯黄卷缩。防治方法：一是要合理密植；二是平时要加强肥水管理，增强植株抗病能力，减少发病率；三是在发病初期喷 1∶1∶100 的波尔多液进行防治。蚜虫吸取嫩茎叶的汁液，引起叶片和花蕾卷曲，生长缓慢，产量锐减，4～6 月虫害严重。防治方法是在蚜虫发生初盛期，用 10% 吡虫啉粉剂 3000 倍液或者用 3% 啶虫脒乳油 2000～2500 倍液喷雾，杀蚜速效性好。防治红蜘蛛可用杀螨灵。

## 第六十四节　败酱草

**一、拉丁文学名：** *Thlaspi arvense* L.

**二、科属分类：** 十字花科菥蓂属

**三、别名：** 菥蓂、遏蓝菜、犁头草

**四、植物学形态特征**

一年生草本，高 9～60cm，无毛；茎直立，不分枝或分枝，具棱。基生叶倒卵状长圆形，长 3～5cm，宽 1～1.5cm，顶端圆钝或急尖，基部抱茎，两侧箭形，边缘具疏齿；叶柄长 1～3cm。总状花序顶生；花白色，直径约 2mm；花梗细，长 5～10mm；萼片直立，卵形，长约 2mm，顶端圆钝；花瓣长圆状倒卵形，长 2～4mm，顶端圆钝或微凹。短角果倒卵形或近圆形，长 13～16mm，宽 9～13mm，扁平，顶端凹入，边缘有翅宽约 3mm。种子每室 2～8 个，倒卵形，长约 1.5mm，稍扁平，黄褐色，有同心环状条纹。

**五、生境**

分布几乎遍及全国。生在平地路旁、沟边或村落附近。亚洲、欧洲、非洲北部也有分布。

## 六、花果期

花期3～4月，果期5～6月。

## 七、采集时间

一年中败酱草在播种、移栽后从3月上旬起直到初霜前均可采收，但因用途不同，采收适期各异。

## 八、营养水平

按风干物质检测，无氮浸出物69.51%、灰分9.08%、钙1.25%、磷0.53%。

## 九、食用方法

（1）鲜食　将幼苗或嫩茎叶洗净，用沸水焯2～3分钟，放入清水中浸泡，去苦味，凉拌、蘸酱、炒食或做馅。

（2）晒干菜　将鲜菜去杂，洗净，开水烫一下，再用清水冲洗，晒干或烘干贮藏。食用前热水泡开，炒食或炖肉。

## 十、药用价值

败酱草是一种常用的中药，具有清热解毒、消肿排脓、活血祛瘀的功效，临床中常用于治疗肠痈（阑尾炎）、肺痈（肺脓疡）、燥热便秘、痢疾、肠炎、肝炎、结膜炎、产后瘀血、腹痛、痔疮肿痛、疔疮肿毒等症，治疗中有明显的疗效。

## 十一、栽培方式

### 1. 品种选择

黄花败酱、白花败酱、北败酱、苏败酱。

### 2. 栽培季节时间

从春到秋皆可播种，但主要以春、秋两季为主。

### 3. 播种、育苗、移栽技术

（1）种苗繁育　败酱草可进行种子繁殖、根状茎扦插、老蔸分苗繁殖。种子繁殖又可分为种子直播和育苗移栽两种方式，其中以幼苗移栽较易获得高产，取得较好的效益。播种育苗在南方以冬播为主，也可春播；在北方以春播为主，采用设施栽培的也可适当提前播种。在浙江省西南地区冬播主要于12月中旬进行，播前将种子翻晒1～2天，选择排灌、管理方便，肥力中上的壤土或沙壤土地块做苗床，翻耕时施腐熟栏肥22500～30000kg/hm$^2$作基肥，开沟敲碎土垡，整成连沟1.4～1.5m宽的微弓背形苗床，用12000kg/hm$^2$腐熟人粪尿浇施湿润畦面，将种子拌细沙或草木灰均匀地撒播于畦面后，用细泥：草木灰为1：0.5的肥土覆盖1～1.5cm。育苗期间如遇干旱无雨应灌（浇）水湿润畦面；阴雨天气应注意清沟排水。当苗高长至4～5cm时间苗1次，苗株距保持在4～5cm。育苗期间一般除结合抗旱护苗浇施1～2次10%左右的稀薄人粪尿外，无需特意施肥，到了移栽前的4～5天应用9000kg/hm$^2$腐熟人粪尿对水50%左右浇施起身肥，当苗长至4叶左右时即可起苗移栽。在越冬前最后一次收割后，将留于自然野外的老蔸，清除杂草后，用人粪尿拌草木灰（以不飞扬，手捏放开后即散为度）37500kg/hm$^2$，或栏粪肥30000kg/hm$^2$进行覆盖，待春暖抽芽时再浇施30%～40%的稀薄人粪尿进行培育，取其根状茎扦插、老蔸分苗栽种。

（2）**直接播种** 浙江西南地区一般在12月底至1月初进行播种。翻耕施肥，敲碎土块后，整成畦宽为1～1.4m的垄畦，按行株距40cm×（20～25）cm，每畦开3～4个3～4cm的浅穴，用9000kg/hm$^2$的人粪尿对水浇施底水后，每穴播种子4～6粒，然后用细肥土覆盖1～1.5cm。

（3）**地块选择** 败酱草虽然可自然野生，适生性强，对土壤条件要求不严格，但要实现高产栽培，还应选择邻近水源，水源清洁，排灌、管理方便，无积水，土层较为深厚，肥力较好的稻田、缓坡地或新开发果园的壤质土地块为好。

（4）**翻耕整地** 于播种或移栽前5～6天深翻土壤20～25cm，结合翻耕施腐熟人粪尿26250～30000kg/hm$^2$，草木灰2250kg/hm$^2$作基肥；敲碎土块，开沟做畦，整成1～1.4m宽的垄畦，按行株距 40cm×（20～25）cm，每畦开 3～4 行 3～4cm 深的浅穴待播种、移栽。

（5）**适时移栽**　2～8 月均可移栽，为了延长采收期，实现高产栽培，大多于 2 月初进行移栽，采用地膜覆盖栽培的还可提早到 1 月 20 日前后进行。移栽时应尽量少伤根系，实行大小苗分畦定植，一般壮苗每穴栽 2 株、弱苗每穴栽 3 株，栽时耥平畦面，随后用 5%的稀薄人粪尿点穴浇施定根水。移栽应避免中午烈日当头时进行，以便于成活。

**4. 田间管理措施**

当直播出苗后，苗高长至 5～6cm 时，去弱留壮、删密留稀进行 1 次间苗，每穴留苗 2～3 株，间苗后用 10%的稀薄人粪尿追施苗肥；于移栽后 5～6 天进行查苗补缺，选用健壮预备苗补植，补植应在傍晚或阴天进行，补植后随即用 5%的稀薄人粪尿浇施定根水，并适当遮阴 1～2 天，以便成活，达到全苗匀苗。播种、移栽后的前期，由于植株矮小、地面覆盖度低，容易发生草害，应及时做好中耕除草工作，一般在封垄前中耕施肥 3 次，第 1 次在间苗后 2～3 天或移栽成活后 7～10 天进行，用腐熟人粪尿 12000kg/hm$^2$ 对水 50%左右点穴浇施；第 2 次在第 1 次之后的 10～12 天进行，用腐熟人粪尿 15000kg/hm$^2$ 对水穴施或三元复合肥 1000～1200kg/hm$^2$ 或市售精制有机肥 1200～1500kg/hm$^2$ 株旁穴施；再过 10～15 天后用第 2 次同样的方法再中耕施肥 1 次；以后视植株生长和土壤肥力状况，每收割 1 次用第 2 次同等用量浅锄施肥 1 次。每次中耕施肥，结合清沟培土；遇干旱无雨，应及时浇（灌）水抗旱护苗，保持畦面微潮；多雨天气应做好清沟排水工作，以防积水，引起烂根。

**5. 繁殖方式**

种子繁殖、根状茎繁殖。

**6. 种子收集**

在花谢后 15～20 天种子成熟，要及时采收。过早，种子不成熟；过晚，种盘开裂，种子散失。采种需在花托由绿变黄，种子呈褐色时进行。采回的种盘放于通风干燥处1～2天，当种盘充分干燥时，将其搓碎，去掉杂质，然后将纯净的种子放到太阳下晒干备用。

**7. 病虫害防治**

炭疽病：可以选用施保克乳油进行防治。间隔7天左右喷洒一次，共喷洒2～3次就可以有效地防止炭疽病的蔓延。

白粉虱和蚜虫：选用10%吡虫啉可湿性粉剂2000倍液进行防治。

跳甲：可选用灭扫利乳油进行防治。

**8. 采收**

种子成熟后采收。采收时，将其植株连根拔起或齐根割下，晒干即可入药出售。

# 第六十五节　荠

**一、拉丁文学名：** *Capsella bursa-pastoris*（Linn.）Medic.

**二、科属分类：** 十字花科荠属

**三、别名：** 荠菜、菱角菜、地菜、麦地菜、枕头草、护生草

## 四、植物学形态特征

一年生或二年生草本，高（7）10～50cm，无毛、有单毛或分叉毛；茎直立，单一或从下部分枝。基生叶丛生呈莲座状，大头羽状分裂，长可达12cm，宽可达2.5cm，顶裂片卵形至长圆形，长5～30mm，宽2～20mm，侧裂片3～8对，长圆形至卵形，长5～15mm，顶端渐尖，浅裂、或有不规则粗锯齿或近全缘，叶柄长5～40mm；茎生叶窄披针形或披针形，基部箭形，抱茎，边缘有缺刻或锯齿。总状花序顶生及腋生，果期延长达20cm；花梗长3～8mm；萼片长圆形，长1.5～2mm；花瓣白色，卵形，长2～3mm，有短爪。短角果倒三角形或倒心状三角形，长5～8mm，宽4～7mm，扁平，无毛，顶端微凹，裂瓣具网脉；果梗长5～15mm。角果内种子2行，长椭圆形，长约1mm，浅褐色。

## 五、花果期

花果期4～6月。

## 六、营养水平

据现代科学分析，荠菜不仅味美可口，而且营养丰富，含有丰富的蛋白质、脂肪、膳食纤维、糖类、胡萝卜素、维生素 $B_1$、维生素 $B_2$、尼克酸、维生素 E、维生素 C，以及人体所需的各种氨基酸和钙、磷、铁、钾、钠、镁、锰、锌、铜和硒等矿物质成分。

每百克新鲜荠菜含水分 85. 1g，蛋白质 5. 3g，脂肪 0. 4g，碳水化合物 6g，钙 420mg，磷 73mg，铁 6. 3mg，胡萝卜素 3. 2mg，维生素 $B_1$ 0. 14mg，维生素 $B_2$ 0. 19mg，尼克酸 0. 7mg，维生素 C 55mg，还含有黄酮苷、胆碱、乙酰胆碱等。荠菜叶嫩根肥，具有诱人的清香和美味，是野菜中的上品，一般人群均可食用。

## 七、食用方式

荠菜的食用方法多种多样，春天摘些荠菜的嫩茎叶或越冬芽，沸水焯过后可凉拌、蘸酱、做汤、炒食。人们还常用荠菜做成馅料，用来制作包子、春卷、汤圆、水饺、馄饨，是春天餐桌上不可缺少的美味，还可做成鲜美的荠菜粥。

## 八、药用价值

荠菜药用价值很高。中医认为，荠菜味辛甘、性凉平，具有和脾、补虚健脾、清热利水、凉血止血、明目等功效。荠菜含有大量的粗纤维，食用后可增强大肠蠕动，促进排泄，从而增进新陈代谢，有助于防治高血压、冠心病、肥胖症、糖尿病、肠癌及痔疮等。荠菜所含的荠菜酸，是有效的止血成分，能缩短出血及凝血时间；还含有香味木昔，可降低毛细血管的渗透性，起到治疗毛细血管性出血的作用。荠菜含丰富的维生素 C，有助于增强机体免疫功能。荠菜可防止硝酸盐和亚硝酸盐在消化道中转变成致癌物质亚硝胺，可预防胃癌和食管癌，还能降低血压、健胃消食，治疗胃痉挛、胃溃疡、痢疾、肠炎等病症。荠菜含有丰富的胡萝卜素，因胡萝卜素为维生素 A 原，所以是治疗干眼病、夜盲症的良好食物。荠菜所含的橙皮苷能够消炎抗菌，还能抗病毒、预防冻伤，对糖尿病性白内障病人也有疗效。荠菜含有乙酰胆碱、谷甾醇和季铵化合物，不仅可以降低血液及肝中胆固醇和甘油三酯的含量，而且还有降血压的作用。

## 九、栽培方式

### 1. 栽培季节时间

荠菜在长江流域可春、夏、秋3季栽培，春季栽培在2月下旬至4月下旬播种，夏季栽培在7月上旬至8月下旬播种，秋季栽培在9月上旬至10月上旬播种，如利用塑料大棚栽培，可于10月上旬至翌年2月上旬随时播种。

### 2. 播种、育苗技术

（1）选地整地　种植地选择排水良好、肥沃、杂草少的地块，避免连作。播前施腐熟有机肥22.5～30.0t/hm$^2$，浅翻、耙细，做成平畦。

（2）育苗　荠菜一般采用直播的方式，但也可采取育苗移栽的方式，或直播畦剔苗移栽，通过移栽，植株大而整齐，易收获、易整理、易包装，产品标准化程度高，上市流通容易。

（3）播种

① 先浇水、后播种。适用于保护地栽培。保护地栽培属精细栽培，保护地湿度大，播后土表不易干，对出苗有利。先在整理好的畦中浇上5～10cm深的水，水渗后即可播种，因荠菜种子细小，可掺入与之数量相当的细土均匀撒播。

② 先播种、后浇水。先将掺好细土的种子均匀播于畦面，然后镇压或用脚踏实，如果土壤较湿，最好第二天浇水，这样种子不易被冲走；如果土壤较干，播后浇水时宜小水慢浇，以免把种子冲走。建议每667m$^2$播种量0.25kg左右。气候不适宜时播种量宜成倍增加，条件适宜时可适当减少其播种量。

### 3. 田间管理措施

（1）浇水　荠菜种子细小，生长期短，根系不发达，易受土壤水分影响。在出苗前，一定要注意浇水保湿，浇水时间以早晨露水未干时比较好，浇水要掌握“轻浇、勤浇”的原则，不能一次浇透，每隔 1～2 天浇一次。晚秋延后越冬栽培要及时浇灌返青水，可促长早上市。

（2）除草　荠菜植株矮小，田内往往杂草丛生，化学除草困难，影响荠菜品质，故管理中应经常中耕拔草，做到拔早、拔小、拔了，勿待草大压苗。

（3）施肥　一般秋播后 3～4 天出苗，春播后 6～15 天出苗。当苗有 2 片真叶时，进行第 1 次追肥，施 0.3% 尿素液 15t/$hm^2$，第 2 次追肥于第 1 次收获前 7～10 天进行。以后每收获 1 次追肥 1 次，施肥浓度可适当提高。秋播荠菜的采收期较长，可追肥 4 次，每次施肥量同春播荠菜。

**4. 种子收集**

栽培荠菜需单独建立留种田。留种田播种期以气温降到 25℃以下时为宜，一般长江中下游为 10 月上旬。播种宜稀，用种量 11.25～15.00kg/$hm^2$。出苗后，要除去杂草和弱苗，以 10cm×12cm 株行距定苗。留种田应适当控制氮肥、增施磷肥和钾肥（具体按当地测土配方施肥）。适时采收是荠菜留种的关键。当种荚由青转黄 7～8 成熟时，为采收适宜时期，应选在晴天上午 10∶00 左右收割。晒种株 1～2 小时，再搓出种子，将种子晾干。一般留种田可收种子 750kg/$hm^2$ 左右。好的种子呈橘红色，色泽艳丽，可作为下一年的荠菜生产用种。

**5. 病虫害防治**

（1）霜霉病　为荠菜的主要病害。春播荠菜在 6 月因阴雨天较多，或在秋天连雨天气，病害易大面积发生，其叶片往往感染霜霉病，防治方法：一是清沟理墒，防止田间积水，及时拔除杂草，使植株通风透光；二是初见发病时，可用 75% 百菌清可湿性粉剂 600 倍液喷雾防治。

（2）蚜虫　由于蚜虫发生前期不易被发现，当荠菜叶片发生皱缩时，蚜虫危害已相当严重，叶片很快就会呈现绿黑色，以致失去商品价值。要定期检查叶片背面，发现蚜虫达到防治指标后要及时用10%吡虫啉800倍液，或80%敌敌畏乳油1000倍液喷洒防治。另外，清除田间杂草、进行合理轮作，也是防治蚜虫的有效措施之一。

**6. 采收**

荠菜合理采收可增加产量。当荠菜长出10～13片真叶时，即可间拔收获。采收时尽量拣大留小，但必须注意留下的荠菜要分布均匀。早秋播种的，播后30～35天开始采收，以后陆续可收4～5天；10月上旬晚播的，要40～60天才能采收，以后再收两次。春播的只能收获1～2次，产量也较低。荠菜与其他鲜嫩易腐的绿叶菜相似，不宜长途运销和贮藏，也无加工习惯，只宜鲜销。可在阴凉通风处短贮或短途调运，要求环境适宜温度为0℃，相对湿度在95%以上为佳。荠菜株小，必须装筐、净菜上市，还可采用食品袋小包装，便于销售。

# 第六十六节　独行菜

## 一、拉丁文学名：*Lepidium apetalum*

## 二、科属分类：十字花科独行菜属

## 三、别名：腺独行菜、腺茎独行菜

## 四、植物学形态特征

一年生或二年生草本，高 5～30cm；茎直立，有分枝，无毛或具微小头状毛。基生叶窄匙形，一回羽状浅裂或深裂，长 3～5cm，宽 1～1. 5cm；叶柄长 1～2cm；茎上部叶线形，有疏齿或全缘。总状花序在果期可延长至 5cm；萼片早落，卵形，长约 0. 8mm，外面有柔毛；花瓣极小或退化成丝状，比萼片短；雄蕊 2 或 4。短角果近圆形或宽椭圆形，扁平，长 2～3mm，宽约 2mm，顶端微缺，上部有短翅，隔膜宽不到 1mm；果梗弧形，长约 3mm。种子椭圆形，长约 1mm，平滑，棕红色。

## 五、生境

产于我国东北、华北、江苏、浙江、安徽、西北、西南。生在海拔 400～2000m 山坡、山沟、路旁及村庄附近。为常见的田间杂草。俄罗斯欧洲部分，亚洲东部及中部、喜马拉雅地区均有分布。模式标本采自欧洲。

## 六、花果期

花果期 5～7 月。

## 七、采集时间

春播者夏季采收种子。

## 八、营养水平

独行菜维生素 A 和维生素 C 含量丰富。据分析，每 100g 鲜菜含胡萝卜素 2～4mg，维生素 C 40～120mg，此外，还含有维生素 $B_2$ 等，钙和铁含量也较高。

## 九、食用方式

作为调味料：加在鱼、肉、菜、汤中，使菜肴辛辣而清香，促进食欲。

腌菜：有杀菌、防腐作用，可延长腌菜的保鲜期。

凉拌：嫩茎叶用开水略焯，沥干水分，切段，加盐、味精、醋、香油、白糖凉拌，口感清新。

炒食：将菜洗净、切段，与肉或香肠炒食。

## 十、药用价值

种子可入药，含脂肪、芥子苷、蛋白质、糖类及强心成分，性寒、味苦辛，具有下气行水、祛痰平喘之功效，主治痰饮、咳喘、水肿胸满、小便不利等症状。

## 十一、栽培方式

### 1. 品种选择

我国栽培的独行菜有以下几个品种。

（1）窄叶独行菜　叶片较细，生长期 40～45 天。

（2）宽叶独行菜　叶片较宽，生长期 45～50 天，中熟、味较淡，品质中等。

（3）普通独行菜　由野生独行菜驯化而来，栽培较为普遍。叶片较大，叶色深绿，产量较高。早熟，生长期40～45天。

（4）皱叶独行菜　叶片数较普通独行菜多，羽状叶向内卷曲，外观漂亮，尤适于作配菜。

（5）矮生皱叶独行菜　叶片开张，叶边缘皱缩卷曲，似羽衣甘蓝的叶缘，叶柄相对较短，株形紧凑，耐寒力强，不易抽薹，生长期约60天。

**2. 栽培季节时间**

北方适合春作，哈尔滨在5～6月。

**3. 栽培管理**

（1）种植密度　按行距10～15cm开浅沟条播，每667m$^2$用种量0.5～1kg，定苗时株距5～6cm，每667m$^2$株数要达到75000株。播种后覆土厚约1.2cm。幼苗出真叶后即行间苗，苗高8cm左右定苗，间苗时结合拔除杂草。

（2）施肥　播种前施腐熟有机肥3～4kg/m$^2$，磷酸二氢铵30g/m$^2$。基肥不足可不必追肥，基肥不足，抽薹前可追稀粪肥2次。第1次追肥在出苗后的三叶期，当植株具5～6片叶时再追第2次稀粪肥。

（3）浇水　独行菜播后3～5天出苗，第一片真叶出现后即浇一次水，营养生长期要满足水分的供应，不要缺水。播后20天拔除杂草2次。

**4. 繁殖技术**

用种子繁殖。

**5. 种子收集**

春播采种全生产期60～70天，6月下旬至7月上旬收获完毕。一般667m$^2$产量30kg。在一半种荚转黄时，将植株割下晾晒脱粒，除去杂质后贮存于低温干燥处。

**6. 病虫害防治**

独行菜的主要虫害有黄条跳甲、蚜虫等，可用50%杀螟松乳剂1000倍水溶液或50%敌敌畏乳油1000～2000倍水溶液喷施防治。

**7. 采收及加工**

播种后15～20天，当植株具有6～9片叶时，即可全株收获。或者，当植株高度超过15cm到开花前采摘嫩茎叶进行收获。独行菜单茬产量1～2kg/m$^2$。夏季果实成熟时采收植株，晒干，打下种子，除去杂质，晒干备用。

# 参考文献


[1] 中国科学院中国植物志编辑委员会．中国植物志［M］．北京：科学出版社，1993.

[2] 吴伟刚，沈凤英，侯勇等．冀北高原地区山野菜资源开发利用现状与发展对策［J］．黑龙江农业科学，2013，（07）：148-151.

[3] 关佩聪，刘厚诚，罗冠英．中国野生蔬菜资源［M］．广州：广东科技出版社，2013.

[4] 肖建忠，赵培洁．中国野菜资源学［M］．北京：中国环境科学出版社，2006.

[5] 军事医学科学院卫生学环境医学研究所，中国科学院植物研究所．中国野菜图谱［M］．北京：解放军出版社，1989：279.

[6] 朱立新．中国野菜开发与利用［M］．北京：金盾出版社，1996.

[7] 满昌伟，华秀芝，陈福华．山野菜的驯化及高产栽培技术50例［M］．北京：化学工业出版社，2015：427.

[8] 杜怡斌．河北野生资源植物志［M］．保定：河北大学出版社，2000：436.

[9] 孙东伟，鞠文鹏．北方常见山野菜鉴别、应用与栽培［M］．北京：化学工业出版社，2015：189.

[10] 董淑炎．400种野菜采摘图鉴［M］．北京：化学工业出版社，2012.

[11] 阿拉塔，赵书元，李敬忠．木地肤及其栽培技术［J］．畜牧与饲料科学，2010，（6）：268-270.

[12] 白怀瑾，姬社林，岳振平．药用蔬菜——车前草栽培技术［J］．农业科技通讯，2002，（12）：15.

[13] 包京姗，张国锋，宋宇鹏等．不同栽培密度对不同品系龙葵产量的影响［J］．北方园艺，2017，（17）：169-171.

[14] 常林，李字章．千屈菜的繁殖及栽培管理［J］．农村科技，2009，（5）：96.

[15] 陈芳．无公害白花菜栽培技术［J］．现代农业科技，2007，（22）：32.

[16] 陈磊，王津江，宋洪涛等．菊三七属植物化学成分和药理作用研究进展［J］．中草药，2009，40（4）：666-668，附1.

[17] 陈作宜．多用途药用植物——玉竹［J］．农村百事通，2014，（9）：29-73.

[18] 次仁仓决．浅谈沙棘研究价值及栽培技术［J］．西藏科技，2014，（2）：76-77.

[19] 戴卫波，肖文娟．叶下珠药理作用研究进展［J］．药物评价研究，2016，39（3）：498-500.

[20] 单纯，江振洲，王涛等．中药鸡骨草的化学成分及其研究近况［J］．药学进展，2011，35（6）：264-269.

[21] 丁志国，吴维春．兴安升麻野生变家种栽培技术［J］．中药材，1992，（9）：9-11.

[22] 董广民．柳叶蒿栽培管理技术［J］．防护林科技，2016，（5）：126-127.

[23] 董乙文，胡玉涛．紫花地丁的研究概况［J］．中国林副特产，2006，（3）：78-80.
[24] 窦红霞，高玉兰．防风的化学成分和药理作用研究进展［J］．中医药信息，2009，26（2）：15-17.
[25] 付猛，王文艳．小根蒜人工栽培技术［J］. 吉林蔬菜，2012，（5）：29-30.
[26] 高波，王晓静．关苍术栽培技术［J］. 中国林副特产，2002，（3）：14.
[27] 高作民，朱全军．草木犀的栽培要素［J］. 黑河科技，2003，（2）：10-11.
[28] 郭碧瑜，林春华，陈玉英等．药用野菜——鸭儿芹的栽培与利用［J］．四川农业科技，2004，（8）：13.
[29] 韩承伟，王禹彬，刘龙彬．黄花菜引种及丰产栽培技术［J］．中国林副特产，1999，（1）：24-25.
[30] 韩淑艳．茼蒿高产高效栽培技术研究［J］．园艺与种苗，2013，（11）：38-40.
[31] 韩学俭．藿香采集加工及其应用［J］．四川农业科技，2004，（6）：26.
[32] 胡景平．地肤的栽培技术要点［J］．北方园艺，2007，（8）：98-99.
[33] 胡彦顺．薇菜的采集与加工［J］．农民致富之友，2014，（5）：61.
[34] 黄卫．马兰头人工栽培要点［J］．上海蔬菜，2015，（2）：43.
[35] 李洪文．野生作物商陆高产栽培技术［J］．云南农业，2004，（4）：9.
[36] 李洁．山莴苣引种栽培及繁殖技术［J］．山西林业，2009，（3）：34-35.
[37] 李娜，张季华，李鑫．苣荬菜四季栽培管理［J］．特种经济动植物，2012，（2）：43-44.
[38] 李泽锋．枸杞营养成分及综合利用［J］．辽宁农业职业技术学院学报，2010，（3）：24.
[39] 林宝凤．猫爪子人工栽培技术［J］．现代农业，2010，（11）：9.
[40] 林艳芝，杨立柱．紫花地丁的栽培与应用［J］．河北农业科学，2009，13（4）：75，83.
[41] 刘德峰．地锦管护中病虫害防治的几点体会［J］．河北农业，2015，（1）：36-37.
[42] 刘建平．荠菜的特征特性及高产栽培技术［J］．现代农业科技，2010，（10）：126，133.
[43] 刘依．板蓝根有效成分的提取分离及含量测定［D］．北京：中国农业大学，2002.
[44] 路洪顺，刘鑫军，刘建敏．诸葛菜的利用与栽培［J］．特种经济动植物，2002，5（7）：38.
[45] 马延康，赵东科，郝海员等．叶下珠栽培技术及药材质量研究［J］．中国现代中药，2006，8（10）：34-35.
[46] 毛金梅．枸杞鲜果采收及制干技术［J］．现代农业科技，2013，（15）：299-300.
[47] 邵金良，袁唯，董文明等．皂荚的功能成分及其综合利用［J］．中国食物与营养，2005，（4）：23-25.
[48] 邵美妮，李天来，徐树军．野生佳蔬牛尾菜及其栽培技术［J］．北方园艺，2007，（10）：105-106.

[49] 邵荣杰，邵世宏．地肤的各药用部位药用价值研究进展［J］．中草药，2015，46（23）：3605-3610.
[50] 沈辉，樊超男，何鑫婷等．药食两用野菜鸭儿芹引种栽培试验［J］．现代园艺，2013，（17）：14-16.
[51] 石霞，刁治民，王晓东等．草地发菜地理分布与生态学特性的研究［J］．中国农业信息，2015，（1）：44，107.
[52] 苏丽红，王晓琴，黄慧等．特色蒙药地梢瓜的研究概况［J］．中国民族医药杂志，2015，21（11）：55-56.
[53] 汪舍古，叶建军．鸭儿芹的人工野化栽培技术［J］．中国园艺文摘，2009，25（2）：71.
[54] 王福祥，孙公江，莫江玉．马兰营养成分利用和栽培技术要点［J］．农村实用科技信息，2006，（12）：12-13.
[55] 王海．五叶地锦在青海省东部的引种栽培及其园林应用［J］．青海农林科技，2006，（4）：65-66.
[56] 王建军，朱宏华，高敏等．马齿苋特征特性及其高效栽培技术［J］．陕西农业科学，2011，57（5）：268-269.
[57] 王同军．留兰香的加工和利用技术［J］．乡村科技，2013，（12）：25.
[58] 王文和，邵美妮，韩亚光．牛尾菜营养成分分析［J］．特产研究，2000，（3）：46-47.
[59] 王玉珍．盐碱地中草药——茵陈蒿选育栽培技术［J］．农民致富之友，2013，（2）：103.